日韓台の対ASEAN企業進出と金融

パソコン用ディスプレイを中心とする競争と協調

齊藤壽彦・劉進慶 [編著]

日本経済評論社

はしがき

　本研究は，近年における ASEAN (Association of Southeast Asian Nations：東南アジア諸国連合）を舞台とした，日本・韓国・台湾の直接投資における，競争と協調の関係を明らかにすることを中心的課題とするものである。

　上記の課題を果たすためにわれわれは定例研究会を開催するとともに現地調査を実施した。既存の対アジア直接投資研究が日系企業を中心としていたのに対して，本研究は韓国，台湾系企業の実地調査を実施し，しかも韓国，台湾系企業の ASEAN における活動を実地調査することを重視した。

　1993年から研究グループのメンバーがそれぞれの研究分担に基づいて，韓国・台湾でインタビューを実施した。韓国では，商工資源部，韓国産業研究院，現代経済社会研究院，現代自動車，起亜自動車，大宇自動車を，台湾では台湾経済研究院，資訊工業策進会，藍天電脳公司，集大通資訊公司などを訪れた。

　1997年には平成9年度科学研究費補助金（国際学術研究）を日本学術振興会から得て対外直接投資の状況についての韓国・台湾実地調査を実施した。韓国では三星経済研究所，大宇経済研究所，財政経済院，通商産業部，韓国銀行，韓国輸出入銀行，韓国中小企業振興公団等へのインタビューを行い，また関係資料を収集した。台湾では，経済部工業局らの政府関係機関，野村総研台北支店らの日系企業，台湾電路らの台湾企業，資訊工業策進会らの業界団体等に対して30回近いインタビューを行い，また関連資料を収集した。

　1998年には平成10年度科学研究費補助金（国際学術研究）を得て3回の海外調査を実施し，韓国，台湾，マレーシア，シンガポール，タイを訪問調査した。調査対象は，三星電子・三星電管（韓国国内およびマレーシア現地法人），中華映管（台湾国内およびマレーシア現地法人），マレーシア進出日韓台メーカー，マレーシア工業開発庁，マレーシア中央銀行，シンガポール通貨庁，シンガポール進

出日韓台メーカー，台湾投資審議委員会，台湾中央銀行，タイ投資委員会，タイ進出日系企業などであった。インタビューを多数行うとともに関連資料を収集した。電機・電子産業を中心として調査を行った。特に，ブラウン管生産関連分野を重視した。また，アジア通貨危機の影響を考慮して，通貨・金融当局やアジアへ進出している日本の銀行など，金融機関の調査を併せて実施した。

　本書はこのような調査の成果である。

　上記共同研究の研究組織は次のとおりであった。研究代表者：齊藤壽彦，研究分担者：竹内壯一，同：劉進慶，同：相田利雄，同：北田芳治，同：大石雄爾，同：宮脇孝久，同：小宮　昌平，同：山口由二，同：祖父江利衛，同：高岡宏道，研究協力者：三木讓。

　これらのメンバーは1999年12月に日本学術振興会に研究成果報告書を提出したが，報告書は手作りでごくわずかしか作成されず，一般の目に触れることはほとんどなかった。この報告書は限られた時間のなかで作成したため，分析が不充分な点もあった。

　そこでこの報告書をもとに新たに公刊本を作成し，世の批判を問うこととした。本書は上記中のメンバーが執筆したものである。共同研究に参加したものの中には留学など諸般の事情で本書の執筆に加わらなかったものもいる。

　本書の構成は次のとおりである。まず序章において考察の前提として課題と理論上の分析視角を提示している。続いて第1章および第2章で日本・韓国・台湾の電子産業，直接投資の動向を概観している。電子産業は電子機器（民生用電子機器・産業用電子機器・電子部品）を生産する産業である。第3章および第4章では日本・韓国・台湾の対アジア，対ASEAN企業進出と金融との関係を考察している。第5章～第9章において日本・韓国・台湾の対ASEAN進出企業の競争と協調の関係を実地調査に基づいて詳細に論じている。そのうち第5章はパソコン用ディスプレイを中心としてその関係を概観したものであり，第6章～第8章はその関係を個別事例の考察によって明らかにしようとしたものである。第9章は日韓台の企業進出の考察を補強するものとして，その財務的基礎を明らかにしようとしたものであり，韓国の三星電管と台湾の中華映管の財務分析を行っている。最後に本書の総括と展望を述べている。

今回の調査から，競争と協調はきわめて多面的で動態的にとらえなければならないことが明らかとなった。本書の主張は次のようなものである。

ASEANを舞台とする日本・韓国・台湾各企業の競争と協調の関係は，電子産業であるパソコン用ディスプレイ（これはモニターとも呼ばれる），ブラウン管製造業にはっきりと見ることができる。われわれの研究はパソコン用ディスプレイおよびこのディスプレイ用のブラウン管に焦点を絞ったが，このような精緻な研究を行ってこそアジアにおける水平的競争と垂直的協調，ネットワークの関係を明確に把握することができる。われわれは研究対象を広げることによって研究が散漫になることを恐れたのである。

ASEANを舞台とする，日本・韓国・台湾各企業の競争と協調の関係は，パソコン用ディスプレイ，この部品としてのブラウン管という産業を中心としてみる場合，以下のようにいうことができる。

(1) 円高の進行とともに，日本企業のASEAN諸国への生産拠点の移転が急速に進んだ。日本企業のASEAN諸国におけるディスプレイの本格的な生産は1990年前後に始まる。その後に台湾・韓国系企業が進出した。ディスプレイの低価格化や自国通貨高の進行とともに，韓国・台湾企業がディスプレイの生産拠点をASEAN諸国へ移していったのである。韓国の海外直接投資は海外からの資金調達に依存していた。これは韓国の電子産業についてもいえることである。

(2) パソコン用ディスプレイ生産には棲み分けがみられた。すなわち，生産条件と技術の難易による製品別生産特化がみられたのである。日本企業は14から20インチまで，小型から大型まであらゆるサイズのブラウン管を生産した。だが，世界的なパソコンの低価格競争と1995年の供給過剰を背景とした90年代におけるディスプレイの低価格化とともに，利益を確保するのが難しくなった14インチと15インチのディスプレイ生産から日本企業が手を引くようになった。日本企業は主に17インチ以上を生産するようになっていったのである。大型のものほど高い製品技術を要することとなる。これに対して韓国台湾企業は主に14インチから17インチのディスプレイ，ブラウン管を供給した。すなわち，日本企業と台湾・韓国企業との

間で，17インチと14,15インチというインチ別の生産棲み分けがみられたのである。

(3) 同一製品分野における競争もみられた。すなわち，14,15インチサイズのディスプレイ製品の場合には，韓国系企業と台湾系企業が競争したのである。とくに台湾系企業が日本企業に替って生産を担うこととなった。14インチと15インチは，韓国・台湾企業ともタイやマレーシアなどで生産した（17インチと19インチについては本国で生産した）。

(4) 棲み分けは固定的なものではなかった。韓国・台湾企業の技術力向上と低価格化により，日本企業が独占的に生産してきた17インチのディスプレイ生産の分野でも近年では韓国・台湾企業が参入を進めてきており，この分野で日本と韓国・台湾との間でこれから競争が激しくなるとみられる。ここでは水平的競争関係が見られることとなる。

(5) 台湾製ディスプレイの生産の増大の背景には，米国や日本の企業からの生産委託の増加という事情がある。委託生産という形態を通じて日本企業と台湾企業との間に協調関係がみられたのである。

(6) ブラウン管生産に必要な部品・部材の局面では，日系メーカーの存在を抜きにしては韓国系や台湾系メーカーは存在し得ない。部品調達分野では，系列関係でなく，品質，価格，納期等の条件に基づく市場競争原理が取引関係を規定しており，ここでは垂直的協調関係が成立している。台湾系企業は日本から部品供給を受けて組立を行っているのである。日本企業は大型ディスプレイを中心に最終組立を行っているものの，どちらかというとブラウン管およびブラウン管用部品という部品の生産にウエイトをおいている。韓国系企業は最終組立，部品生産の両方を行っている。台湾系企業は重要部品に弱く，最終組立やブラウン管の組立を行っている。ここには部品生産を行う日本企業と組立を行う台湾企業との間で垂直的分業体制が構築されているのである。台湾の部品生産の弱さの一因は資金力の弱さである。

(7) ASEAN諸国の中で電子産業がもっとも発展しているのがマレーシアであり，タイがこの後を追っている。だがASEANの地場産業自体によるディ

スプレイ生産は未だ行われていない。ASEAN におけるディスプレイやその部品の生産は，進出してきた日韓台という外資系企業によって担われているのである。ASEAN 諸国の地場産業の発展は電子産業においては立ち遅れているのである。

本書は以上のような論点を中心的論点として明らかにしようとしたものである。パソコン用のディスプレイおよびブラウン管という先端産業において検出された関係は今後他の産業でもみられるようになるのではないだろうか。われわれはこのような問題意識を有している。このような問題提起を行い，今後の検証に待ちたい。われわれは研究成果の応用範囲は広いと考えるのである。

日韓台の対 ASEAN 企業進出は金融によって支えられたものであった。対外投資，企業の対外進出は金融との関係の考察がきわめて重要である。本書のもう一つの中心的課題は日韓台の対 ASEAN 企業進出において果たした産業金融の役割，その特徴を明らかにすることである。その対外企業進出と金融のかかわり方は国によって異なっていた。投資をするのがどの国であり，投資を受け入れるのがどの国であり，どの産業分野において投資が行われるのかということをみなければ，産業と金融の関係を明らかにすることはできないのである。本書では以下のようなことを明らかにしている。

電子産業であるパソコン用のディスプレイメーカーやブラウン管メーカーの ASEAN 諸国への進出は主として 100 ％外資の現地法人によって行われた。資本出資に関しては，日系企業と台湾企業は主として親企業の自己資金によるものであったが，韓国企業においては親企業からの出資であってもその資金源泉は外国からの借入に依存していた。運転資金に関しては，日系企業は海外邦銀の強力なバックアップを基盤にして進出していった。これに対して韓国系企業は本国の銀行にバックアップされつつ外国から積極的に借り入れていた。他方，台湾系の進出企業は自己資金に依存する度合が高かった。もちろん台湾系企業も海外では借入に依存していたが，この場合でも華人金融機関からの融資を受けていた。

マレーシアでは外資優遇が図られる一方で，資金調達上の規制が残されていた。タイでは資金がきわめて自由に調達できるようになっており，長期金融市場は未発達であったがオフショア市場を通じて容易に資金を調達することができた。通

貨金融危機や日本の不況は在 ASEAN 日系企業の金融に影響を及ぼしている。

ASEAN を舞台とする日韓台の競争と協調の関係は金融機関においてもみられたが，本書の課題の分散をさけるため，この考察は本書では割愛した。

本書はアジア通貨金融危機と対外直接投資との関係についても考察している。この危機の要因としてとくに信認の低下に注目している。本書は，アジア通貨金融危機は直接投資に悪影響を及ぼしたが，それは深刻なものではなかった。その影響は地域差を伴っており，投資国としての韓国や投資受入国としてのインドネシアでは，直接投資の減少が大きかったが，投資国としての日本，台湾や投資受入国としてのタイではその減少は多くはなかったということを明らかにしている。

従来の経済発展論においては雁行形態論が大きな影響力を持っていたが，ASEAN 諸国の電子産業の開発においては日韓台の企業進出により，輸入→輸入代替の発展段階を抜きにして，いきなり，外資輸入→輸出指向的発展を遂げている。従来の経済発展論においてはプロダクト・サイクル論もあり，先進国の直接投資によって発展途上国の産業が発展し，先進国の産業が衰退するとされているが，ASEAN 諸国の電子産業においては内発的展望が開かれていない。本書はこのようなことを明らかにしている。こうしたことは従来の開発理論の見直しが必要であるという問題提起となろう。本書の最終章ではアジアにおける電子産業発展の国際的展開は，「雁行形態」というよりも「鳩行形態」的発展というべきであるという仮説を提示している。

本書のような同一の製品段階に立ち入っての，ASEAN における日本・韓国・台湾系企業の関係についての研究，日韓台の対 ASEAN 投資と金融についての本格的な実証研究はほとんど類例がないと思われる。本書が日本経済，アジア経済（韓国・台湾・マレーシア・タイの経済），開発経済，国際経済，産業とくに電子産業，産業金融，国際金融などに興味をもたれる方の参考になれば幸いである。

本書は文字どおり共同研究の書である。共同で実地調査を行い，共同討議を実施し，見解の統一に努めた。それでも論証の程度に個人差が生じた。また，第 6 章第 1 節にみられる，日韓台の電子産業の発展度の評価，アメリカの景気の評価，アジア通貨危機のパソコン産業への影響について見解の違いが残った。すなわち，1994 年における日立の占めるシェアの数値は過大すぎるのではないか，

また1992年はアメリカの景気回復期であってアメリカのパソコン産業は不況ではなく，したがって同年のアメリカ経済は台湾のパソコン産業に打撃を与えなかったのではないか，さらに，通貨危機以前から供給過剰のためにパソコンの価格が低落しており，その低落は通貨危機とは関係がないのではないか，という異論が多くの共同研究者の中から起った。本書では執筆分担者の原稿をそのまま掲載しているが，こうしたことは共同研究が個人の研究を集合するものとしての性格をも持つものであってやむをえないことであり，内容については当然執筆者が責任を負うものとなる。

本書は1990年代，ことにアジア通貨危機前後の時期を考察したものであって，21世紀の日韓台の対外投資の研究は今後の課題として残されている。だがその研究も90年代の日韓台の対ASEAN投資の実態を把握してそれと比較してこそ十分に行えることとなるといえよう。

インタビューは予算上と時間上の制約から網羅的には行えなかった。だが代表的なものについてはおおむねインタビュー調査ができたと我々は考えている。

なお本書で用いた官庁等の名称は調査時点のものである。

本書の作成にあたってはインタビューに快く応じて下さった内外の多くの方々の多大なる協力を得た。いちいち名前は記さないが，この場を借りて厚く御礼を申し述べたい。また千葉商科大学大学院博士課程院生の柳澤智美氏から前述の研究成果報告書についての感想が寄せられ，これが本書作成にあたって大いに参考となった。

最後に学術研究図書出版事情が困難な状況下にもかかわらず出版を引き受けて下さった日本経済評論社の栗原哲也社長と，編集上の労を惜しまれなかった宮野芳一氏に謝意を表したい。

本書のより詳しい構成および執筆分担は以下のとおりである。
序　章　本書の課題と視角
　第1節　本書の課題　　　　　　　　　　　　　　　齊藤壽彦
　第2節　本書の理論的視角　　　　　　　　　　　　劉　進慶
第1章　日韓台の電子産業の動向

第1節	電子産業の製品と部品	1：宮脇孝久，2：三木譲
第2節	日本の電子産業の動向	宮脇孝久
第3節	韓国の電子産業の動向	宮脇孝久
第4節	台湾の電子産業の動向	高岡宏道

第2章　日韓台の対外直接投資の動向
　　第1節　日本の対外直接投資の動向　　　　　　　　宮脇孝久
　　第2節　韓国の対外直接投資の動向　　　　　　　　祖父江利衛
　　第3節　台湾の対外直接投資の動向　　　　　　　　高岡宏道
第3章　日韓台の対ASEAN進出企業の資金調達　　　　齊藤壽彦
第4章　アジア通貨金融危機と対外直接投資　　　　　齊藤壽彦
第5章　日韓台の対ASEAN進出企業の競争と協調　　　高岡宏道
第6章　日本の電子機器メーカーの対ASEAN進出
　　第1節　日本の電子機器メーカーのASEAN諸国への進出　宮脇孝久
　　第2節　マレーシア松下精密　　　　　　　　　　　三木　譲
　　第3節　マレーシア三菱電機　　　　　　　　　　　三木　譲
　　第4節　タイ松下グループ　　　　　　　　　　　　小宮昌平
　　第5節　東芝CRTタイ　　　　　　　　　　　　　　高岡宏道
　　第6節　タイ日本ビクター　　　　　　　　　　　　祖父江利衛
第7章　韓国の電子機器メーカーの対ASEAN進出　　　祖父江利衛
第8章　台湾の電子機器メーカーの対ASEAN進出
　　第1節　台湾の電子機器メーカーのASEAN諸国への進出　高岡宏道
　　第2節　台湾パソコン産業の発展における
　　　　　　台湾工業技術研究院・台湾NSTLの役割　　三木　譲
第9章　三星電管、中華映管の財務資料による分析　　山口由二
終　章　総括と展望　　　　　　　　　　　　　　　　劉　進慶
索　引　　　　　　　　　　　　　　　　　　　　　　高岡宏道

2002年4月　　　　　　　　　　　　　　　　　　　　齊藤　壽彦

日韓台の対ASEAN企業進出と金融
―― パソコン用ディスプレイを中心とする競争と協調 ――

目　次

はしがき ………………………………………………………………… i

序　章　本書の課題と視角 …………………………………………… 1
　第1節　本書の課題 ………………………………………………… 1
　第2節　本書の理論的視角 ………………………………………… 5
　　1　日本の経済発展とアジア ……………………………………… 5
　　2　アジアの経済発展と雁行形態論 ……………………………… 6
　　3　日韓台企業の対ASEAN進出とプロダクト・サイクル論 …… 8
　　4　ASEAN諸国の電子産業の発展段階 ………………………… 10
　　5　日韓台電子産業のアジアにおけるロジスティク国際分業の
　　　　展開 ……………………………………………………………… 11
　　6　本書の課題 …………………………………………………… 12

第1章　日韓台の電子産業の動向 ―― パソコンを中心として ―― …… 19
　第1節　電子産業の製品と部品 …………………………………… 19
　　1　ディスプレイの種類と用途 ………………………………… 19
　　2　ブラウン管，ディスプレイの技術的発展 …………………… 21
　第2節　日本の電子産業の動向 …………………………………… 25
　　1　わが国の電子機器の生産と特徴 …………………………… 25
　　2　90年代の電子機器生産と貿易 ……………………………… 25
　　3　ネットワーク化と情報家電 ………………………………… 27
　第3節　韓国の電子産業の動向 …………………………………… 31
　　1　生産の特徴と産業の発展 …………………………………… 31

	2　家電産業の海外展開と中小企業 ……………………… 33
	3　半導体産業の発展 ……………………………………… 37
	4　半導体業績の悪化と産業の試練 …………………… 38

第4節　台湾の電子産業の動向 ……………………………………………… 41
　　　1　今日における台湾の電子産業 ……………………… 41
　　　2　台湾企業の「脱日本志向」…………………………… 45
　　　3　台湾企業の堅実経営と受動・依存型発展 ………… 48
　　　4　ま　と　め …………………………………………… 54

第2章　日韓台の対外直接投資の動向
　　　――電子産業の対ASEAN直接投資を中心として―― …………… 59
第1節　日本の対外直接投資の動向 ………………………………………… 59
　　　1　直接投資の動向 ……………………………………… 59
　　　2　日本企業の海外展開 ………………………………… 62
第2節　韓国の対外直接投資の動向 ………………………………………… 64
　　　1　韓国の海外直接投資 ………………………………… 65
　　　2　韓国の投資資金源泉 ………………………………… 66
第3節　台湾の対外直接投資の動向 ………………………………………… 69
　　　1　投資審議委員会の統計からみた特徴 ……………… 70
　　　2　台湾企業の海外進出と資金調達 …………………… 72
　　　3　情報機器生産の海外移転 …………………………… 75

第3章　日韓台の対ASEAN進出企業の資金調達 ………………………… 81
第1節　ASEANにおける日系企業の資金調達 …………………………… 81
　　　1　在外日系企業の資金調達の概観 …………………… 81
　　　2　アジアにおける資金調達 …………………………… 90
　　　3　ASEAN諸国における資金調達 …………………… 98
　　　4　マレーシアにおける資金調達 ……………………… 104
　　　5　タイにおける資金調達 ……………………………… 114

第2節　ASEANにおける韓国系企業の資金調達……………………………*118*
　　1　韓国企業の資金調達の特徴………………………………*118*
　　2　韓国系在外企業，対ASEAN諸国進出企業の資金調達………*121*
　第3節　ASEANにおける台湾系企業の資金調達　………………………*126*
　　1　台湾企業の資金調達の特徴………………………………*126*
　　2　台湾系在外企業，対ASEAN諸国進出企業の資金調達………*128*

第4章　アジア通貨・金融危機と対外直接投資　……………………*143*
　第1節　アジア通貨・金融危機　………………………………………*143*
　　1　理論的前提………………………………………………*143*
　　2　アジア通貨・金融危機の発生……………………………*151*
　　3　アジア通貨・金融危機の要因……………………………*153*
　　4　アジアの不良債権問題……………………………………*159*
　第2節　アジア通貨・金融危機と対外直接投資………………………*165*
　　1　日本の東アジア向け直接投資への影響…………………*165*
　　2　韓国の東アジア向け直接投資への影響…………………*169*
　　3　台湾の東アジア向け直接投資への影響…………………*169*
　　4　アジア諸国，ASEAN諸国向け直接投資への影響………*170*

第5章　日韓台の対ASEAN進出企業の競争と協調
　　　　――パソコン用ディスプレイを中心とした概観――　………*179*
　第1節　ディスプレイとディスプレイ用ブラウン管の生産動向……*180*
　　1　ディスプレイ（最終組立工程）……………………………*180*
　　2　ディスプレイ用ブラウン管（ディスプレイ部品）…………*186*
　第2節　ASEANの域内ネットワークの再編……………………………*190*
　第3節　ま　と　め　………………………………………………………*193*

第6章　日本の電子機器メーカーの対ASEAN進出
　　　　――マレーシア，タイを中心に――　…………………………*195*

第1節　日本の電子機器メーカーのASEAN諸国への進出 ……………… *195*
　　1　ASEAN諸国への進出の背景 ……………………………… *195*
　　2　ディスプレイをめぐる競争の激化 ………………………… *198*
　　3　ASEAN諸国におけるディスプレイ産業の展開 ………… *201*
第2節　マレーシア松下精密 ……………………………………………… *209*
第3節　マレーシア三菱電機 ……………………………………………… *213*
第4節　タイ松下（ナショナル・タイ）グループ ……………………… *216*
　　1　松下電器グループのタイ進出 ……………………………… *216*
　　2　「ナショナル・タイ」グループ …………………………… *217*
　　3　テレビ生産の推移 …………………………………………… *219*
　　4　分社化で「日系資本の支配が確立した」 ………………… *221*
　　5　「分社化」＝新会社設立による新たな外資特権の享受 … *225*
第5節　東芝CRTタイ ……………………………………………………… *226*
第6節　タイ日本ビクター ………………………………………………… *228*

第7章　韓国の電子機器メーカーの対ASEAN進出
　　　　──三星グループを事例として── ……………………………… *235*
第1節　韓国企業調査の概況と問題関心 ………………………………… *235*
第2節　韓国の電子機器メーカーのASEAN諸国への進出
　　　　──三星グループ事例を中心に── ……………………………… *236*
　　1　サムソン電子 ………………………………………………… *237*
　　2　サムソン電管 ………………………………………………… *240*
　　3　サムソン電機 ………………………………………………… *242*
　　4　サムソンコーニング ………………………………………… *243*
第3節　ま　と　め──調査結果から── ……………………………… *244*
補　論　系列部品メーカーの事例と韓国のプラスチック加工技術水準 ……… *251*
　　1　株式会社世化（プラスチック射出成形部品メーカー） ……… *252*
　　2　日精樹脂工業（射出成形機メーカー）ソウル駐在員から見た
　　　　韓国の射出成形技術 ………………………………………… *254*

3　若干の論点の析出……………………………………………………256

第8章　台湾の電子機器メーカーの対 ASEAN 進出 ……………………259
　第1節　台湾の電子機器メーカーの ASEAN 諸国への進出
　　　　――明碁・中強・大同・中華映管の事例―― …………………259
　　　1　明碁電脳（ディスプレイ組立メーカー）………………………259
　　　2　中強電子（ディスプレイ組立メーカー）………………………262
　　　3　大同（ディスプレイ組立メーカー）……………………………263
　　　4　中華映管（台湾のブラウン管メーカー，大同の子会社）……264
　第2節　台湾パソコン企業の発展における台湾工業技術研究院・台湾 NSTL の
　　　　役割 ……………………………………………………………………267
　　　1　台湾工業技術研究院………………………………………………267
　　　2　台湾 NSTL …………………………………………………………271

第9章　三星電管、中華映管の財務資料による分析
　　　　――三星電管、中華映管及び日本の電子機器メーカー 42 社平均
　　　　との財務比較―― ……………………………………………………279
　第1節　は じ め に……………………………………………………………279
　　　1　三星電管の概要……………………………………………………279
　　　2　中　華　映　管……………………………………………………280
　　　3　分析資料と手法……………………………………………………280
　第2節　趨 勢 分 析……………………………………………………………281
　　　1　経営基本指標………………………………………………………281
　　　2　売上損益の推移 ……………………………………………………284
　　　3　資産の推移…………………………………………………………286
　　　4　負債・資本の推移…………………………………………………289
　第3節　比 率 分 析……………………………………………………………291
　　　1　収益力の分析………………………………………………………291
　　　2　売上高諸利益率・費用率の分析 …………………………………294

3　回転率の分析 …………………………………… *297*
　　　4　貸借対照表の静態比率 …………………………… *299*
　　　5　労　働　指　標 ………………………………… *302*
　　　6　百分比貸借対照表 ……………………………… *303*
　第4節　ま　と　め ……………………………………………… *305*

終　章　総括と展望 ……………………………………………… *309*
　第1節　日韓台進出企業の特徴 ………………………………… *309*
　　　1　自己資金中心型と他人資金中心型の金融 ……………… *309*
　　　2　同伴型と単独型の企業進出 ……………………………… *310*
　　　3　日本指導の標準化技術移転と相互補完関係 …………… *311*
　　　4　低賃金労働と土地・税制特典の誘因 …………………… *312*
　　　5　進出企業の3類型 ……………………………………… *313*
　第2節　日韓台進出企業間の水平的競争と垂直的関係 ………… *314*
　第3節　アジア金融市場のダイナミックスとその「落とし穴」 … *316*
　第4節　課題と展望 ……………………………………………… *317*

索　　引 ……………………………………………………………… *321*

序　章　本書の課題と視角

第1節　本書の課題

　我々は，文部省の平成9〜10年度科学研究費補助金を得て，日本・韓国・台湾の対ASEAN進出企業の競争と協調，棲み分けの関係を研究した。このために日本・韓国・台湾・マレーシア・タイ・シンガポールの研究機関，政府系機関，業界団体，企業を訪問し，数多くのインタビューを行い，また関係資料を収集した。この研究は日本・韓国・台湾・アセアンの経済・産業の諸関係を立体的に明らかにし，将来における日本産業のあり方を探ろうとするものである。このような産業の国際関係，ことにネットワークに関する研究は今後のわが国の産業政策，経済戦略を構築するうえできわめて重要であると考えられるのである。だがこれまでの研究においては，日本・韓国・台湾・ASEANの産業の関係を総合的に解明したものは存在しない。

　今日産業の活動は国際的に展開されており，産業の国際関係を抜きにしての研究は成り立たない。企業の対外直接投資についての研究の重要性を認識するわれわれは，対外直接投資を行う国として日本・韓国・台湾に研究対象国を絞った。これは日本・韓国・台湾が地理的・歴史的関係が深いという理由だけによるものではない。韓国，台湾は，産業総体としての技術格差が日本との関係において残存している。そのため，日本からの技術導入を求め，協調関係を強めようとしている。その一方で，製造業において韓国，台湾が日本を追い上げてきている。さらにASEANに対しては投資国として成長しはじめ，日本との競争が顕在化してきているのである。他方，日本産業の事情として，円高・対米経済摩擦を背景として，アジアへの直接投資への依存を強めざるをえなくなってきている。技術格

差を反映して3国間の対外直接投資には分業，棲み分け関係もみられる。このように事実として3国間の直接投資において競争と協調，棲み分け関係の関係がはっきりとみられるのである。加うるに，パソコン用ディスプレイの分野においては日韓台が世界の生産を独占しており，これら3国には共通性もみられるのである。

　日本の対外直接投資，特にアジアへの直接投資についてはすでに数多くの研究がある[1]。たとえば北村かよ子編『経済協力シリーズ 176　東アジアの工業化と日本産業の新国際化戦略』[2]，関口末夫・田中宏／日本輸出入銀行海外投資研究所編『海外直接投資と日本経済』[3]，板垣博編著『日本的経営・生産システムと東アジア』[4]，岡本康雄編『日系企業 in 東アジア』[5]，鈴木幸毅編『日本企業のアジア進出』[6]，小林英夫『日本企業のアジア展開』[7] などがある。だが，これらの研究には現地側の意向分析に欠ける等の弱点がある。これに比べて韓国・台湾の直接投資を取り扱った研究は少ない。それでもないわけではない。たとえば野村総合研究所・東京国際研究クラブ編『直接投資でアジアは伸びる』[8]，大阪市立大学経済研究所・中川信義編『イントラ・アジア貿易と新工業化』[9]，丸屋豊二郎編『アジア国際分業再編と外国直接投資の役割』[10] などがある。だがこれらの著書にしても日韓台の対外直接投資の相互関係が必ずしも明らかとはなっていない。日本・韓国・台湾系企業の対外投資の相互関係を実証的に考察した研究がほとんど存在しないのは，このような問題意識がこれまで乏しかっただけでなく，日本・韓国・台湾各国の産業を研究している者の共同研究を必要とし，かつ実地調査を実施しなければならず，かなりの額の調査研究費を必要とし，さらに海外情報収集のためのノウハウを必要とし，その考察に困難を伴うことの結果でもあろう。

　日韓台の対外直接投資の関係を考察する舞台として ASEAN を選んだのは次のような理由からである。日韓台はまず ASEAN 諸国に投資を行った。それから中国へ投資を行った。このため，直接投資の論理をとらえるためにはまず対 ASEAN 諸国投資を評価することが必要となるのである。最近では中国への直接投資が増大してきているが，それがどのようなメカニズムで展開され，また今後どうなっていくのかは現段階でははっきりしない。中国への投資に先行して行われ，投資についての豊富な経験と資料を入手することのできる対 ASEAN 直接投

資について研究がまず行われるべきであるとわれわれは考えるのである。

　この研究の前提として，日韓台の直接投資の国別投資動向の分析を行い，ASEAN 諸国の位置づけを行う必要がある。だがこれについてはすでにいくつかの研究がある。そこで本書においては日韓台の直接投資は略述するにとどめる。

　近年アジア産業の研究は大きく進展しており，アジアにおける国際分業の進展についても研究がすでに行われている。だが渡辺利夫・青木健『アジア新経済地図の読み方』[12]は産業に立ち入って考察したものではない。島田克美・藤井光男・小林英夫編著『現代アジアの産業発展と国際分業』[13]，丸山惠也・佐護譽・小林英夫編著『アジア経済圏と国際分業の進展』[14]は国によって取り上げる産業分野が異なっており，したがって，日韓台の競争と協調，棲み分けの関係がはっきりとはしないのである。もちろん，特定の産業分野に限定した国際分業体制の考察も行われており，長銀総合研究所「我が国製造業における国際分業―アジアとの共存に向けて―」)[15]，さくら総合研究所環太平洋研究センター「我が国電機・電子産業のアジアにおける国際分業体制の再構築と日本経済」[16]などという調査研究もあるが，特定の国の考察が中心となり，やはり日韓台産業の国際的関係が十分に解明されているとはいえない。日韓台産業の競争と協調，依存関係，棲み分けの研究はきわめて立ち遅れているのである。

　対外直接投資は自動車などさまざまな分野で展開されているが，各産業分野を網羅的に研究すると研究が散漫となる。日韓台の企業の ASEAN における競争と協調の関係は，電機・電子産業において最もはっきりと見ることができる。日本にくらべて，韓国や台湾の企業の海外投資に限界が見られる状況のもとでは，このような産業に焦点を絞って，これら3国の競争と協調の関係を立体的に捉えていかなければならない。

　そこで本研究では競争と協調の関係が最もはっきりとわかる，電子・電気産業を中心として調査することとした。とくに，パソコン用ディスプレイ（完成品），ブラウン管（基幹部品。これには解像度の高いディスプレイ用のものとテレビ用のものとがある），そのサポーティング・インダストリーの構造を実地調査した。パソコン用ディスプレイはモニターとも呼ばれ，パソコンの周辺機器である。パソコン用ディスプレイは静止画面を近くで見るためにテレビよりも解析度が高くなけ

ればならない。パソコン・ディスプレイ用ブラウン管は完成品パソコン用ディスプレイの部品である。われわれは ASEAN 諸国に進出したこれらの企業を調査した。ASEAN 諸国といってもさまざまな国がある。われわれは，電子産業，とりわけパソコン用ディスプレイにおける 3 国の ASEAN 諸国への投資の関係がはっきりとわかる資本受入国として，特にマレーシア，タイを選んで実地調査した。このように ASEAN の研究対象国を絞ったのは研究予算上からの制約によるものでもある。

　パソコン用ディスプレイ生産研究の対象国は日本，韓国，台湾，ASEAN 諸国に絞ったが，世界のパソコン用ディスプレイおよびこのディスプレイ用ブラウン管は主としてこの地域で生産されており，これらの国の産業の研究は産業研究に重要な意義を有するといえよう。さらにいえば，1998 年のパソコン用ディスプレイの世界生産台数は約 8,600 万台にのぼったが，これらは日本・韓国・台湾系企業によって独占的に生産されており，なかでも台湾系企業が海外生産子会社を含めて 6,080 万台を生産して世界シェアの 58 % を占めており，その大部分を自社ブランド品としてでなくアメリカや日本の企業に OEM（取引先商標製品生産）供給している。またこれらの産業は今後も重要な意義を有すると考えられる[17]。

　われわれの直接投資研究では金融にも配慮した。従来の研究では金融は金融産業それ自体の研究として行われ，直接投資との関連は十分に解明されていなかったからである[18]。対外直接投資と産業金融についての研究としては，第一勧銀総合研究所編『アジア金融市場』[19]，青木健・馬田啓一編著『日本企業と直接投資』[20]，向壽一『自動車の海外生産と多国籍銀行』[21]，高龍秀『韓国の経済システム──国際資本移動の拡大と構造改革の進展』[22]などの研究があるが，それには限界があった。

　対外投資企業に対する金融の研究はアンケート調査や実地調査を行うことなしには困難である。われわれは通産省のアンケートや銀行の調査結果を利用するとともに，海外実地調査に際して常に資金調達について質問するよう努めた。

　本書ではまたアジア通貨金融危機とそれが直接投資に及ぼす影響についても検討を加えている。アジア通貨金融危機に関係する研究は数多く出ており，本書もこれに依拠するところが多いが，われわれは実地調査の経験に基づいてこの問題

を総括するとともに重要視点を呈示し，さらに対外直接投資への影響について分析しているのである。

第2節　本書の理論的視角

1　日本の経済発展とアジア

　戦後，日本はアジア諸国地域に先駆けて経済復興と高度成長を達成した。この日本の経済成長は，やがて次第に近隣の NIES および ASEAN 諸国そして中国へと波及し，東アジア全域の経済発展をリードしていった。その結果，1990年代に東アジア全体が世界の成長センターと目されるまでに高度成長をとげた。いい替えると，日本とアメリカの先進経済が，貿易や投資および市場の面でアジア諸国地域の経済に大きなインパクトを与え，アジア経済成長の「機関車」役を果たしてきたのである。

　この間，日本は60年代，いち早く台湾に企業進出をしはじめ，これまでの商品貿易と投資が両輪となって，台湾の輸出指向工業化の発展を牽引した。特に，この時期の電機電子産業についてみると，まず60年代前半，日本の大手家電メーカーが民生用電機電子を中心に，軒並み台湾に進出し，現地市場確保型の先駆的海外進出をとげた。つぎに，60年代後半から日本は，アメリカ市場の迂回的確保の一環として，台湾の低賃金を利点とする再輸出型オフショア生産を中心に，部品メーカー関連の直接投資が集中的に台湾に進出した。その結果，台湾経済は電機電子産業の分野において，輸入代替的生産から急速に輸出指向的工業化の発展をとげていった。

　1972～73年は戦後日本の海外投資の「元年」であり，この時期をさかいに日本企業の海外直接投資が急激に増大した。なかんずく電機電子産業の海外進出は，台湾のほかに韓国，シンガポール，マレーシアを含むアジア諸国に広がり，民生用電子機器やIC部門を中心に再輸出型オフショア投資が本格化していった。こ

のインパクトとアジア諸国の産業政策の転換で，この地域諸国に電子産業の発展がみられ，輸入代替産業の成長と同時に，輸出指向工業化もまた進展した[23]。

　一方，日本経済は1970年代，2度にわたる石油危機を産業の高度化と企業の減量経営で乗り切り，80年代初頭には，鉄鋼，自動車，続いて電子部門でアメリカを凌ぐまでに力をつけ，世界の経済大国にのし上がった。この結果，日本は巨額の貿易黒字を蓄積し，85年のプラザ合意で円高がいちだんと進み，これを契機に日本の海外投資はさらに増大していった。なかんずくASEAN地域に企業進出が集中し，80年代以来のASEAN諸国の輸出指向的工業化と経済成長を牽引する役割を果たしてきた。

　他方で，日本のあとを追って成長してきた韓国，台湾は，日本と類似した経済発展の軌道を辿り，いわば輸入代替から輸出指向工業化へと躍進して，70年代に新興工業経済地域群（NIES）の一員と呼ばれるまでに成長した。80年代後半，韓国と台湾の貿易黒字の増大は著しく，為替レートにおける韓国のウォン高と台湾の元高が，円高の後を追って進んだ。この影響で韓国と台湾の労働集約的産業の国際競争力が低下し，生産拠点の海外移転にプレッシャーがかかった。そして88，89年をさかいに企業の海外進出が増大し，韓国，台湾は一躍資本輸出国に浮上した。特に90年代になると，ASEAN諸国に対して日本と肩を並べる投資国までに躍進した。したがって，80年代後半以降のASEAN諸国の経済成長は，日本の直接投資の増大に加えて，韓国，台湾を中心とするNIESの企業進出が1つの重要な要因となっている。

2　アジアの経済発展と雁行形態論

　このように戦後，アジアにおいて日本を先頭とする経済成長がNIESの発展にインパクトを与え，さらにASEAN，中国へと経済発展が連鎖的に波及していった現象を，一般に雁行形態発展とよんでいる。これは1950年代，赤松要教授により提起された雁行形態論の理論仮設からとった用語である。だがこのような雁行形態論の理解は，必ずしも十分に正しいとはいえない。雁行形態論とは，後進国における産業発展の国際的展開の戦略モデルである。即ち，先進国に対して経

済が立ち後れている後進国が，自国の近代産業を発展させる場合，輸入→生産→輸出の発展過程をたどって達成されるという開発戦略の理論仮設である。この仮設は近代，欧米の先進国に対する後進国日本が産業発展のキャッチアップを遂げえた歴史的経験法則から導き出した理論である[24]。

赤松要教授は，日本が新商品または新産業を導入し発展するプロセスについて，最初の段階は先進国からの新商品の輸入にはじまり，つぎの段階で国内生産の発展を推進し，それを踏まえてさらに輸出に進んでいく過程を描いた。この過程で輸入と国内生産と輸出の増減動向を描く3つの曲線が，あたかも前後して飛翔する雁の群のような形態を呈するところから雁行形態の用語が使われた。つまり，輸入が増大してピークを迎えたあと減少していく流れの曲線と，途中で国内生産が逓増していく過程の曲線と，さらに遅れてある段階で輸出が増えはじめ，ピークに達したあと減退していく過程で，一方の国内生産もまた併行して減少していく過程の曲線が，それぞれ相互に上下し交差する「雁行」のごとき形態を呈する。

したがって，雁行形態論とは，ある国のマクロ的経済成長そのものが国際的に波及することを意味するのではない。厳密には新商品・新産業発展をめぐる輸入，国内開発および輸出の国際的展開が主たる内容であり，後発国が新商品・新産業の導入，開発，輸出指向を通して経済発展を達成することが，基本的なコンセプトである。

このコンセプトは，その後，新産業の開発を輸入から始め，続いて輸入代替産業の開発に移行し，そして最終的に輸出指向工業化を達成した韓国，台湾それにホンコン，シンガポール等のNIES（新興工業経済地域群）の事例を解釈する開発戦略モデルとして注目され，一定の説得力をもってきた。そしてアジアのその他諸国地域における事例についても，この理論仮設を用いて理解することができるとみられてきた。

じじつ，NIESの後を追うASEAN諸国の産業開発についても，程度の差こそあれ，それなりの雁行形態的発展がみられた。特に紡績，化学，鉄鋼等の伝統型産業の開発については，輸入→輸入代替→輸出指向モデルの発展過程が検出された。しかしながら，近年，新興産業として成長著しい電子産業については，状況がかなり異なり，雁行形態論では十分に解釈できない発展過程の様相を示してい

る。この点が本書が明らかにしようとする重要課題の1つである。

3　日韓台企業の対 ASEAN 進出とプロダクト・サイクル論

　プロダクト・サイクル論とは，R. バーノン（Raymond Vernon）が1960年代，世界をリードするアメリカ産業および多国籍企業活動の動態について，その経験則を国際分業論に基づいて理論化した，新商品・新産業の発展をめぐる外国貿易と国際直接投資に関する理論仮説である。つまり，特定の先進国アメリカが，他国に先駆けて新商品の開発をとげる。この新商品の産業立地については当初，国内市場の需要を満たす生産からはじまり，まもなく他の先進国や途上国にも輸出する。他の先進国はこの新商品輸入のインパクトを受けて，産業立地や労働コストにおけるそれなりの比較優位に基づいて，多国籍企業の投資を受け入れて生産をはじめる。この新商品が普及して成熟段階に移行するにつれて，他の先進国における輸入代替生産が急速に発展し，アメリカにおける生産が相対的に後退する。さらにこの新商品が標準化される段階に移行すると，途上国において労働力供給と労働コストの比較優位が生まれ，外国直接投資の誘致により輸入代替的生産がはじまり，やがて輸出指向的発展をとげていく。

　このようにして，先進国アメリカで開発された新商品・新産業は，成長，成熟，標準化の諸段階をへて，他の先進国や途上国に波及すると同時に，諸国間の外国貿易と国際投資の拡大発展をもたらす。また，先進国アメリカ自身におけるこの分野の産業は，他の先進国や途上国からの逆輸入で次第に衰退し，終焉していくというライフ・サイクルの過程を辿ることになる。すなわち，先進国における新商品・新産業の発展→輸出→海外投資→逆輸入→衰退のプロセスを理論化したのがプロダクト・サイクル論の骨子である[25]。

　そして，本書における日本・韓国・台湾企業の対 ASEAN 進出に関する考察の理論仮設は，一般的にいえば，以上の R. バーノンのプロダクト・サイクル論を用いて説明することができる。しかしながら，この理論仮設は，テレビ，冷蔵庫，洗濯機等の家電産業や紡績，化学，鉄鋼等のような伝統型産業については，おおかた適用できるとしても，本書で取り上げる今日の電子産業については，必ずし

も完全に当てはまるとは思えない。つまり，日韓台の電子産業は，企業の海外進出により衰退するどころか，むしろいちだんと発展する相乗効果をもたらしている。これは新商品による外国貿易と新産業の国際的展開の新しい事態である。この新しい事態を合理的に解釈できる国際投資の理論仮設をいかに構築するかが，本書のもう1つの重要課題である。

　ともあれ，産業発展の国際的展開としての雁行形態論とプロダクト・サイクル論は，前者が後進国の立場からみた理論仮設であるのに対し，後者は先進国の立場からみた理論仮設で，両者は基本的には外国貿易と国際投資に関する理論的枠組として相互に補完的関係にある。現在一般的定説となっている後進国の工業化論における輸入→外資導入→輸入代替的工業化→輸出指向的工業化の開発戦略モデルは，まさにこの2つの理論仮設を結びつけて構成されたものであると理解してさしつかえない。

　ただし，この2つの理論仮設の間に重要な違いがある。第1に，雁行形態論には新産業育成開発のための産業政策の視点があるのに対して，プロダクト・サイクル論にはそれがない。すなわち，雁行形態論の場合，後進国における新商品・新産業開発に政府の育成政策の役割が織り込まれている。したがって，新商品・新産業発展の周期的終焉の視点はない。そして後進国と先進国との間に，産業の重層的国際分業の展開局面が理論的枠組として想定される。アジアにおける日本と韓国，台湾の産業の雁行形態的発展の事例にみられる重層的国際分業体制の動態を説明する理論根拠がここにあるといえよう。第2に，日本の経済発展の経験則から導き出された雁行形態論には，後進国の内発的発展要因が暗黙のうちに前提されているとみてよい。これに対してプロダクト・サイクル論の場合，あくまで国際分業の比較優位の原理に基づく多国籍企業の外国直接投資が，産業発展の国際的展開の主導的役割を担う考え方でぬかれている。

　そこで，本書の研究対象であるASEAN諸国における新産業開発の国際的展開の場合はどうか。NIES韓国，台湾の事例とどこが共通し，どこが相違するのか。さらに，電子産業の場合はどうなるのか。この点が本書の問題意識の底流をなしている。

4 ASEAN 諸国の電子産業の発展段階

　電子産業の関連製品および生産構造はきわめて多岐多様にわたる。ここでひとまず ASEAN 諸国の電子産業の発展段階の概況について述べてみたい。まず，先端技術を駆使した資本，技術集約的部門に属する核心重要部品，たとえば半導体，CPU，DRAM 等の生産は，これまではほとんど日米両国の独占下にあった。1990 年代，韓国，台湾がキャッチアップして，現在は日米および韓台の寡占状態にある。したがって，ASEAN 諸国の電子産業は，これら先端部門以外のパソコン（本体と周辺機器）の組立加工，オーディオ（ステレオ，ラジカセ等），映像（カラーテレビ，ビデオ等）その他家電，テレビゲーム，ラジコン等の周辺部門を担うことになる。ここで述べるこの地域諸国の発展段階とは，さしあたりパソコン組立加工，オーディオ，映像等の分野のレベルを指していう。

　まず，第 1 に，ASEAN 諸国のなかで電子産業が最も発展しているのが，マレーシアであり，最も遅れているのがフィリピンである。そしてシンガポールは特定の部門，特に高付加価値のパソコン周辺機器である HDD（Hard Disk Drive），プリンターおよびパソコン完成品，半完成品の OEM（Original Equipment Manufacturing）に集中している。フィリピンはパソコン周辺機器の FDD（Floppy Disk Drive）と HDD にようやく初歩的生産実績が出てきている程度の状況にある。

　第 2 に，したがって，ASEAN 諸国の電子産業といっても，実際にはマレーシア，タイおよびインドネシアの 3 カ国の状況に絞ってみることになる。まず，マレーシアについては，映像，オーディオ部門における生産の増大傾向が一服し，よりレベルの高いパソコンの周辺機器部門に生産の重心が移り，急速な勢いで伸びている。これに対しタイは，マレーシアの後を追っているが，映像，オーディオ部門でなおマレーシアに大幅に遅れている状態のもとで，パソコン周辺機器部門に生産の集中と発展がみられる。インドネシアの場合，映像とオーディオ部門の発展が中心で，パソコン周辺機器部門は，なおもきわめて初歩的開発段階にある。

第3に，以上の状況から，本書はマレーシアとタイを主要な研究調査の対象国とすることになる。その場合，総じてマレーシアとタイは，外資の積極的導入による電子産業の発展を推進している点では共通している。だがマレーシアの場合は，これを重要な国策として，国をあげて電子産業の誘致と開発に打ち込んでいるところに，現段階のマレーシアとタイの電子産業発展のパフォーマンスの違いがある。なお，インドネシアについては，近年の政情不安から当分の間，電子産業の開発を語る状態にはない。

5　日韓台電子産業のアジアにおけるロジスティク国際分業の展開

　日韓台の進出企業の動向を比較研究するに際して，以上に述べた電子機器産業を切口にする理由は，主として電子産業の特殊な性格からきている。第1は，電子産業は現在，国際分業が最も進んでいる産業である点にある。その生産工程は，部品生産から加工組立まで細かく分割して行われることが可能である。この一連の分割された生産工程のなかに最先端技術を必要とする資本・技術集約的で高付加価値の工程から，大量の不熟練労働にたよるきわめて労働集約的な工程まで含まれている。この特性は国際分業に最適である。
　加えて第2は，電子産業の製品や部品の体積が小さく軽量で，輸送コストが低く，遠隔地域間の運搬に空輸の手段を用いることが可能であるという特性をもつ点にある。さらに第3は，製品市場は当然先進国が最も主要であるが，しかし発展途上国を含めてきわめて広いグローバルな市場需要がある点にある。海外に進出した企業にとって，現地市場のほかに輸出や逆輸入といったさまざまな市場戦略の展開が可能である。つまり，電子産業を研究対象とした理由は，この産業が新しいタイプの国際分業に最も適した生産構造と製品市場の特性をもちあわせているからである。したがって，日本および韓国，台湾企業の対ASEAN直接投資を考察する場合，電子産業こそが本書の研究調査対象として，最も適切な産業部門であると考えられる。
　その場合，ASEAN諸国の産業発展段階を勘案するならば，電子産業の多種多様な製品部門において日韓台企業が幅広く協調と競争関係をもつ分野は，そのな

かの周辺機器や部品生産部門に絞られることになる。具体的にはパソコン用ディスプレイ（モニター）とその重要な部品であるブラウン管部門が研究対象として最も適合的であるとみる。その理由は，1つに，ディスプレイとブラウン管は，電子産業の中核製品であるパソコンとテレビの汎用重要周辺部品であること，2つめに，日韓台はこの部品生産の分野で世界的な三大生産国であり，海外子会社の生産を含めて全体の96％（1997年）を独占していること，3つめに，日，韓，台のディスプレイ，ブラウン管メーカーが多数ASEAN諸国，特にマレーシア，タイ，インドネシアに進出していること等による。

　以上の電子産業の特性から分かるように，電子産業における国際分業は，これまでの伝統型産業とかなり異なるロジスティクな形態を呈することになる。ロジスティク（logistics）とは，複合的需要に対応する供給組織の意味である。いわゆるロジスティク国際分業とはこの場合，複合的な最終財の需要に対応して供給側の生産工程を2カ国以上の複数国家地域に体系的に分業して加工生産し，協業する多国間の水平的国際分業を指す。この国際分業形態は，先の雁行形態論とプロダクト・サイクル論の理論的枠組から導き出した輸入→輸入代替→外資導入→輸出指向の時系列的開発モデルとは性格を異にする。電子産業のロジスティク国際分業は，時系列的発展段階の制約を超えて，それぞれが同時的，多面的に展開する新しいタイプの形態をとる。つまり，1国の産業開発の次元の問題と産業の国際的展開の次元の問題が，同時平行的に展開する開発モデルを構成する。いい替えれば，後進国における電子産業の特定部門の発展は，輸入，輸入代替生産，外資導入，輸出指向生産等が同時平行的に，またはその順序にかまわず部分的に生起する産業開発の形態をとることを指す。したがって，日，韓，台のASEAN諸国への電子産業投資，特にディスプレイ，ブラウン管部門への企業進出は，きわめてダイナミックな協調と競争関係の展開が考察の枠組として想定されることになる。

6　本書の課題

　日本，韓国および台湾のASEAN諸国への企業進出は，アジアの経済発展にと

って，1つの新局面である。第1に，NIESとしての韓国，台湾が先進国化し，投資国として日本と肩を並べてASEAN諸国に企業進出する事態は，これまでになかった新しい局面である。第二に，果たしてASEAN諸国の経済発展や工業化が，アジアにおいて第二の韓国，台湾になりうるのか。つまり，ASEAN諸国がNIESにみられたような内発的発展を伴う工業化を歩みうるのか，いわば本来の意味での雁行形態発展が広くASEAN諸国の事例にまで適用できるのかという新たな問題が問われている。

その場合，本書の考察の枠組として，いちおう資本，技術，経営，市場等の側面から企業進出の特質を解明する視点をとる。いうまでもなく，日本，韓国，台湾企業の間におのずとそれぞれに特徴や優劣の問題が存在する。概していえば，日本企業はあらゆる面で比較優位をもち，それに対して韓国企業と台湾企業は概して後発性をもつ劣位の地位にある。だが，上述の電子産業の性格，そのロジスティク国際分業の展開という特徴から，各自がそれぞれにそれなりの参入空間と優位性をもちうるものと考えられる。それがASEAN諸国の現地市場において，どのように分業し，協業しているのか。そして企業レベルでどのような協調関係および競争関係をもつのか，またはもちうるのか。これらの問題意識と問題の解明が，本書の基本課題である。

【注】

1) 小島清『日本の海外直接投資　経済学的接近』文真堂，1985年，は日本の直接投資を経済学的に分析している。とくに日本の電子産業の海外進出については末廣昭「日本電機・電子産業の海外投資と多国籍化戦略」アジア経済研究所編『発展途上国の電機・電子産業』アジア経済研究所，1981年や，法政大学比較経済研究所・佐々木隆雄・絵所秀紀編『日本電子産業の海外進出』法政大学出版局，1987年，の研究がある。原正行『海外直接投資と日本経済』有斐閣，1992年，は日本経済が直面する直接投資と関連する諸問題を考察している。戦後日本の海外投資の展開とその助成策については，齊藤壽彦「海外直接投資の助成」通商産業省・通商産業政策史編纂委員会編『通商産業政策史』第12巻，通商産業調査会，1993年，を参照されたい。また最近の東アジア向直接投資については今井宏「日本の東アジア向け直接投資の新展開」日本総合研究所調査部環太平洋研究

センター『環太平洋ビジネス情報「RIM」』No.2, 2001年7月, 66～80ページ, 丸山知雄「日本電機産業の対アジア投資――中国への生産シフト――」『アジ研ワールド・トレンド』第8巻第3号, 2002年3月, 4～7ページ等を参照されたい。

2) 北村かよ子編『経済協力シリーズ176　東アジアの工業化と日本産業の新国際化戦略』アジア経済研究所, 1995年。本書は東アジアの工業化と直接投資の関係を分析しており, 総論, 各地域・各産業という広範な問題を取り扱っている。海外直接投資により, 東アジア諸国が発展し, 東アジア域内で分業が進展しつつある反面, 競合する産業も次第にふえており, 域内における利害対立を回避するために各国地域において構造改革が必要であると論じている。第Ⅲ部第2章で東アジアの電子部品産業と日本の産業調整上の課題が取り扱われているが, この場合, 日韓台の対外投資の分析は乏しい。また金融の分析がない。

3) 関口末夫・田中宏／日本輸出入銀行海外投資研究所編著『海外直接投資と日本経済』東洋経済新報社, 1996年。本書は海外直接投資に関係するいくつかの日本経済の問題を考察したものである。

4) 板垣博編著『日本的経営・生産システムと東アジア――台湾・韓国・中国におけるハイブリッド工場――』ミネルヴァ書房, 1997年。本書はアジア投資の先導役であった台湾・韓国における日系工場が, その日本的経営生産システムと技術をいかに, またどの程度移転しているかを考察したものであり, 台湾・韓国・中国における日本企業の直接投資に関する研究書である。

5) 岡本康雄編『日系企業 in 東アジア』有斐閣, 1998年, は東アジアの日系企業58社の実態調査に基づいて, その経営システムを多面的に分析している。

6) 鈴木幸毅編『日本企業のアジア進出』税務経理協会, 1998年, は日系企業のアジア進出の実態などを解明している。

7) 小林英夫『日本企業のアジア展開』日本経済評論社, 2000年, はアジア地域の工業化に日本企業はどのような役割を果たしてきたかを考察している。

8) 野村総合研究所・東京国際研究クラブ編『直接投資でアジアは伸びる』野村総合研究所情報リソース部, 1994年。本書で日本, 韓国, 台湾の対外直接投資が比較考察されている。

9) 大阪市立大学経済研究所・中川信義編『イントラ・アジア貿易と新工業化』東京大学出版会, 1997年。本書はアジア内の貿易や直接投資の展開を考察している。国際競争と国際協力について, 特定産業に焦点を絞って個々の企業レベルに

まで掘り下げ具体的に考察していることは注目される。本書は「アジア間貿易」あるいは「アジア域内貿易」の発展をとらえているが、とくに産業内貿易や企業内貿易、とくに多国籍企業内国際分業に基づく企業内国際貿易や多国籍企業・直接投資関連貿易などの展開を重視しており、それゆえ「イントラ・アジア貿易」(intra-Asian trade) という用語を用いている（同書, i～ⅱ）。本書では日本や韓国の対外投資が考察されているが、台湾の直接投資は主要な研究対象とはなっていない。また金融も考察されていない。アジア半導体産業は日本、アメリカ、韓国企業の競争を中心に考察されている。

10) 丸屋豊二郎編『アジア国際分業再編と外国直接投資の役割』アジア経済研究所、2000年、は東アジアの経済発展に果たす直接投資の役割および従来の東アジア国際分業構造のあり方と、各国経済の産業構造の問題点を、両者間の関係に焦点を当てて分析することを課題したものであり、これを発展が期待される地場中小企業およびアジア危機後の国際分業構造という2つの視点から明らかにしようとしたものである。本書では電子・電機産業の日系企業の動向が考察されており、また台湾の直接投資と国際分業が電子・電機産業を中心に考察されている。だが韓国の対外直接投資の考察はない。

11) 今井宏「中国に集中する東アジア向け直接投資」『環太平洋ビジネス情報「RIM」』No. 4, 2002年1月, 76～93ページ。

12) 渡辺利夫・青木健『アジア新経済地図の読み方』PHP研究所、1991年。本書は西太平洋における国際分業の再編を考察しており、ASEANが発展し、NIESとASEANが有機的結びつきを強めると延べている。

13) 島田克美・藤井光男・小林英夫編著『現代アジアの産業発展と国際分業』ミネルヴァ書房、1997年。本書はアジアにおける国際分業の再編成を産業部門別、地域別に多様な角度から再検討したものである。金融は詳しく考察されていない。

14) 丸山恵也・佐護譽・小林英夫編著『アジア経済圏と国際分業の進展』ミネルヴァ書房、1999年。本書は東アジア経済圏の形成とそこでの国際分業の進展を解明したものである。「60年代から70年代の日本、70年代から80年代のアジアNIEs（新興工業経済地域）、80年代から90年代のASEAN、中国、ベトナムと、東アジア地域では工業化を基軸とした連鎖的な経済発展がみられた。こうしたアジア諸国の経済発展の基本的な特徴は、先進工業国からの資本と技術を導入し、それを基盤とする輸出を基軸に経済発展を推進するという輸出志向工業化戦略に基づくものである。東アジアでは、80年代後半以降の円高・ドル安のなかでド

ルに為替相場をリンクしてきたことにより，アメリカ向けの輸出を増加し，日本の直接投資を拡大させてきた。この結果東アジア地域域内において海外投資と輸出がともに増加したと述べている（2ページ）。本書で生産面における競争と協調，国際的棲み分けが考察されているが，金融の分析はない。なおアジアNIESの発展の内的条件と外的条件については相田利雄・小林英夫編『成長するアジアと日本産業』大月書店，1991年，16〜19ページを参照されたい。

15) 長銀総合研究所『総研調査』第31号，1995年1月，所載。日本のアジアでの水平分業は繊維および電機産業の一部で著しく進展した。同調査報告書の要約編は，「日本の国際分業という場合，かつては農業や鉱業から原材料を輸入し，工業製品を輸出するという形の，産業間の垂直分業が主であったが，近年は同じ産業の中での輸出入という形での，水平分業が多くなった。日本企業の海外直接投資による海外生産化はこうした国際分業を促進する要因である」と述べている（同31号，2ページ）。同調査報告書は要約編（第31号），総論（第31－1号），補論（第31－2号），各論（第31－3〜6号）の7冊から成る。

16) さくら総合研究所環太平洋研究センター「我が国電機・電子産業のアジアにおける国際分業体制の再構築と日本経済」同センター『環太平洋ビジネス情報「RIM」』No. 28，1995年1月。

17) 本共同研究の成果のひとつとして高岡宏道「ASEAN域内ネットワークにおける台湾業の役割——モニターおよびモニター用ブラウン管産業を中心として——」財団法人政治経済研究所『政経研究』第74号，2000年3月，が発表されているから，参照されたい。

18) 金融面における日韓台の比較という研究がないわけではない。河合正博・Quick総合研究所アジア金融研究会編著『アジアの金融・資本市場』日本経済新聞社，1996年，は東アジア地域内における金融リンケージ，資本市場の統合，マクロ経済的相互依存の実態を経済学的に明らかにしようとしており，東アジア金融の自由化・国際化が進展した結果，東アジア諸国・地域間の金融リンケージが強化され，マクロ的な相互依存関係が深まり，東アジア地域で金融的依存関係が深まった，と述べている。このような研究は類書がほとんどない貴重なものであるが，金融分野の研究の枠内にとどまる。

関口操・竹内成編著『始動するアジア企業の経営革新』税務経理協会，1997年，は韓国企業と台湾企業の経営比較を行うとともに，韓国企業と日本企業の資金調達の比較も行っているが，この研究は対外進出企業の資金調達の研究とはな

っていない。池尾和人・黄圭燦・飯島高雄『日韓経済システムの比較制度分析――経済発展と開発主義のわな――』日本経済新聞社，2001 年，の中で日本と韓国の金融制度の比較研究が行われているが，やはり対外投資の産業金融が独自には研究されていない。
19) 第一勧銀総合研究所編『アジア金融市場』東洋経済新報社，1997 年，はまさに我々が研究しようとする対アジア直接投資と金融との関係をきわめて詳細に考察した，すぐれた調査研究書であり，我々の研究はこの書に負う所が大きいが，韓国・台湾の対外投資と金融との関係については十分に調査されていない。またその後同研究所はこのテーマに関する継続的研究を行っていない。
20) 青木健・馬田啓一編著『日本企業と直接投資』勁草書房，1997 年，の第 5 章は直接投資の金融的側面を分析しているが，詳細とはいえない。
21) 向壽一『自動車の海外生産と多国籍銀行――メインバンクの変容と多国籍概念の変容』ミネルヴァ書房，2001 年，は自動車部門の直接投資と金融との関係を考察している。
22) 高龍秀『韓国の経済システム――国際資本移動の拡大と構造改革の進展』東洋経済新報社，2000 年，は韓国の経済発展と国際金融市場との関係を考察したものであり，韓国の対外投資と金融との関係を本格的に研究しており，我々の研究にとって大いに参考となった。もっとも対外投資と金融という観点から言えば，同書は韓国の研究という制約をもっている。
23) 法政大学比較経済研究所・佐々木隆雄・絵所秀紀編，前掲書，222〜223 ページ。
24) 赤松要『経済政策論』青林書院，1959 年，123〜124 頁。このほか，山沢逸平『日本の経済発展と国際分業』東洋経済新報社，1984 年，71〜83 ページ，および南亮進『日本の経済発展』東洋経済新報社，1984 年，190〜193 ページ，参照。
25) Raymond Vernon, "International investment and international trade in the product cycle", *Quarterly Journal of Economics*, Vol.80, May 1966, pp.190-207.

第1章　日韓台の電子産業の動向
　　　──パソコンを中心として──

第1節　電子産業の製品と部品

1　ディスプレイの種類と用途

　本書では電子産業，とくに情報電子機器産業を詳しく論ずる。その前提として，まず情報電子機器について定義しておこう。
　電気機械器具（機器）は，大きくは①産業用電気機器（トランス・モーターなど），②産業用電子機器（コンピュータ・通信機器・計測器など），③民生用電気機器（冷蔵庫・エアコン・洗濯機など），④民生用電子機器（テレビ・ビデオ・オーディオなど），⑤電子部品（ディスプレイ・集積回路・コネクタなど），⑥その他（照明器具・電池など）に分けられる。主に電気のエネルギーを利用するものが電気機器であり，電流から生じた電子がもつ，さまざまな情報の表示や伝達などの機能を利用したものが電子機器である。しかし現在は，ほとんどの電気機械器具に電子機器が組み込まれているので，これらの区分は，あくまでも相対的なものである。そのうえで，上記の②④⑤をここでは電子機器としたい。したがって，電子機器は，電子レンジの加熱装置を除けば，ほとんどの製品が情報機器といえる。しかし，よりわかりやすくするために以下の章では主に情報電子機器という用語を使う。
　また③④を家電製品ともいう。そして，これらをふくむ機器は，機能的にはアナログからデジタルへ，利用の仕方は個別利用からネットワーク利用へと急激に変わってきている。いまや，こうした機器の性能は電子部品，とりわけ能動部

品と呼ばれる集積回路（IC）を利用したマイコン製品にかかっているといっても過言ではない。

次に本書で詳しく考察する電子部品中のディスプレイ製品（電子表示装置）の種類について説明しておきたい。

ディスプレイには，さまざまな種類や用途がある（図1-1）。代表的なものは，ブラウン管を使ったものである。このブラウン管をCRT（Cathode Ray Tube）という。ブラウン管はテレビ用またはパソコン用のディスプレイの部品である。現在，国内で生産されているブラウン管はほとんどがカラー対応型である。

ブラウン管は，テレビ用ブラウン管とパソコン用ブラウン管では呼び方がちがう。前者をCPT（Color Picture Tube）という。後者，すなわちパソコンやワークステーション（Work Station：ネットワークのホスト役や設計などに使われる）をはじめ，コンピュータ用のものをCDT（Color Display Tube）という。

ディスプレイのもう1つの代表的形態として液晶ディスプレイがある。これ

図1-1 電子ディスプレイデバイスの分類と用途

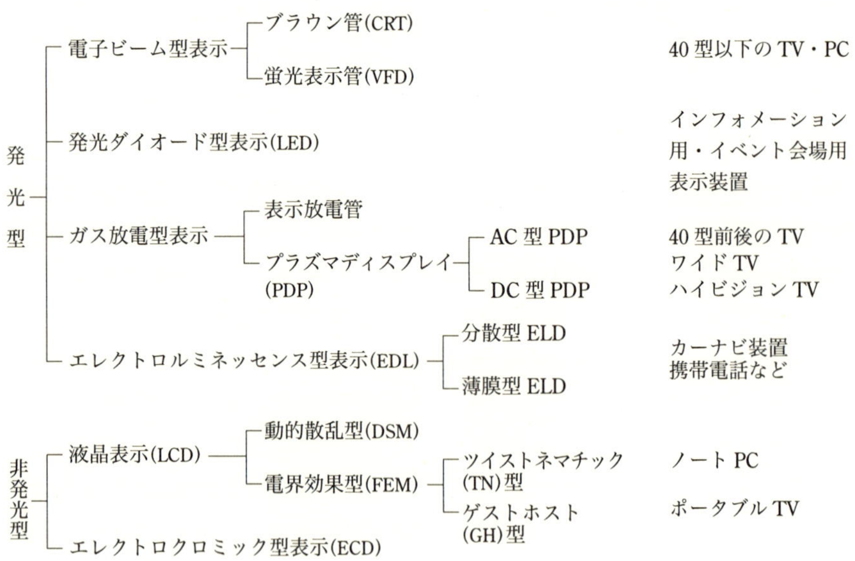

発光型	電子ビーム型表示	ブラウン管(CRT)		40型以下のTV・PC
		蛍光表示管(VFD)		
	発光ダイオード型表示(LED)			インフォメーション用・イベント会場用表示装置
	ガス放電型表示	表示放電管		
		プラズマディスプレイ(PDP)	AC型PDP	40型前後のTV ワイドTV ハイビジョンTV
			DC型PDP	
	エレクトロルミネッセンス型表示(EDL)	分散型ELD		カーナビ装置 携帯電話など
		薄膜型ELD		
非発光型	液晶表示(LCD)	動的散乱型(DSM)		
		電界効果型(FEM)	ツイストネマチック(TN)型	ノートPC
			ゲストホスト(GH)型	ポータブルTV
	エレクトロクロミック型表示(ECD)			

出所：『電子工業年鑑97年版』により作成．

をLCD (Liquid Crystal Display) という。液晶ディスプレイは，その携帯性と汎用性，カラー対応など，さまざまな利点があり，ノートパソコンや携帯電話に使われるなど，ますますその用途が広がっている。

また，画面の大型化が容易なプラズマ・ディスプレイ・パネル（PDP：Plasma Display Panel）もある。これはパソコンディスプレイ用の生産が先行しているものの，テレビ用の製品も需要を伸ばしはじめている。

このほか，より小型・軽量・薄型・カラー化の要請に応える薄膜エレクトロ・ルミネッセンス・ディスプレイ（Electro Luminescence Display）や発光ダイオード・ディスプレイ（Light Emitting Diode Display），蛍光表示管（Vacuum Fluorescent Display）など，いっそうの開発が求められている分野もある。

テレビ用ブラウン管（CPT）にも2種類ある。それは，後に触れるように低コストで大量生産に適した一般的なシャドーマスク方式と，フラットで明るいアパーチャグリル方式とである。しかし，前者も周辺LSI技術やシステム技術による性能向上が図られていることに注意しておこう。

また，パソコンディスプレイ用管（CDT）でも，マルチスキャン/マルチシンク機能（水平周波数自動追従）やオンスクリーン表示機能（画面サイズや位置，歪み，フォーカス，色調などの調整・補正），パワーマネージメント機能（省電力）などをそなえたハイエンドモデル（高級品）や平面CDTなどもあり，技術的な改良は進んでいる。

このような面でも，わが国の民生用機器を中心にその応用の幅を広げてきた半導体技術の蓄積は，それらを用いた製品の競争力において大きな力となっている。したがって，ブラウン管産業の競争力を吟味する際には，半導体産業との供給関係や技術面での連係までも考える必要があるのである。

2　ブラウン管，ディスプレイの技術的発展

パソコン用ディスプレイ，ディスプレイ用ブラウン管産業の状況をより正確に理解するために，ブラウン管の技術的な特徴を発展史とともに紹介しておこう[1]。ブラウン管は1897年にブラウンにより発明された，内部を真空にしたガラス

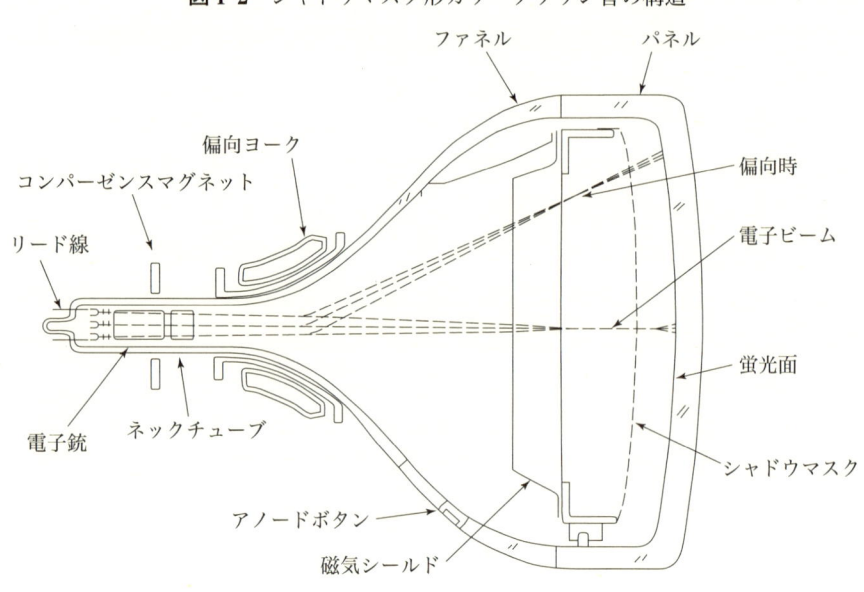

図1-2 シャドウマスク形カラーブラウン管の構造

（図中ラベル：ファネル、パネル、偏向ヨーク、コンパーゼンスマグネット、リード線、電子銃、ネックチューブ、アノードボタン、磁気シールド、偏向時、電子ビーム、蛍光面、シャドウマスク）

管を用いた表示装置である。当初は測定器の表示装置として用いられた。その後様々な改良が加えられ，ブラウン管は現在もなお測定器の表示装置やテレビ放送受信機そしてパソコン用ディスプレイ等に広く採用されて，ディスプレイ装置のなかでも重要な地位を占めている。

1977年のアップルⅡ（テレビ受像機をディスプレイとして利用）および81年のIBMのPCパソコン発売を契機としてパソコンの需要が急速に拡大し，それに伴って，それまで大型コンピュータやワークステーションのディスプレイとして限定されていたブラウン管を用いたディスプレイの需要も拡大した。

ディスプレイ用ブラウン管には白黒テレビ，カラーテレビ，パソコン用ディスプレイと連なる技術開発がある。白黒テレビの時代には大量生産技術の確立，破損時に爆縮し（内部が真空のために大気圧でつぶれてしまう）ガラスが飛散することに対する防爆型ブラウン管の開発，大画面化と省スペース化のための偏向角の拡大，消費電力低減の為のネック径の小径化等の技術が実用化された。続くカラ

ーテレビの時代には画面反射防止処理技術（反射防止パネルの採用と直接ノングレア処理の確立），画面の輝度の改善，各色の電子銃の配置を簡略にして精度を高めるインライン電子銃（In-Line Electoron Gun）の採用，コントラスト向上のためのブラックマトリクス蛍光面と低透過率パネルの採用，電子銃の電圧の高圧化によって高解像度を実現するなどの技術が実用化された。重要な部品とその役割について簡単に説明しよう。

ブラウン管用ガラス部品は，パネル（Panel）とファネル（Fanel）とネックチューブ（Neck Tube）を熔着して作成される。パネルは映像を映し出す部分であり，耐圧性を持たせるために肉厚に作られている。パネルの表示面の気泡や脈理など，映像品質に関係する欠陥をいかに取り除くかが重要である。ファネルとネックチューブはブラウン管の後ろの部分で，電子銃や偏向ヨーク（Deflection York：電子銃から出された電子線を磁力の力で画面の任意の所へ曲げて到達させるコイル）を設置する（図1-2）。

ブラウン管は，電子銃から出た電子線を偏向ヨークで曲げて蛍光面に衝突させ，その発光を利用する。偏向角の大きさはブラウン管の奥行きを決める。当初70度が標準であったが，画面の大型化に伴って，奥行きを短縮する必要に迫られて，偏向角が110度以上のものが実用化された。ネック径はブラウン管の消費電力低減のために細くされる傾向にある。偏向ヨークは小型化と共に高精度化が図られている。

インライン銃の採用と偏向ヨークの改良は，画面の隅々にまで電子線がきちんと焦点を結ぶ様に調節するコンバージェンス回路やコイルを不要にし，ブラウン管メーカーで偏向ヨークを組み付け，出荷前に調整を済ませたITC型（Integrated Tube Component）ブラウン管の供給を可能とした。これでセット組立メーカーの負担が大幅に軽減されたのである。

ガラスの改良も行われた。ブラウン管の輝度を上げるために電圧を上げたときに発生するX線を吸収するガラス材の開発と採用である。また画面の輝度が十分に実現した後，パネル面のガラスの透過率を下げて高輝度・高解像度のブラウン管が実用化された。更に画面への映り込みを低減し，より見やすくするために，パネルに直接微細な表面処理をしたノングレアパネルや，反射防止膜を施した特

殊なフィルムをパネルに貼りつけた反射防止パネルも採用されるようになった（ディスプレイでは前者が一般向け製品に，後者が製版・設計向けの高級製品に採用されている）。これらの技術は皆テレビからパソコン用ディスプレイへと継承され更に発展していった。

　このようにテレビとパソコン用ディスプレイは技術的にも共通点が多い。では両者はどのような点で異なっているだろうか。まず寿命はテレビが7～10年を想定しているのに対してパソコン用ディスプレイは顧客がリース制度を利用する事等からおおよそ3年程度を想定している。使用環境もテレビの方がより過酷な日常生活場面での使用に耐えるように作られている。しかしテレビは動画を扱い，比較的離れて見ることもあり，明るい画面が必要であるが，像の鮮明さや色ズレについての許容度は大きい。また映像信号もハイビジョン等を除外すると，基本的に1つの周波数に対応すればよいしその周波数も低い。求められる偏向ヨークの性能はディスプレイ用と比較すると低くてすむ。一方のパソコン用ディスプレイは，基本的に静止画を近くで見るためにフォーカスや色ズレに対する要求が厳しく，映像信号の周波数もテレビと比較しはるかに高く，また複数の周波数に対応しなければならない。解像度も地上波テレビと比較すれば，5～10倍の高さが要求される。それゆえ偏向ヨークに求められる性能もそれだけ高くなる。シャドウマスク（Shadow Mask：薄い鉄板に微細な穴をあけ各色の分離を行う部品）やアパーチャーグリル（Aperture Grill：細い針金をスダレ状に配列し，各色の分離を行う部品）も，より細密なものが必要となる。さらにテレビと異なりパソコン用ディスプレイは，複数を並べて使用する場合も多い。そこで色ズレ等の原因となる漏洩磁束対策のための防磁コイル（漏洩磁束を打ち消す作用を持つ）等も必要である。

　以上のようにパソコン用ディスプレイはテレビと多くの技術的共通点を持ちながらも，要求される性能が異なり，ブラウン管や偏向ヨークに対する要求が厳しい。これらの状況は，日本・韓国・台湾のパソコン用ディスプレイ産業，ディスプレイ用ブラウン管産業の相互関係にも投影されていく[2]。

第2節　日本の電子産業の動向

1　わが国の電子機器の生産と特徴

　わが国の電子機械産業は，戦後の高度経済成長とともに業績をのばし，家電製品など，民生用機器を中心に発展してきた。コンピュータや通信機器などの産業用機器の本格的な成長は80年代に入ってからといってよい。このため生産額をみれば，80年代半ばまでは，民生用機器と産業用機器，それに電子部品の3つの分野が，ほぼ成長の成果を3分しながら発展してきたことがわかる。ところが，80年代後半のプラザ合意以降の局面になると，民生用機器の分野では企業が生産拠点を東アジアへ大がかりに移しはじめる。そして国内生産では産業用機器の比重が高まるとともに，半導体の成長に支えられた電子部品もその生産力を増大させてきた。[3] さらに90年代に入ると，国内では民生用機器の生産の衰えとすりかわるように産業用機器と電子部品への生産の集中が進んでいったのである。

2　90年代の電子機器生産と貿易

　90年代における国内の生産の状況を具体的に見ておこう。電子機器の生産は91年に25.3兆円と，そのピークを迎える。しかし92〜95年の4年間は，93年を底に21兆〜22兆円のレベルにとどまる。そして96年に24.2兆円，97年には25.7兆円と，ようやく回復したものの，98年には再び23.3兆円へと生産額は減退してしまう。

　次に電子機器の内部構成を比較しよう。まず91年の分野別の構成は，民生用が18.6％，産業用が46.4％，電子部品は35.1％と，民生用の比重低下は明らかである。さらに97年になると，この傾向はいっそう進み，民生用はついに8.7％と1桁台に落ちこむ。これに対し産業用は51.6％，電子部品も39.7％と，

それぞれ比率を高めている。

　こうした変化の主役はデジタル化とネットワーク化である。例えば，大幅な減産を強いられているステレオの分野でも，コンパクト・ディスク（CD）やミニ・ディスク（MD）を再生するデジタル・オーディオ・ディスク（DAD）プレーヤーは，98年までほぼ増産のトレンドを維持し，金額で同年のこの分野の60％を占めている。産業用でも，通信機器は有線から無線への切り換えが明瞭となり，91年には有線の60％にすぎなかった無線機器の生産額が，98年には1.86兆円と，有線機器と肩を並べるにいたった。その代表が，ちょうどインターネットが普及しはじめる94・95年頃から生産の急増が続いている自動車用電話・携帯電話であり，このような無線電話器は2000年には，わが国の有線をふくむ電話の設置台数で過半数を超えるにいたった。同じように，パソコンの生産も増大しており，94年にコンピュータ全体のほぼ50％にすぎなかった生産金額が96年以降は2兆円台，構成比も60％を超え，数量でも97年には1,000万台をクリアしたのである。このようなデジタル機器はパソコンにつながれ，情報システムとしてのパソコンの能力をたかめ，使いがってをよくしてインターネットの利用の増加をもたらしている。次に述べる情報家電や携帯電話からもインターネットにアクセスできるなど，デジタルネットワーク化の進行には目を見はるものがある。さらに電子部品の分野でも，パソコンディスプレイ用ブラウン管などの電子管の生産額が97年に液晶デバイスに追い抜かれた。そして，この分野をリードしてきた集積回路も，96・97年の3.9兆円を分岐点に98年には3.5兆円と，しだいに生産のペースを落とし始めている。

　このような電子機器の動向は貿易にも構造変化ともいえる事態を引き起こしている。80年代まではわが国の電子機器の輸入額はせいぜい輸出額の1/10であった。それが91年には1/5にまでなり，97年にはほぼ1/2にまで迫ってきた。輸出を減らし続けてきた民生用機器は，全体ではまだ輸出額の方が大きいものの，カラーテレビやステレオ・コンポーネントではすでに輸入金額の方が上回っている。つまり，わが国の入超である。加えて産業用機器も生産は横ばいである。ところがこの産業用機器とともに電子部品の輸入額は94年から95年にかけて急増しはじめ，この勢いは97年まで続いている。その結果，産業用機器の97年

の輸入額は輸出額の 2/3 にまで，電子部品でも同じく輸入額は輸出額の 40 ％近くまで達している。98 年は，アジア経済危機の影響をうけ，輸出入とも前年の金額をやや下回ることになる。それでも，いずれの分野においても 80 年代までの，わが国からの一方的な製品輸出という垂直的な交易関係から，機器や部品の相互の貿易の拡大という水平的な関係への移行が認められるのである（図 1-3，1-4，1-5）。

　これらのことはまた 97 年の貿易の相手国にも現れている。たとえば，カラーテレビや VTR など，ほとんどの民生用機器の輸出先はアメリカとヨーロッパ，アジアでほぼ 3 分されてしまう。だが，その輸入はほぼ 90 ％以上がアジアからのものである。産業用機器の輸出先は，アメリカが 37 ％，ヨーロッパが 29 ％，アジアが 23 ％に対し，輸入はアジアからが 47 ％，アメリカからが 34 ％となっている。電子部品でも輸出先はアジアが 53 ％，アメリカが 40 ％に対し，輸入はアジアからが 53 ％，アメリカからが 40 ％となっている。このように，わが国の産業用機器と電子部品の生産活動には，貿易も含め，アメリカとアジアをむすぶ共通のメカニズムが作用しているとみてよい。

3　ネットワーク化と情報家電

　90 年代に入っても有力な商品が見あたらなかった民生用機器の分野にもデジタル家電と呼ばれる製品が登場し，急成長をとげている。それは 90 年代の初めから中頃にかけて発売された MD (minidisk：光磁気ディスクによる小型録音再生機) や DVD (Digital Versatile Disk)，デジタルビデオカメラ (DVC: Digital Video Camera)，デジタルスチルカメラ (DSC: Digital Still Camera) であり，これらの全世界の売上げ高は 98 年ですでに 1 兆円を超えている。

　さらにこれらのトレンドを引きつぐように 98 年以降，デジタルテレビやデジタルビデオ，ネットオーディオ (MP3)，テレビ用ハードディスクドライブ，スーパーオーディオ CD，DVD オーディオなどの発表が，わが国やアメリカ，イギリスであいついでいる。こうした製品は，デジタルテレビを除けば，ことごとくがパソコンの周辺機器として普及してきたものばかりである。それらがいまや

図 1-3　日本の電子工業の 生産の変化 (1991〜1998)

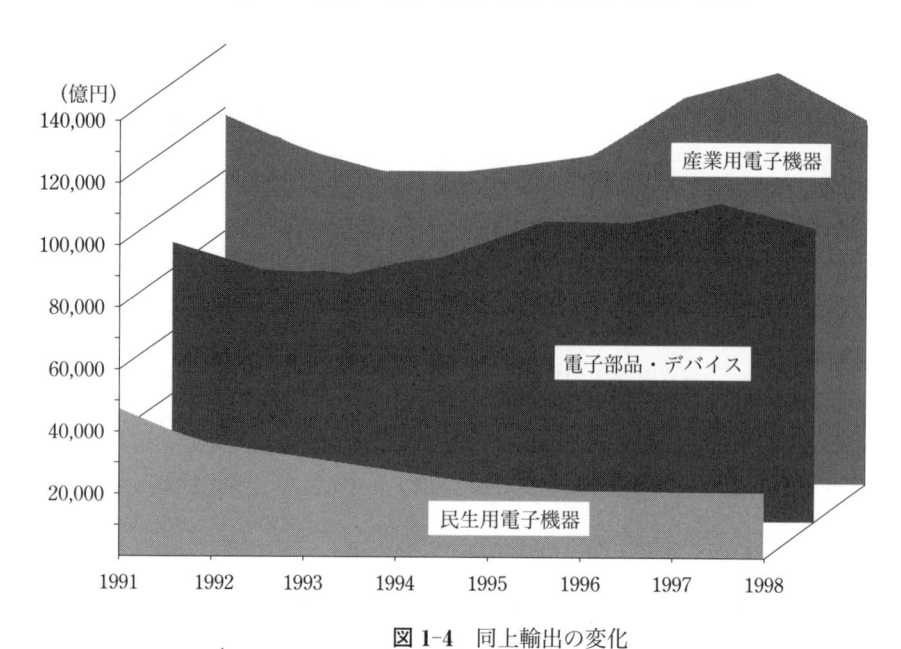

（億円）

産業用電子機器

電子部品・デバイス

民生用電子機器

図 1-4　同上輸出の変化

（億円）

電子部品・デバイス

産業用電子機器

民生用電子機器

図 1-5 同前輸入の変化

（億円）縦軸：35,000／30,000／25,000／20,000／15,000／10,000／5,000
横軸：1991　1992　1993　1994　1995　1996　1997　1998

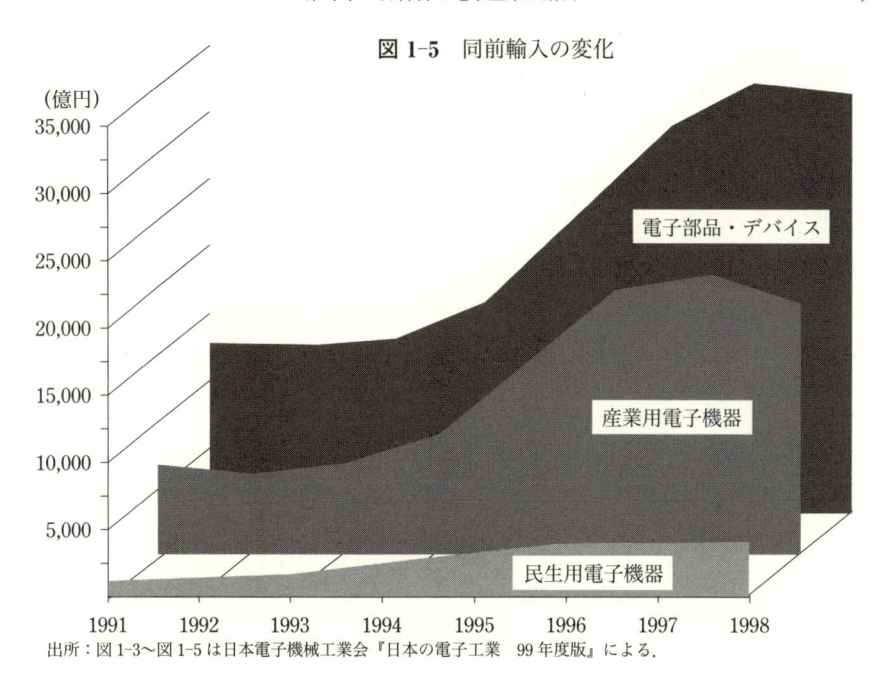

電子部品・デバイス
産業用電子機器
民生用電子機器

出所：図 1-3～図 1-5 は日本電子機械工業会『日本の電子工業　99 年度版』による．

　デジタルテレビを中心として新しいネットワークシステムを形成しようとしている。つまり情報応用システムを意味する情報家電（Information Appliances）というコンセプトの提案といえる。したがって，ここにはホームサーバー（STB：Set Top Box）をシステムのセンターにすえ，これにつないだデジタル家電はもとより，パソコンやゲーム機，さらには冷蔵庫や電子レンジ，洗濯機といった白モノ家電までもコントロールし，放送や音楽・映画，ゲーム，新聞，雑誌などの検索・サーチサービス，またEコマース（電子産業取引）関連の金融や流通・小売りサービスなど，社会的な情報から趣味の個人的な情報までトータルに扱えるというものである。
　ホームサーバーのシステム設計は，ハード的には HDD に光ディスクを組み合わせたものが主流である。そこで問題となるのがパソコンよりもコンパクトでアクセス時のタイムラグが小さいシステムの設計である。そのポイントが基本ソフト（OS：Operating System）とアプリケーションソフトをつなぎ，異なった OS

にも対応できるミドルウェアの開発である。これはミドルウェアの仕様や通信手法によって違いがでてくるネットウェア規格にもかかわってくる。ユーザーの使いがってからしても業界標準が求められることは避けられない。

　しかし，大量の情報を瞬時にやりとりするこれらの機器の開発にも，それだけに課題は多い。それは，MDとDVDを別にすれば，これまで述べてきた機器のことごとくが複数の規格をもっていることである。また普及のカギをにぎるネットウェア規格にも家電メーカーが主体のものとパソコンメーカーが主体のものとが並存し，標準化までの道のりはまだ遠い[4]。90年代のPCが主役のネットワークでは，Wintel（マイクロソフト＋インテル）が業界標準となり，わが国のメーカーは苦い思いをしてきただけに対応が注目されよう。

　このような状況のもと，ネットワークの多様化も進行している。インターネットでいえば，これまでのパソコンにくわえ，携帯電話でもアクセスできるほか，テレビやビデオなどをじかに接続できる次世代規格のIPv6の使用も始まっている。また2000年末からは，国内でもケーブルテレビや通信衛星（CS）放送につづいて放送衛星（BS）サービスがスタートしている。このBS放送は，これまでにない大容量の情報を地上に配信できるため，そのネットワークとしてのパワーはもとより，既存のメディアに与える影響は測りしれないものがあるといえよう。それは，インターネットで始まったグローバルな情報の発信やアクセスがより産業化の度合を強める過程でもある。単なるモノの販売ではなく，情報機器を提供しながら，ユーザーどうしのコミュニケーションを図るのはもちろんのこと，ベンダー（情報の発信で受信，送信の管理者）とユーザーのあいだでもバージョンアップやメインテナンスというサポート体制を組み，送り出したコンテンツ（提供情報の内容）の反応をリアルタイムで確かめてはまた送りかえすという，これまでにないビジネススタイルが広まっていくと考えられる。インターネットの発展は，公開・公正・双方向をキイ・ワードに，パソコンとその豊富な周辺装置，使いやすいソフトを生みだしてきた。そしてこれらの背後には，メーカーや業者ばかりでなく，それらの開発にさまざまなスタンスでかかわってきたハッカーという，研究者・マニアを問わず，自らの利益だけを求めずに社会的な貢献に生きがいを見いだす，いわば電子オタク族の存在がある[5]。このようなネットワーク事

業発展の経緯をどのように生かしていくのかが問われるであろう。

第3節　韓国の電子産業の動向

1　生産の特徴と産業の発展

　韓国の電子産業は，80年代から90年代半ばにかけ，家電製品や半導体を中心にめざましい発展をとげてきた。しかし，韓国は97年のアジア通貨危機においてインドネシアやタイなどとともに大きな経済的ダメージを受け，現在，IMFの管理下に入っている。成長の主役であった複数の財閥グループが倒産し，国を挙げての産業の再構築（ビッグ・ディール）のまっただなかにある。このような韓国の経済成長は，国家の強力な指導のもとに輸出と投資と外国資本によって支えられてきたといってよい。その代表が電子機械産業である。

　80年代初め，韓国はアジアのNICS（The newly industrializing countries: 当時はこう呼んだ。英語表記はこちらが主流）のメンバーとして繊維や雑貨，情報電子機器など，その輸出を中心とした経済成長が世界の注目を集めはじめる。80年代後半に入ると電子機械産業は，急激な円高が追い風となり，家電をペースメーカーとして著しい成長をしめす。このころから韓国は，アジアではわが国につぐ電子機器の生産国となっていった。

　つづく90年代の生産と輸出をみておこう。**図1-6**のように，90年に約300億ドルに達した電子機器の生産は96年には630億ドルまで登りつめる。そのリード役が，電子部品に含まれる半導体であり，部品分野は構成比を40％から60％に上げている。逆に80年代に急伸した家電（民生用機器）は成長をにぶらせ，比重を低下させている（**表1-1**も参照されたい）。産業用機器の成長は力強さに乏しい。しかし，全体の輸出比率は60％から70％へと上昇し，いわば半導体だよりの産業構成となっている。設備投資への集中もすさまじい。部品分野の89年の投資は約1.4兆ウォンであり，この産業の55％を占めていた。ついで

図 1–6　韓国の電子機器の生産と輸出の変化

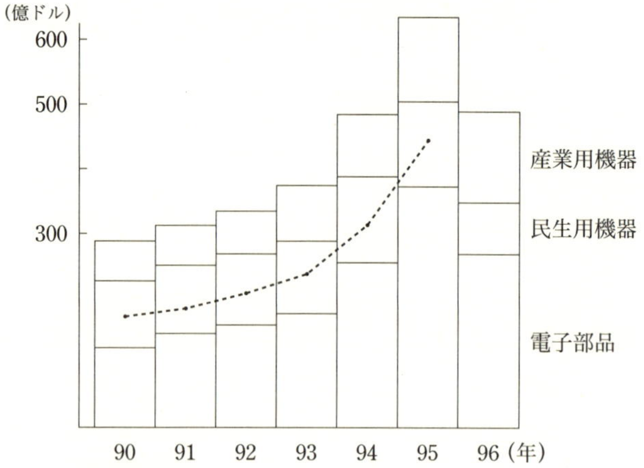

出所：『韓国経済年鑑』.
注：破線は輸出額.

90・91 年と投資額が低下したあと，92 年の 2 兆ウォンからは毎年，10 %ずつ増加させ，96 年には約 8.6 兆ウォンとなる。7 年前の 6 倍であり，この産業に占める割合も 70 %にまで高まる。産業全体でみてもその比率は同じ期間に 8 %から 15 %と増勢はかわらず，まさにひとり舞台である。この期間に年平均増加率でこれを上回る産業は造船だけであった。

にもかかわらず，この 96 年に生産の急落を迎える。最大の落ち込みは，いうまでもなく投資が集中した半導体であり，続いて民生用機器がやや下がり，なんとか前年増にもちこんだのは産業用機器のうち，通信機器だけであった。その後，97 年の通貨危機が追い討ちをかけ，生産は 98 年まで横ばいとなる。このような事態にいたる経緯を知るには，90 年代の民生用機器の海外展開と半導体産業の発展，およびそれらの問題点を考える必要がある。

表1-1 韓国の主な民生用機器の生産の推移

(単位:万台)

製品＼年	94	95	96	97	98
カラーTV	680	634	936	680	265
(TVシャーシ)	831	953	954	1,090	795
VTR	911	913	578	450	308
(VTRシャーシ)	372	391	578	680	472
電子レンジ	994	978	810	850	806
モニター	1,160	1,443	1,670	1,800	1,508

出所:日本電子機械工業会資料.

2 家電産業の海外展開と中小企業

　家電産業(民生用機器)の海外進出が本格化するのは80年代の後半である。韓国は70年代に鉄鋼や化学などの分野に過大な投資を集中して重工業化を推進したものの，80年代前半にはこれらの過剰・重複投資がたたって設備稼働率が低下してしまう。そのうえ，国内消費がほぼゼロのまま輸出に特化していったカラーテレビの生産はアメリカから反ダンピング提訴をうけ，打撃をこうむる。これに世界的不況による輸出の不振やレーガノミックス(レーガン政権の経済政策)による高金利とドル高によってもたらされた対外債務増大などがかさなり，韓国はいっそう苦しめられる。しかし，そのレーガノミックスも，高金利とドル高にアメリカ国内の産業が悲鳴をあげて国内の不満がたかまると，終止符が打たれる。

　ドル安を容認したプラザ合意のあと，韓国はウォン安(円高)・金利安・原油安の，いわゆる三低現象の恩恵に浴することになる。このなかで韓国の家電産業は，自動車とともに急成長をとげることになる。しかし，わが国のメーカーに，ブランドや品質，技術力で劣る韓国の家電メーカーは，少数の普及品に絞りこんだうえで低価格で短時間に大量に生産しなければならない。ところが，その円高というチャンスにもかかわらず，87年から国内では賃金が上がり，労働力不足，ウォンレートの上昇にみまわれる。さらに特定の地域への集中的輸出に対し，ふ

たたび欧米諸国からダンピング提訴が相次ぎ，89年にはアメリカから特恵関税の適用をはずされたうえ，ウォンの対ドル切上げをも承認させられる。このため，低賃金が利用できて貿易摩擦に対応した迂回輸出ができる地域としてASEAN諸国と中国が選ばれたのである。

韓国の家電産業は，早くから海外生産に乗り出している。それは家電製品の国内消費が抑制されていたからである。85年の国内消費は生産金額の30％にすぎない。この内需分に輸入分を加えたみかけ消費の比率が，生産金額にたいしてほぼ50％になるのはようやく93年になってからである[6]。

海外に進出しても，輸出産業としてのやり方は国内と同じであり，少品種大量生産方式によって進出コストを最大限におさえ，販売は進出先の流通資本と組むのが普通であった。また輸出相手国としてはASEAN諸国のなかでも，すでに日本企業が進出しているマレーシアやタイはできるだけ敬遠し，インドネシアやフィリピン，ベトナムでの立地が目をひいている[7]。しかし，マレーシアの半導体組立工程やディスプレイ，あるいはタイのカラーテレビやVTR（英語表記では，VCR: video cassette recorder）など，これらの国々のインフラの魅力にひかれて日本企業の部品調達ネットワークに食いこむ場合も少くなかった。

こうして90年代半ばまで，韓国の家電産業はアジア地域への進出ラッシュが続いた。それを95年末の時点でみると，三星グループが21社，LGグループが22社，大宇グループが16社，現代グループが3社である。これらのうち，操業開始がいちばん早い工場は，三星とLGが89年，大宇が90年である。日本企業に比べ，進出先資本との合弁形態が多い。それは流通のパートナーが探しやすいうえに，相手企業にとっては製造技術など，多くの技術やノウハウの移転が期待できるからである。このうち，100％子会社はグループ順に，7社，3社，7社，2社の計19社であり，91年と92年に操業を開始した2社以外の17社の操業は93年以降である。そして多数の国内部品メーカーをセットで連れだしていく同伴進出が盛んになるのも，ちょうどこの時期から後である[8]。また，東京やニューヨーク，ヨーロッパなどに製品デザインセンターも設置しはじめる。

これらのグループはASEAN地域への進出にさいし，92年には生産設備の82％と部品・原材料の54％を韓国からもちだしている。販売市場は66％が欧

米諸国，16％がASEAN地域であった[9]。つまり迂回輸出をねらいとする多国籍企業化を進めたのである。

これらのグループはさっそく地域統括本部を設けている。たとえば，95年に三星グループは地域本社をシンガポールと中国に，LG電子は北京に持株会社を，96年には大宇グループがフィリピンに地域本部をおいた。また三星グループはASEAN地域でグループ内生産ネットワークをつくっている。

94～95年に三星とLG，現代グループは約12億ドルを費やし，欧米諸国や日本企業の買収，それらの株式の取得を行っている。このなかにはASTリサーチ（米・PC）やゼニス（米・テレビ）などの業績悪化企業も入っている。これらの狙いは人材スカウトやハイテク技術の吸収，ブランドイメージの獲得などにあり，韓国内の新製品開発の動きに対応するものであった。この動きとは，テレビの大型化（25インチ以上）に加え，高品位テレビやワイドテレビ，対話型CD，ディジタルオーディオなどである。また，92年のLG電子と三星電管との包括的な技術協定の締結や，94年のLG電子と三星電管，オリオン電気，三星コーニングなど，6社によるワイドテレビ用ブラウン管の共同開発の合意など，競争から協調への側面も現れている。

このような韓国グループの競争力は，わが国の企業からは，次のように評価されていた。それは，①重要な部品や設備の輸入比率が高くてコスト高となるも，人件費が安いために製造原価ベースで競争力がある，②販売管理費は，人件費が安くて研究開発費が少ないので総原価ベースで競争力がある，③営業利益レベルでの競争力が，ブランド力で日本に劣るために損なわれ，差が縮まる，④営業外費用が平均ほぼ5％と高く，経常利益ベースでは優位性を失う，というものである。その内実は，借入れ金への依存度をたかめながらの積極投資であり，過剰な負債と過剰なリスクをかかえた拡大戦略であるとみていたのである[10]。

それでは，加工組立産業に欠かせない中小企業はどのように育成されたのであろうか。韓国の中小企業の系列化は，わが国の下請企業をモデルに70年代半ばから取り組まれてきた。わが国では膨大な数の中小企業を，戦後，民間の大企業が政府のガイドラインをまじえ，第二次大戦中の協力会を念頭において下位にある企業を階層ごとに選別しながら長い時間をかけて系列化・下請化してきた。し

たがって下位企業や中小企業どおしの横の取引やつながりは多少の違いはあれ，たもたれていた。また下層の企業ほど，賃金とともに生産コストは安かった。

　ところが韓国では，国の事業計画に応じて許可がおりれば，財閥系企業はその事業に必要な中小企業を，いわばトップダウンで集める。しかし，事業が失敗に終われば中小企業はそのまま放りだされる。もし事業の速やかな成果を望むのであれば，国内には日系部品メーカーというパートナーもいたから，これら民族系中小企業の経営基盤は弱いままであった。しかし，このようなやり方でも，統計上の「下請け企業」は80年代の後半からみるみる増えていき，初めは20％であった系列化比率は90年にはついに70％となる。しかし，この比率も94年には50％近くまで下がる。

　それはひとつには，繊維製品をはじめ，中小企業のアメリカ市場が中国に奪われるなど，質のよい低賃金労働力の国際的な優位性が失なわれたからである。これに加え，不況のもとでOECD加盟に向けた93年の金融改革が影をさす。すなわち輸出産業（大企業）に対する低利の融資が改められ，借り手を失った資金は中小企業に殺到する。ところが，円高によってすぐに景気が回復すると，ふたたび資金は大企業に集中し，追加融資も断たれた中小企業は重い借金の返済に苦しみ，続々と倒産に追い込まれたのである。つまり，家電分野の同伴進出は，中小企業にとっては国内で事業活動を締め出されたための止むにやまれぬ決断でもあった。

　いずれにせよ，これらの「下請け企業」を，韓国の大企業と中小企業との関係を吟味しないままに，わが国の下請け企業と同列に扱うべきではない。そうでなければ，短期間にわたる韓国の中小系列企業数の激しい増減を説明できないからである[11]。そして94年に，韓国の一般電子部品の生産額において約40％を占めていた日系企業のポジションは95年には約20％へと急落し，しだいにその比重をおとしていくのである[12]。韓国はいよいよ中小企業の本格的な育成に乗り出さなければならなくなったのである。

3 半導体産業の発展

韓国の半導体産業は，すでに70年代にスタートしていた。しかし，財閥企業が参入するのは70年代末から80年代の初めにかけてである。まず，三星電子は74年に韓国半導体の50％の株式を取得（77年に100％）した後，78年には，当時，韓国最大のフェアチャイルド（米）の工場を買収する。金星は79年に大韓半導体を買収し，AT&T（米）とカスタム（特別注文）ICの合弁事業をはじめる。現代グループは，83年に現代電子を創設して半導体・電子機器の分野にはじめて参入した。

はじめからこれらの参入が成功したわけではない。80年代前半には事業に行きづまり，巨額の損失を出したこともある。しかし，グループ企業による融資とその債務保証による信用によってカバーすると，これら財閥系3社は，80年代半ばから本格的な設備投資や研究開発を行う。そして86年には三星電子と，ヴァイテリック（米）から技術導入した現代電子がDRAM（dynamic random access memory：記憶保持動作が必要な随時書き込み読出しメモリー）の生産を開始すれば，金星は89年にAT&Tとの合弁を解消して名称を金星エレクトロンと改め，日立との関係をもとにDRAM事業に乗り出していった。また，これらと並行して86～89年に産・官・学による第一次半導体共同研究組合が結成され，1M・4MDRAMの実用化にメドをつけて量産に移された[13]。こうした研究組合は16/64Mや256MDRAMの開発でも結成される。このほか，技術センターの設置とともに関税や設備投資に対する減免税などの措置がとられている。

これら3社は，ウェハ加工から組立までの一貫生産を行っている。この産業はまた組立専業メーカーや半導体材料・装備メーカーなどを加え，外国企業もまじえて成り立っている。このうち，半導体の製造技術そのものはアメリカから導入されたのに対し，製造装置技術や材料技術は日本からもたらされる[14]。前者では，日本との競争に敗れ，DRAMから撤退したアメリカ企業や在米研究開発拠点の果した役割が大きいといわれる。また金星ばかりでなく，三星とインテル，現代とテキサス・インスツルメンツのような技術提携やOEMも見のがせない[15]。

この業界における日本とアメリカの役割は，製造技術は日本から，PC関連技術はアメリカからという台湾のパソコン産業の発展と共通する要因を見いだせる。

さらに94年以降，財閥系3社は海外進出に向かった。こうして半導体産業は，韓国の電子機器のただひとつの顔となり，DRAMでは，世界の市場価格を左右する存在にまでなった[16]。半導体の生産は92年の59億ドルから95年の235億ドルまで急増し，96年には減少するものの，97年には223億ドルまで回復している。しかし，産業がかかえる問題の根は深い。DRAMの生産は数ある半導体の分野でも，わりあい事業化しやすいところである。前工程は典型的な装置産業であり，後工程の組立と検査は容易に自動化できる。つまり家電の組立ほど多くの中小企業を必要としないうえ，マレーシアなどASEAN地域でも組みたてられる。またこれら汎用製品には国際的な規格があり，量産には好都合のうえ，販路はユーザー企業がリスク分散のために複数の供給メーカー（セカンド・ソース）を求めるので開拓しやすい。しかし半導体の輸出比率は，ほぼ毎年，90％にもなり，MPU（microprocessor unit：コンピュータの中央処理装置機能を半導体基盤に組み込んだもの）などのロジック（論理回路）や特別注文のカスタムICの多くを，これも毎年，輸入しなければならない。そればかりか，製造装置の90％ほどと半導体材料の50％は日本からの輸入である。つまり国内需要とのつながりが薄いため，経済変動，とくに海外からの変動に対する対応が弱点となる。そして落とし穴が待っていた。すでにふれた96年の世界的な市場価格の急落である。

4　半導体業績の悪化と産業の試練

世界の半導体の市場価格は，95年の生産が前年比で80％増となり，その供給過剰への反動からか，95年末から96年にかけて急落する。16MDRAMでは，それまでチップあたり50ドルしていた価格が95年10月に40ドル，96年6月に18ドル，97年1月には6ドルまでさがってしまう。韓国の半導体メーカーは，いうまでもなくメモリ分野に特化している。94年度でいえば，三星が出荷額の75％，LGが85％，現代は90％がメモリである[17]。これら3社の96年度の収益は前年度にくらべ平均で30％も失われる（図1-8）。このため，98年か

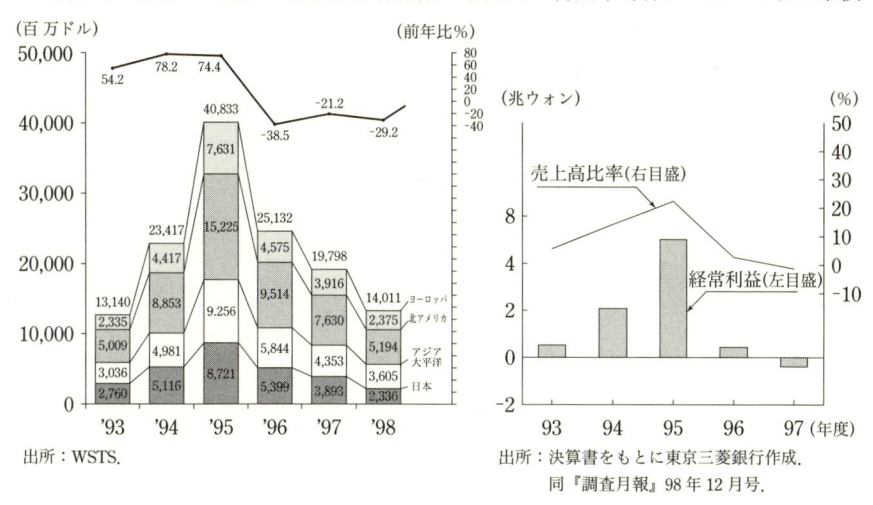

図1-7　世界のDRAM地域別市場規模　　**図1-8　韓国半導体メーカー3社の業績**

出所：WSTS.

出所：決算書をもとに東京三菱銀行作成．同『調査月報』98年12月号．

　らの減産に加え，ウォン暴落による債務急増と財務の悪化，設備投資の圧縮など，需要低迷と通貨危機という二重苦のもと，これら企業のうち，とくにLGと現代の体力が急速に低下していった。そして98年上期には，三星が半導体で4,800億ウォンの営業利益を上げたのにたいし，LGと現代は，それぞれ4,300億ウォンと3,800億ウォンの赤字を出したのである[18]。

　また韓国の96年の貿易赤字は，前年の円の急騰から円安に転じたせいもあって同年の7％の経済成長にもかかわらず，206億ドルにふくらんだ。国別にみれば，とくに急増したのは対アメリカの赤字であり，94年の10億ドルから，ドル高ウォン安によって95年の62億ドル，96年の116億ドルへとふくらむ。これは機械設備などの輸入先を日本から切りかえたことが大きく作用したといわれる。最大である対日分の赤字は，94年が118億ドル，95年は円高ウォン安により155億ドル，96年は下げどまりで156億ドルである。これは機械・電子部品の輸入増による。

　注目すべきことは，この両国をふくめ，93年から韓国への直接投資が急増していることである。それは96年までの累計残高・約185億ドルのうち，75億ド

ルが93年から4年間のものだからである。92年までの残高からは70％も増加している。国別では日本が56億ドル，アメリカが51億ドル（96年残高）と両国で約60％にも達し，輸送用機器や電子機器，化学の分野に投資されている。さらに両国は直接投資の額にみあう多数の貿易業者（オッファー商）も抱えている。これら業者はこれらの国の大メーカーに所属して商社の役割を果す。つまり製品の輸出やメーカーが使う原料や機械類を輸入するなどの業務を一手に行う[19]。多国籍企業は，こうして足場を築くと，EU企業も加えて97年に70億ドル，98年に90億ドル，99年には155億ドルと，韓国への直接投資を激増させ，その勢いに歯止めがかからなくなっている。

　さて96年には，電機製品の日本と韓国の価格差は前年の韓国製品の20％安から5％安にまで接近したといわれる。このなかで韓国の家電産業は，スペインやインドネシアで工場の増設をはかる一方，アメリカのテレビ工場をメキシコに移転させている。テレビやVTRの海外生産比率は台数ベースで50％を超えたともいわれ，国内のセット生産台数の急激な低下とシャーシの生産増（**表1-1参照**）に示されるような産業の空洞化が懸念された。さらに93年の金融改革により金融コストはいっそう高まったにもかかわらず，OECD加盟を目前にひかえ，この産業でも多額の借入れをもとに海外資産の強引ともいえる拡大がくりひろげられた。このような事態は，韓国において形成されてきた不均衡な産業構造が引きおこした問題でもある[20]。それは財閥への過度の経済力の集中とそれらグループがになう製造業，とりわけ重化学工業の輸出依存体質，電力・エネルギーなどの公企業と金融機関の高コスト体質，自主的技術開発の先送り，中小企業育成の立ち遅れなどであろう。

　そして韓国を通貨危機が襲ったのである。輸出の急ブレーキによって貿易収支が黒字にかわり，外国の直接投資が急増しても，未曾有の経済危機の影響は電子機器の企業にも及んできた。98年には，大宇電子や大宇通信をかかえる大宇グループが倒産し，解体されることになった。大宇グループがかかえる負債額は海外法人が調達した約68億ドルをいれて86兆ウォン，ほぼ年間の国家予算に匹敵する。大宇電子はアメリカの企業に売却された。またビッグディールのもとでこの分野の先頭を切ってきた半導体でも，LG半導体が現代電子に吸収され，99

年に現代半導体として再出発することになった[21]。

　しかし，このなかにも希望は見出せる。それは，空前のインターネットブームのもとで現在，情報通信産業が脚光を集めているからである。政府はサイバーコリア21によってネット環境の基盤整備を進めている。通貨危機のあと，IMFによるテコ入れや空前のビッグディールのもと，企業や官庁を解雇された人たちもブームに乗って関連のベンチャービジネスを立ち上げている[22]。ネット環境の制度的な問題は多くても，可能性は見出せよう。またソウル西の仁川にメディアバレーという，国際的な総合ハイテクセンターの建設が進められようとしている。このような状況のなかで独自の地位を築けるかどうかに，韓国の情報電子機器をはじめとする産業の将来がかかっているといえよう。

第4節　台湾の電子産業の動向

　台湾の電子産業は台湾パソコンメーカーによる日米のバイヤーへのOEM（original equipment manufacturing：取引先商標製品生産）供給の例にもみられるように，生産委託を受ける形をとることで発展をとげてきた。近年，台湾企業が生産委託を受けている品目は半導体，液晶表示装置（LCD：Liquid Crystal Display）などの重要部品にも広がっており，台湾は幅広い部門において世界的に重要な生産拠点となってきている。ここでは，大きな転換点となったと思われる1990年前後からの動向を中心にみながら，台湾の電子産業の特徴（「脱日本志向」，「受動・依存型発展」を中心に）を明らかにしていくこととする。

1　今日における台湾の電子産業

　台湾は情報機器生産額においてアメリカ，日本，中国に次いで世界4位である[23]。台湾は世界的に情報機器の重要な生産拠点となっているが，近年台湾の関連企業はコスト削減のために生産拠点の海外移転を進めている（海外移転につい

表 1-2 台湾における情報機器・半導体・液晶表示装置・携帯電話の生産額（1999 年）

（単位：万ドル，％）

品　　目	生　産　額	
情報機器全体	210 億 2,300	
ノート型パソコン	101 億 9,800	3.3
デスクトップ型パソコン	71 億 8,800	86.0
ディスプレイ	93 億 3,000	73.3
マザーボード	48 億 5,400	40.5
半導体	98 億 2,200	
LCD	8 億 4,300	
携帯電話	1 億 8,000	

出所：情報機器は資訊工業策進会 MIC，半導体・LCD・携帯電話は IPPC Head Line News（http://www.ippc.com.tw）より作成した．もとの資料は半導体が工業技術研究院電子工業研究所，LCD が経済部資訊工業発展推進小組，携帯電話が資訊工業策進会 MIC および経済部工業局である．

注：ノート型パソコン，デスクトップ型パソコン，ディスプレイ，マザーボード（mother board：パソコン中のメインの基盤）は国内外総生産額で海外生産も含んでいる．パーセンテージは数量ベースの海外生産比率である．半導体は 1998 年の数値．

ては，「台湾の対外直接投資の動向」でふれる）。台湾国内における情報機器生産額の成長率は，20.8％（1996 年），11.1％（97 年），1.9％（98 年），9.3％（99 年）と伸びが鈍化してきている[24]。近年パソコンを中心とした情報機器産業はすでに成熟期に入ってきたといえる。そうした状況のなか，台湾では従来生産されていた情報機器にかわり半導体，液晶表示装置，携帯電話の伸びが期待されている。

表 1-2 は台湾における電子機器産業の主な生産品目の生産額である。台湾では半導体の成長が著しく，情報機器にかわり電子産業の牽引役になりつつあるという状況である。本格的な生産が開始されて間もない液晶表示装置，携帯電話の生産額については，現在のところまだ少ないが，参入企業が相次いでおり，今後の動向が注目されるところである。以下は成長が期待される半導体，液晶表示装置，携帯電話それぞれの産業の概況である。

（1）半導体産業

　台湾半導体産業の本格的発展プロセスには2つの転換点がある。1つは87年から88年にかけての台湾積體電路製造，華邦電子，徳碁半導体，旺宏電子の設立である。聯華電子に続き相次いで半導体メーカーが誕生し裾野が広がった。ファウンドリー（foundry：受託生産）専業の台湾積體電路製造はアメリカで工場をもたない設計部門だけがあるファブレス（fabless）企業が90年代に入り急増したため，多くの生産委託の機会を得ることができた。他の半導体メーカーも工場の完成とともに量産化を開始し，台湾全体として半導体生産額が増加した。

　もう1つは95年頃から始まる先進国企業と台湾企業との合弁および提携の増加である。DRAM部門において，韓国企業の台頭，韓国企業の過剰生産による値崩れ，集積度が増加するにつれ巨額化する設備投資・研究開発費等が要因である。そうした関係強化は，台湾積體電路製造（富士通からの生産委託），力晶半導体（三菱電機と力捷精英グループとの合弁，三菱電機からの技術供与，生産委託），華邦電子（東芝からの技術供与，生産委託），旺宏電子（IBMとの技術提携，NKK・松下電器産業・三洋電機からの生産委託），南亜科技（沖電気からの技術供与，生産委託），台湾茂矽（シーメンスとの技術提携）などのメーカーでみられ[25]，生産額の増加につながった。よって，台湾の半導体産業は2段階の発展プロセスとなった。

　90年代初頭までは聯華電子が自主開発・自社ブランドでの市場開拓を狙っていたが，困難であった。生産額の増加がみられる2つの転換点ともに先進国企業からの働きかけであった。しかしながら，成長の契機は先進国企業がつくったが，政府の果たした役割も無視できない。政府系研究機関の工業技術研究院は台湾における半導体技術の向上に大きく貢献した。アメリカからの帰国研究者を迎え入れたことも大きかった。聯華電子や台湾積體電路製造の設立の際には，工業技術研究院の研究員をそのままスピンアウトさせて操業を開始している。また，政府は出資も行った。台湾における半導体生産額は96年85億7,400万ドル（6.7％，カッコ内は成長率，以下同じ），97年101億1,400万ドル（18.0％），98年98億2,200万ドル（−2.9％），99年の予測では140億9,500万ドル（43.5％）と韓国を追い抜く勢いである[26]。98年の売上高上位企業は，台湾積體電路製造15

億5,900万ドル,聯華電子5億7,200万ドル,華邦電子4億8,300万ドル,台湾茂3億9,200万ドル,旺宏電子3億8,200万ドルの順となっている[27]。

(2) 液晶表示装置 (LCD) 産業

台湾でLCD産業が本格的に始動するのは,韓国企業の台頭とTFT(薄膜トランジスタ)型LCDの価格下落により,日本企業からの働きかけが始まる1997年頃からである。台湾はノート型パソコンの生産量が増加しているにもかかわらず,その重要部品であるLCDの生産量は伸びず,自給率は低かった。それまでの台湾のLCD生産は聯友光電,元太科技,中華映管,南亜が中心となり,主にSTN(超ねじれネマティック)型LCDの生産が行われていた。

当初,先の4社に加えて,新たに参入してきた東元光電,鼎元光電,華新麗華の7社がTFT型LCDを量産することを決定した。後に,奇晶光電,瀚宇彩晶,光聯科技,そのほか誠州,源興科技,皇旗,達碁(明碁の関連企業),統宝光電(仁宝の関連企業)などのディスプレイメーカーが参入することになる。聯友光電は松下電器産業から,中華映管と南亜は三菱とエプソンから,華新麗華は東芝から,達碁は日本IBMから,光聯科技はシャープからそれぞれ技術導入している。台湾企業は主に日本企業と技術提携し,OEM供給している。

このところ,三星電子やLGフィリップスLCDといった韓国メーカーへのOEM供給も始めており,新たな動きがみられる。TFT型LCDの生産額は4,000万ドル(1998年),4億1,800万ドル(99年),26億6,400万ドル(2000年予測)と各社の工場完成・量産開始とともに急速に伸びてきている。世界市場におけるシェアは99年の3.3%から2000年は14.1%と大幅に上昇すると予測されている。2000年1～5月までの台湾上位メーカー出荷量は,達碁42万台,中華映管336,000台,奇晶光電15万台,瀚宇彩晶115,000台であった。

(3) 携帯電話産業

台湾の携帯電話産業はまだテイクオフの段階にある。主な台湾の携帯電話メーカーは明碁,大霸,致福(以上3社が先発企業),華山,英業達,興門,華冠,仁宝,大衆,広達などであり,ノート型パソコンメーカーの参入が目立つ。これは

インターネット端末として，パソコン同様携帯電話も重視される可能性があるためである。各社の主な焦点は，① 今後爆発的に需要が増大する中国市場の開拓，および生産拠点の設置，② 外国メーカーからの OEM/ODM 受注の 2 点である。

中国における事業展開では，明碁，致福，大覇が昨年（1999 年）までに生産拠点を設置するなど積極的に進めている。また，仁宝は韓国の Hansol 社と合弁で中国に携帯電話端末メーカーを設立した。OEM/ODM（Own Design Manufacture：自社が設計・デザインする取引先商標製品生産）受注について，明碁はモトローラ（米）の携帯電話端末を ODM 生産（蘇州），また NEC 向けの OEM 供給も行っている。大覇もモトローラ（米）から生産委託を受けている。華冠はエリクソン（スウェーデン）の携帯電話端末の生産を受託し，2001 年第 1 四半期からの出荷予定である。致福は日本メーカーに大量の OEM 供給をしている。ノキア（フィンランド）は台湾の電子部品メーカーと取引関係を結んでいる。

このところ世界の 3 大携帯電話端末メーカーをはじめとして外国企業との提携の動きが活発になりつつある。台湾国産の 1999 年携帯電話出荷台数は 220 万台（0.8 ％，カッコ内は世界に占める出荷台数シェア，以下同じ）であった。工業技術研究院電通所の資料によると，85 ％が海外へ輸出され，機種別にはほとんどが GSM（デュアルバンド）で，CDMA はわずかであった。出荷台数予測では 2000 年 1,100 万台（2.9 ％），01 年 2,550 万台（4.6 ％），02 年 5,880 万台（7.5 ％）とこれから成長する部門であるとみられている。

2 台湾企業の「脱日本志向」

90 年代初頭より始まった世界的なパソコンの低価格競争が，台湾の電子産業にとって大きな転換点となった。この時期から台湾企業の「脱日本志向」が顕著になったといえる。ここでいう脱日本志向とは，日本の発展モデルのこだわりを捨てることを意味するが，ここでは ① 企業構造と ② 企業戦略の 2 つの側面から説明する。

台湾の電子産業は 80 年代に，家電製品にかわりパソコンおよびその周辺機器の生産が盛んになり，家電産業から情報機器産業へのシフトが進んだ。そうした

動きのなかで，若い世代の技術者が企業を設立し，続々と新しい情報機器関連企業が登場した。当然のことながら，旧来の家電企業自身も情報機器にシフトすることとなる。台湾の電子産業は「新興企業」と「先発企業」とが入り交じる構図となっていった。

　①　企業構造――先発企業は総合家電メーカーとして特徴づけられる。大同の例にみられるように，多くの種類の家電製品を生産している。比較的規模の大きな企業に限っていえることではあるが，企業内，企業グループ内でなるべく部品生産から最終組立までを一貫生産する垂直分業体制をとっている[28]。一方，新興企業はパソコン・ディスプレイ・半導体など製品別・工程別の専業メーカーとして特徴づけられる。先発企業とは異なり，子会社（関連会社）を設立するのは新しく異なる製品の生産を開始する場合が多い。分業ネットワークのなかで，それぞれの企業が役割を果たしながら生産している。生産委託を受けた際には，フレキシブルな対応のとれる環境になっている。

　先発企業は日本的な企業構造を意識していたが，80年代から次第に新興企業が増加し，日本的な企業構造は影を薄めつつあるといえる。**表1-3**は電機・電子関連企業上位20社の1991年と98年の比較である。この間の変化の特徴は先発企業の後退と新興企業の台頭である。その状況を具体的にみてみると，大同，台湾松下電器，聲寶，東元電機などの先発企業がランクを下げ，宏碁電脳，廣達電脳，英業達，仁寶電脳工業，神達電脳などの新興企業が軒並みランクを上げている。半導体メーカーである台湾積體電路製造の台頭も目立つ。

　②　企業戦略――80年代までの台湾企業はOEMを引き受けつつも，日本の電機メーカーの発展プロセスと同じように自主開発した製品を自社ブランドにより世界市場を開拓するというこだわりをもっていた。90年代以降，台湾企業はその「こだわり」を捨て，OEMやファウンドリー等の生産委託を積極的に受けるところが多くなった。その「こだわり」を捨て，「OEMビジネス」に真剣に取り組むことが今日の台湾の電子産業を大きく発展させる転換点となったのである。

　パソコンでは，トップメーカーである宏碁は当初，自社ブランドにこだわり窮地に立たされていたが，OEMを積極的に受け入れることで立ち直った。半導体

第1章 日韓台の電子産業の動向

表1-3 台湾の電機・電子関連企業売上高上位20社

順位	1991年			順位	1998年		
1	大同	先 18	家電	1	宏碁電腦	新 81	パソコン
2	台湾松下電器	外 56	家電	2	台湾飛利浦建元電子	外 66	半導体
3	台湾飛利浦建元電子	外 66	半導体	3	廣達電腦	新 88	パソコン
4	台湾飛利浦電子工業	外 70	ブラウン管	4	台湾積體電路製造	新 87	半導体
5	中華映管	先 71	ブラウン管	5	台湾飛利浦電子工業	外 70	ブラウン
6	太平洋電線電纜	先 50	ケーブル	6	英業達	新 75	パソコン
7	宏碁電腦	新 81	パソコン	7	大同	先 18	家電
8	華新麗華	先 66	ケーブル	8	鴻海精密工業	先 74	コネクタ
9	聲寶	先 62	家電	9	仁寶電腦工業	新 84	パソコン
10	東元電機	先 56	家電	10	神達電腦	新 82	パソコン
11	中興電工機械	先 62	家電	11	摩托羅拉電子	外 67	半導体
12	台湾國際標準電子	外 73	半導体	12	華碩電腦	新 90	パソコン
13	摩托羅拉電子	外 67	半導体	13	徳州儀器工業	外 70	半導体
14	士林電機廠	先 55	家電	14	明碁電腦	新 84	ディスプ
15	歌林	先 63	家電	15	華宇電腦	新 89	パソコン
16	旭青企業	──	パソコン	16	大衆電腦	新 79	パソコン
17	聯華電子	新 80	半導体	17	致福	新 79	ディスプ
18	金寶電子工業	新 77	ディスプレイ	18	台湾松下電器	外 56	家電
19	台湾日立	外 69	家電	19	中華映管	先 71	ブラウン
20	新力	先 69	家電	20	東元電機	先 56	家電

出所:中華徴信所『中華民国企業排名TOP500』1992・1999年版より作成した.
注:1974年以前に設立された台湾企業を先発企業(先と表記)1975年以降に設立された台湾企業を新興企業(新と表記)とした. 外資系企業(外と表記)とあわせて3分類にしている. 先・新・外の右の2桁の数字は設立年である(例えば,1990年の場合は90である). ─は不明.

では,92年に売上高においてファウンドリー専業メーカーである台湾積体電路製造が自主開発・自社ブランド路線の聯華電子に代わって首位に立ち,その後聯華電子もファウンドリーへのシフトを強めた. 先進国企業(特にアメリカ企業)からの生産委託が増加する状況に対し,台湾企業がフレキシブルな対応をとったことが後に大きくプラスに作用することとなった.

3 台湾企業の堅実経営と受動・依存型発展

　台湾企業は特に90年代以降，韓国の財閥系企業のように自主開発・自社ブランド路線をとり，自らの力により，世界市場に参入していくという戦略（「自発・挑戦型発展」）はとっていない。主に世界市場における各製品の低価格化を契機として，先進国企業から生産委託を受けることで，本格的な発展をとげている。台湾電子産業の発展は「受動・依存型発展」として特徴づけられる。この点について以下，みていくこととする。

　台湾企業は韓国の財閥系企業と比べて規模が小さく，DRAM（dynamic randon access memory）や液晶表示装置のような設備投資額の大きい品目への参入は1企業ではなかなか難しい。台湾企業は表1-4をみて明らかなように負債比率が非常に低い。銀行の貸し出し基準が厳しいこともあり，銀行借入には大きく依存していない。一方で，株式市場からの資金調達に積極的であるのも1つの特徴である。全般的にキャッシュフロー重視の堅実経営である。このところ台湾の半導体メーカーは大規模な設備投資を行うことを表明しているが，これまでの台湾企業のパフォーマンスは比較的地味であった。果敢に積極投資をし，DRAMで世界のトップシェアを握るなど目立つ存在の韓国企業とは全く対照的である。

　台湾企業は，限られた資本のなかで利益重視の経営戦略をとっている。利益を最大限に上げるためには，より多くの生産委託を受け生産量を増やす必要があり，台湾企業にとって常に日米をはじめとする先進国企業との提携は欠かすことができない。また，多額の設備投資が必要な製品への参入については政府・外国企業の出資を受け，合弁会社を設立する場合が多い。現在，台湾の半導体産業を牽引している台湾積體電路製造や聯華電子の設立時には，いずれも政府が出資している。また，政府系研究機関である工業産業技術院の研究者がスピンアウトして生産を開始している。

　台湾電子産業の主要な生産品目であるパソコン[29]・半導体・液晶表示装置は，いずれも先進国企業の働きかけにより，本格的な発展が始まった。つまり，台湾の電子産業は受動・依存型発展ということになる。台湾企業への働きかけの要因

表 1-4　台湾・日本・韓国の電機・電子企業の負債比率
(単位：%)

| 台湾企業 | 日本企業 | 韓国企業 |
1998 年　50 社平均	1997 年　45 社平均	1999 年　50 社平均
87.2	189.9	295.1

出所：中華徴信所『中華民国企業排名 TOP500』1999 年版，通商産業省『世界の企業の経営分析　国際経営比較』1999 年度版，東洋経済日報社『韓国会社情報』99 年上半期版より作成した．
注：台湾企業，韓国企業は売上高上位 50 社の平均である．

は各製品とも主に低価格化である．パソコンについては 90 年代初頭に始まった世界的な低価格競争，半導体は 90 年代以降のアメリカ設計ベンチャー（ファブレス企業）の増加，韓国企業の台頭，DRAM の低価格化，および集積度が増加するにつれて巨額化する研究開発費・設備投資費であり，液晶表示装置については韓国企業の台頭，低価格化であった．台湾企業は先進国企業の働きかけ以前に全くそれらの製品分野に参入していなかったわけではない．それまで自主開発により技術蓄積が図られてはいたが，世界市場における台湾企業の本格参入は，韓国企業のように独自の力では困難であった．激しい価格競争のなかで，いわば漁夫の利を得る形での発展といえる．

　受動・依存型発展であるものの，先進国企業の働きかけを得るための台湾側の主体的要素は重要である．台湾の技術的蓄積は大きい．台湾の技術発展において，大きな役割を果たしているのはアメリカからの帰国研究者である．また工業技術研究院の役割も無視できない．「低賃金」という発展途上国の比較優位ではなく，「生産委託を受けることの可能な技術・生産設備をもった企業」という中進国の比較優位を発揮しているといえる．つまり，取引費用により説明すると，先進国企業にとって，発展途上国に対して 1 から土地を取得し，工場を建設し技術移転を行い生産を開始するよりは，台湾企業に生産委託してしまった方が安いコストで済むのである．台湾企業は経済のグローバル化のなかで多くの「後発性利益」[30]を享受している．この後発性利益をより多く享受するためには，先進国企業の働きかけが欠かせない．何らかの比較優位をもつことが重要である．

　つけ加えて，この章で述べている韓国・台湾の電子産業発展の特徴を具体的に

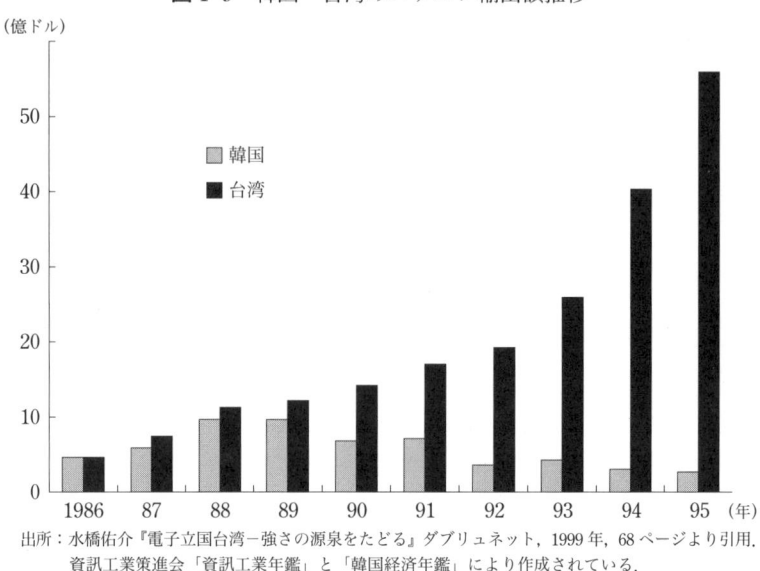

図1-9　韓国・台湾のパソコン輸出額推移

出所：水橋佑介『電子立国台湾－強さの源泉をたどる』ダブリュネット，1999年，68ページより引用．資訊工業策進会「資訊工業年鑑」と「韓国経済年鑑」により作成されている．

説明するために，電子産業の主要品目であるパソコン，ディスプレイ，半導体，液晶表示装置の生産動向についてみてみる。これら4品目を，①パソコン・ディスプレイ，②半導体・液晶表示装置の2つのグループに分ける。①のパソコン・ディスプレイは比較的設備投資・研究開発費等のコストがかからないため，資金力の乏しい台湾企業が早い時期から生産を開始することが可能であった。ここで取り上げているディスプレイについて述べると，テレビの生産ラインを継続して使用できることから，初期投資を節減することができた。韓国企業と台湾企業がほぼ同時期に本格参入した品目である。②の半導体・液晶表示装置は莫大な設備投資・研究開発費が必要であり，台湾企業単独での参入は困難であった。政府や外国企業のサポートが不可欠で，台湾企業のテイクオフが韓国企業よりも遅れた品目である。

　パソコンとディスプレイは韓国，台湾ともに80年代に生産を開始している。80年代には両者は競り合っていたが，90年代になると生産委託を積極的に受けた台湾の伸びが著しく，韓国と大きな差がついた。半導体と液晶表示装置につい

第1章 日韓台の電子産業の動向

図1-10 韓国・台湾のディスプレイ生産台数推移

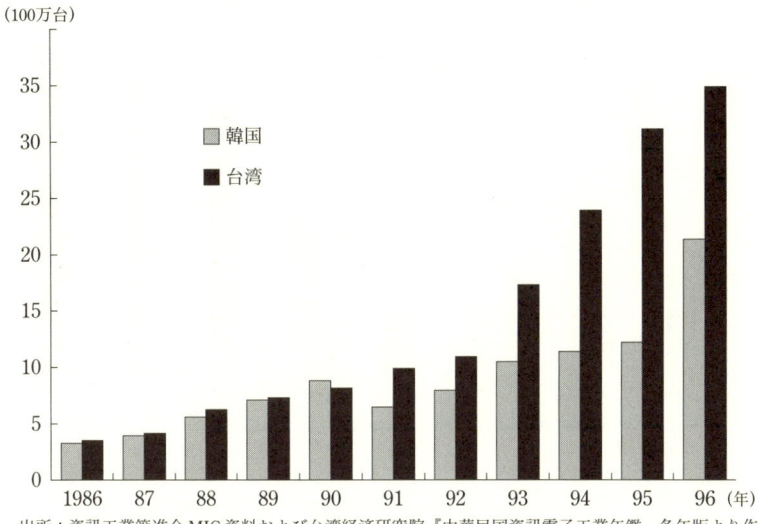

出所：資訊工業策進会MIC資料および台湾経済研究院『中華民国資訊電子工業年鑑』各年版より作成した．海外生産も含んでいる．80年代の一部に推定がある．

図1-11 韓国大手2社・台湾大手10社の半導体生産額の推移

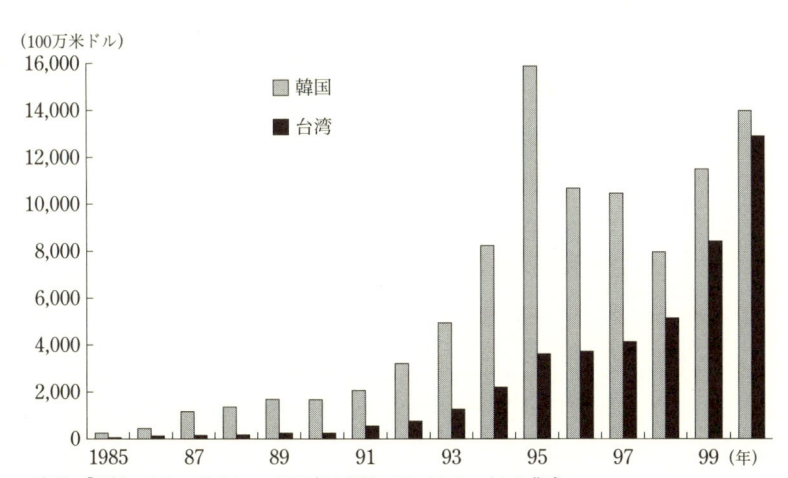

出所：『日経マイクロデバイス』2000年1月号，55，81ページから作成．
注：1998年までは実績値．1999年と2000年は計画値．

図1-12　韓国・台湾のTFT液晶パネルの国別生産面積比率

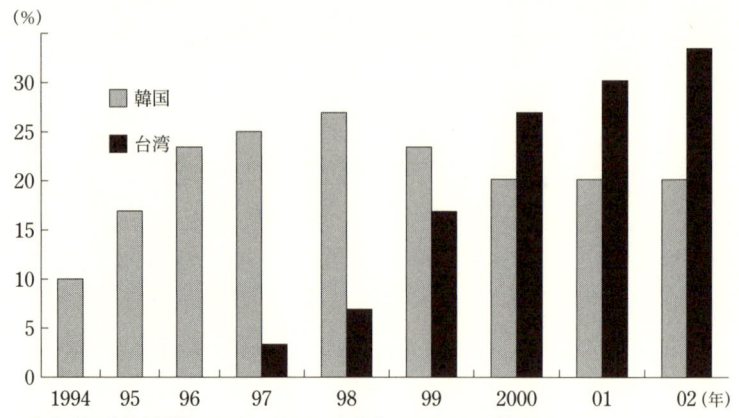

出所:『日本経済新聞』2001年3月7日より作成した．ドイツ証券調べ．
注:2000年以降は予測．

図1-13　概念図　経済のグローバル化の進展と工業後発国の生産量（電子産業）

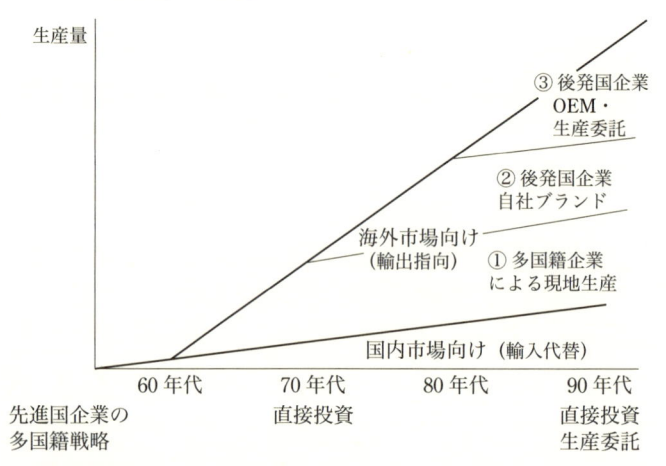

先進国企業の　　　　　　　　　　　　　　　　　直接投資
多国籍戦略　　　　　直接投資　　　　　　　　　生産委託

出所:筆者作成．
注:後発工業国における電子産業の発展は，輸出に大きく依存している．電子製品および電子部品の輸出は，① 多国籍企業が後発工業国で生産したもの，② 地場企業が自社ブランド生産したもの，③ 地場企業がOEM・生産委託により生産したものと3つに大別できる．特に90年代以降，先進国企業の多国籍戦略においてOEM・生産委託を選択するケースが多くなり，この図は ③ の生産量が増加しているという状況を表した概念図である．

ては、韓国が台湾よりも早い時期から参入しており、当初韓国がリードしていた。半導体は90年代初頭から、液晶表示装置は90年代半ばから生産委託が急増し、台湾の生産水準は現在韓国とほぼ同等となっている。**図1-9**から**図1-12**より、韓国は自発・挑戦型の発展であるのに対し、台湾は受動・依存型の発展であることは明白であろう。つまり、自ら先進国企業に挑みながら、世界市場におけるシェアを拡大していくのが韓国企業であり、世界的な低価格化の進展とともに先進国企業との提携により生産量を増加させていくのが台湾企業である。

　90年代以降、先進国企業によるOEM・生産委託のオーダーが急増し、積極的にそれを受けた台湾に有利に働いた面がある。**図1-13**に基づき説明すると、韓国は外資を導入することやOEM・生産委託を受けることに消極的だったことから、輸出向け生産量において①の多国籍企業による現地（韓国での）生産量と③のOEM・生産委託による生産量は少ない。②の自社ブランドの生産量が多く、①から③のなかでは②のウェイトが大きい。台湾は韓国とは逆に積極的に外資の導入を図り、またOEM・生産委託も積極的に受けている。②の自社ブランド生産は韓国と比べて少ないものの、全体的には①から③まで満遍なく生産量を稼いでいる。台湾企業は自社ブランドによる市場開拓においては、先進国企業および韓国企業との競合関係にあるが、OEM・生産委託のオーダーを受けるにあたっては競争相手がほとんど存在せず、1人勝ちしていた。つまり、それは技術的にほぼ同水準にある（全般的には韓国の方の技術水準が高いところが多いが）韓国企業が自社ブランド路線を堅持していたこと、他の後発工業国には生産委託のオーダーを受けうるだけの技術力を持った地場企業が存在していなかったからである。こうした環境下で台湾企業が成長してきたわけである。

　一般的に、OEM・生産委託による生産は自社ブランド生産と比べて1単位当りの利益は低いと言われている。にもかかわらず、台湾企業が利益を確保していたのは、世界的な低価格競争にともなうOEM・生産委託の急増とそのオーダーが台湾企業に集中していたためである。よって、多くの生産量を確保することでスケールメリットを生かしていたのである。また、低価格化が進む中でのもう一つの利益確保の対応として、パソコンおよびその周辺機器などの生産については、90年代以降中国をはじめタイ、マレーシアなど海外に移転させたことも重要で

ある。こうした台湾の電子産業の成長は世界経済が拡大基調にある時には有効である。しかし，2000年3月からのナスダック市場の下落によりITバブルが崩壊し，外部環境に影響を受けやすい台湾のIT関連企業は減収・減益となり，赤字に転落した企業が続出した。今後，予想される日米欧市場における成長の鈍化やOEM・生産委託を巡るライバルの出現（現に中国が脚光を浴びつつある）は，90年代にみられたような台湾企業のパフォーマンスは次第に困難になってくると考えられる。台湾企業は新たな対応を迫られることになるであろう。

4 まとめ

日本企業が世界市場において台頭してきた時代と現在とでは環境が異なっている。特に経済のグローバル化の進展には注目する必要がある。このところ，先進国企業の多国籍戦略はますます活発化し，近年では特に電子産業において直接投資に加え，生産委託も多く見受けられるようになった。よって，現在では日本企業のとってきた自主開発・自社ブランドによる市場開拓の他に，台湾企業のようにOEM・生産委託という戦略もとれる機会が増大しているのである。自主開発・自社ブランドによる市場開拓のみにこだわるということは，ビジネスチャンスを自ら逃しているということに他ならない。先進国市場の拡大が続くかぎり，双方を組み合わせた戦略をとることが後発国企業の発展および台頭につながるのである。

以上述べてきたように，台湾企業は90年代に入り脱日本指向（① 企業構造，② 企業戦略において）が顕著になり，従来の日本志向から大きく転換した。台湾の電子産業にみられる受動・依存型発展は，今日ますます進展している経済のグローバル化のなかで，後発国企業にとって技術導入，売上高増加，利益増加，リスクの分散につながる効率的な発展形態である。つまり，生産委託を受ける際，台湾企業に足りない技術があれば，技術移転を受けることができる。自社ブランドのみの市場開拓では，現実的に特に先進国市場への参入は難しいが，OEMの形態をとることで，自社ブランド＋α（OEM生産量の方が多い台湾企業が多い）となり生産量を増やすことができる（図1-13）。生産量を増加させることが利益

の増加につながり，より価格を低く設定し価格競争力を発揮することができる。また設備投資額の大きい半導体部門では，外国企業との合弁企業の設立，生産委託先の企業との設備投資の分担と投資リスクの分散が図られている。

　台湾企業は中小規模であり，また借入依存度が低いため，大規模投資は困難である。そうした状況のなかで，世界市場における各製品の低価格化を契機とし，先進国企業と提携しつつ成長してきた。韓国の財閥系企業にみられるように多額の借入による積極投資で，自力でシェアを拡大していく戦略とは全く異なっている。先進国企業の働きかけにより本格的発展がもたらされるという受動・依存型発展が，台湾の電子産業の特徴であろう。

【注】

1) ディスプレイという言葉は一般的にはパソコン用ディスプレイを指すことが多い。これはコンピュータの4つの構成要素である演算装置，主記憶装置，入出力装置，制御装置のなかで，プリンターやキーボード，マウスなどとともに入出力装置を形成する。
2) 本節は『電気ガラス工業の歩み』電気硝子工業会　1970年，85年，96年に多くを負っている。
3) これらの経過については，拙稿「日本の電子機械産業と東アジア」相田利雄・小林英夫編『成長するアジアと日本産業』大月書店，1991年，を参照されたい。
4) これらについては，「情報家電のビジネスモデル」『興銀調査』1999年，No.6，および「急成長するデジタル家電」東京三菱銀行『調査月報』2000年1月号，に多くを負っている。
5) 古瀬幸広・廣瀬克哉『インターネットが変える世界』岩波文庫，1996年，に詳しい。なお，ネットワーク上の犯罪者は，ふつうクラッカーと呼び，ハッカーとは区別される。
6) 韓国の電子産業のうち，民生用機器の発展については，郭賢泰「韓国の電機電子産業の成長と産業組織の変化」谷浦妙子編『産業発展と産業発展と産業組織の変化』アジア経済研究所，1994年，第8章，および，李東碩「韓国電子産業の発展過程と技術導入」京都大学『経済論叢』第153巻，第5・6号，1994年，高龍秀「韓国電子産業における多国籍企業化」甲南大学『経済学論集』第37巻第2号，1996年，高龍秀『韓国の経済システム』東洋経済新報社，2000年，第

5 章「韓国財閥の多国籍企業化」，などを参照。
7) 95 年末の直接投資残高（組立金属：わが国の電機製品にあたる）では，アメリカが約 4 億ドル，ヨーロッパが約 6 億ドルにたいし，アジアでは，中国（4.38 億）を筆頭に，ベトナム（1.54 億ドル），マレーシア（1.35 億ドル），インドネシア（1.34 ドル億），フィリピン（0.80 億ドル），タイ（0.54 億ドル）の順となっている。前掲，高龍秀論文による。
8) 韓国の民生用電子機械産業の多国籍企業化のデータは，主に，高龍秀「韓国多国籍企業とイントラ・アジア貿易」中川信義編『イントラ・アジア貿易と新工業化』，東京大学出版会，1997 年，による。以下もおなじ。
9) 前掲，高龍秀論文（甲南大学論集）による。ただし，出典は，千相徳ほか『韓国企業の対 ASEAN 投資類型と経営実態』韓国産業研究院，1993 年。
10) 日本電子機械工業会『'96 東南アジア電子工業の動向調査報告書』16 ページ。
11) 高龍秀「韓国新工業化と"東北アジア経済圏"」中川信義編『アジア・北米経済圏と新工業化』東京大学出版会，1994 年。このなかで高氏は，やや疑問視しながらも『韓国資本主義分析』（1991 年）所収のホン・ジャンピョ論文の「80 年代に韓国の大企業は中小企業に対するピラミッド型の階層別支配体制をきずいたと」する見解を紹介している。しかし，こうした韓国の系列中小企業の問題は，大企業との一方的な関係がほとんどで，中小企業どうしの横のつながりに欠けることにあるという研究者は多い。
12) 前掲，日本電子機械工業会『調査報告書』1995, 97, 99 年版による。
13) 韓国半導体産業の発展については，徐正解『企業戦略と産業発展——韓国半導体産業のキャッチアップ・プロセス』白桃書房，1995 年。および，金鐘杰「韓国電機電子産業の"構造転換"」島田・藤井・小林編著『現代アジアの産業発展と国際分業』ミネルヴァ書房，1997 年，ロバート・ウェード著，長尾ほか訳『東アジア資本主義の政治経済学』第 5 章「東アジアでの市場の誘動」同文館出版，2000 年，などによる。三星電子の半導体戦略については，田中武憲「発展途上国工業化における雁行形態」同志社大学『経済学論叢』第 50 巻第 3 号，1998 年 12 月，を参照。
14) 杉本良雄「アジア半導体産業における国際競争」中川信義編，前掲書，VIII所収。
15) 三星電子とインテルの関係については，李東碩「半導体産業の国際的重層構造」『東アジア研究』大阪経法大学，No.16, 1997 年，を参照。
16) 前掲，杉本論文。

17)「わが国半導体産業の現状と課題」日本開発銀行『調査』No.215, 64ページ, 1996年。
18)「わが国半導体産業における企業戦略」日本開発銀行『調査』No.259, 27ページ以下, 1999年。
19) 韓義泳「韓国における多国籍企業の動向」大阪経法大学『経済研究年報』第16号, 1996年。
20) 金俊行「韓国経済における不均衡構造の現状と問題点」大阪経法大学『経済研究年報』第16号, 1996年。
21) ビッグ・ディールについては, 深川由起子「東アジアの構造調整とコーポレート・ガバナンス形成」青木・寺西編著『転換期の東アジアと日本企業』第6章所収, 東洋経済新報社, 2000年。高龍秀, 前掲書, 第3部「IMF体制と金大中政権の経済改革」。姜秀之『韓国経済——挫折と再挑戦』社会評論社, 2001年, 第2章「変身する韓国財閥」以下, などを参照。
22)「通貨危機を契機に急速に拡大する韓国の情報通信産業と電子商取引」さくら総研『調査レポート』No.51, 2000年。河信基『韓国IT革命の勝利』宝島社新書, 2000年。韓国IT研究会編『なぜ日本は韓国に先を越されたか』日刊工業新聞社, 2001年, などを参照。
23) 資訊工業策進会MIC資料。1999年までは世界3位であったが, 2000年には中国の台頭により世界4位に転落した。
24) 同上。
25) 水橋佑介『電子立国台湾——強さの源泉をたどる』ダブリュネット, 1999年, 32〜33ページ。『日本経済新聞』1998年7月7日。
26) 日本電子計算機編『JECCコンピュータノート』2000年版。
27) 中華徴信所『中華民国企業排名TOP500』1999年版。
28) 資金力を有し, 経営戦略において幅広い選択が可能な企業に限っていえることであり, 台湾企業においては一般的ではない。
29) 台湾のパソコンメーカーにとって主な輸出先であるアメリカは, 91年の実質GDP成長率が− 0.7％とマイナス成長に陥った。にもかかわらず, アメリカコンピュータ産業は他産業とは異なり, 多少成長のスピードが純化したものの, パソコン市場規模の拡大, 情報機器に対する設備投資の増加にみられるように堅調に推移した。そうした状況のなか, 台湾のパソコンは91年から顕著になった低価格競争の激化という背景からアメリカ企業へのOEM供給に積極的に取り組む

ことにより，全般的には輸出を増加させ右肩上がりの成長を維持した。80年代より台湾のパソコンメーカーはアメリカ企業に対しOEM供給を行っていたが，90年代に入りその量が一段と増加したというのが実情である（図1-9参照）。自社ブランドによる市場参入については，92年頃からみられるブランド指向の高まりにより困難な環境になったといえる。

30) 経済のグローバル化が進展した現在，後発性利益の享受と先進国企業の働きかけとの関連はますます大きくなってきている。これまでのアジア諸国の高度成長は「低賃金」という比較優位があったため，どの国も先進国企業の直接投資を受けることにより後発性利益を享受できた。今後は低賃金以外の何らかの比較優位がないと後発性利益を享受することは困難になってくるであろう。例えば，現在台湾は生産委託を受けうる技術を持つ企業の存在，中国は潜在性のある大きな国内市場といった比較優位を有している。後発性利益は後発国であれば，どの国も享受できるという状況にはならず，アジア諸国の間で格差が生じてくる可能性がある。

（補注）「今日における台湾の電子産業」のLCD産業と携帯電話産業の動向は，IPPC Head Line News（http://www.ippc.com.tw）にある『工商時報』,『電子時報』,『経済日報』の情報をもとに述べた。

第2章　日韓台の対外直接投資の動向
――電子産業の対 ASEAN 直接投資を中心として――

第1節　日本の対外直接投資の動向

1　直接投資の動向

　わが国の海外直接投資は1980年代の後半に本格化し，89年に非製造業をあわせた全分野で675億ドル，製造業の分野でも163億ドルと，ひとつのピークをむかえる。しかし，電気機械の分野では，それが90年までづれこみ，前年比27％増の57億ドルに達した。アジア地域では，この分野の増加がさらにもう1年つづき，88～91年の4年間に約9億ドルの投資が毎年加えられていったのである。

　この産業の最大の投資先である北アメリカは，89年に27億ドル，90年に24億ドルと増加したあと，91年には約9億ドルに急落し，アジア地域とほぼ同じレベルになった。北アメリカが90年のレベルにもどるのは円高がもっとも進んだ95年であり，97年の42億ドルまでそのまま上りつめる。また，ヨーロッパむけの投資は，前年の7.6億ドルから，90年に突然，23億ドルと急伸した。しかし，翌91年には5億へと落ちこみ，その後はそれ以下の水準がつづいている。つまり90年に，ひとたび欧米諸国へ移動した直接投資は，ふたたびアジア地域に集中しはじめる。そしてアジア向け投資は，92年のアメリカのリセッション時の落ち込みを除けば，95年の円高のときまで，北アメリカと歩調を合わせるかのように急伸したのである（**表 2-1**）。

　このあいだに，わが国企業のアジアにおける主な投資地域は，それまでの

表 2-1 わが国の電気機械産業の海外直接投資の推移

(単位 100万ドル)

地域＼年度	89	90	91	92	93	94	95	96	97
北アメリカ	2,734	2,413	868	740	1,445	891	2,404	3,662	4,228
アジア	934	827	871	540	881	1,376	2,393	2,021	1,956
ヨーロッパ	755	2,305	501	434	418	329	398	857	1,021
その他	57	139	56	103	18	38	5	661	7
合　計	4,480	5,684	2,296	1,817	2,762	2,634	5,200	7,201	7,212

出所：大蔵省国際金融局統計による．
注：94年度までは実績・95年度以降は許可・届出ベース．

NIES (The newly industrializing economies) から ASEAN 諸国や中国にも広がっていった。その理由は NIES 内の賃金や地価の高騰など，進出先の製造コストアップ要因の他に，いわば外的な要因も加わっていた．すなわち 89 年にアメリカが NIES に対して特恵関税を廃止したことであり，ドルに対するこれらの国々の通貨の切上げを認めさせたことであった．もう発展途上国ではないというのである．また韓国には，カラーテレビなどの輸出製品に対し，当時の EC 諸国によるダンピング提訴という圧力も加わった．つまり韓国や台湾の企業ばかりでなく，これらの国に進出していたわが国の企業にとっても，二重の意味で NIES 以外に投資先を求める共通の要因が存在していたのである．

　90 年代のわが国の直接投資の特徴は，まずアメリカとアジアへの集中である．51 年から 97 年までの累計残高では，やはりアメリカが最大であり，約半分が振りむけられてきた．90 年代，すなわち 90～97 年の投資額は，アメリカが累計で 191 億ドル，アジアは同じく 122 億ドルであり，アジアはアメリカの 64％にあたる．そして，アメリカのリセッション後の 93～97 年では，アメリカの 135 億ドルに対し，アジアは 91 億ドルと，その 68％にまで迫っているのである．そして産業用機器と電子部品の貿易で検討したように，ここでもアメリカへの投資とアジアへの投資には共通するメカニズムがうかがえる．

　つぎにアジアのなかでのマレーシアへとタイの集中である．これをアジアへの投資がいっきに登りつめた感がある 95 年まで，つまり 90～95 年までを見てい

くと，NIES への 10 億ドルに対して ASEAN 4 カ国だけで 24 億ドルと 2 倍以上にふくれあがっている。国別ではマレーシアが 9.8 億ドルと 1 カ国だけで NIES への投資額に匹敵するばかりでなく，タイの 7.9 億ドルを加えれば，わが国のこの産業の，これら 8 つの国と地域への投資の半分がこの 2 カ国に殺到したことになる。

このなかで進出企業は親企業の戦略と相手国への浸透度に応じて多様な資金調達活動を行っている。それは第一勧銀総合研究所の調査によれば，つぎの 2 つのステップをふむモデルケースとして示されている（注に掲げる同研究所の書では，3 段階にわけられているが，ここでは 1 と 2 をひとつとする）。まず，第 1 のステップは，合弁か，100％出資かを選択したあとの初期投資である。このとき，出資金だけでカバーしきれなければ，親企業や日本の市中銀行からの借入れによるケースが多く，日本輸出入銀行を利用して長期資金を調達するケースもめだつという。第 2 のスッテップは，業績があがり，設備の増設や工場を拡張するときなどの追加投資であり，オフショア市場を含めた銀行借入れや親企業による増資が中心となる。しかし，なかには進出先の制度金融を利用したり，株式や社債の発行など，直接金融にのりだすケースも見うけられるという。また運転資金では進出先の銀行借入れのほか，CP（commercial paper：コマーシャル・ペーパー）や BA（banker's acceptance：銀行引受手形）など，当地の低利な短期手形を求めることもあるようである。

そして地域統括法人（OHQ：Operational Headquarters）をかかえる電子機器メーカーの完全子会社などは，財務機能をここに集約し，グループ企業の資金の調達や運用，為替リスク管理などをおこなっている。多国籍企業への積極的な支援策を打ち出しているシンガポールは，そうした企業活動をささえる高度情報ネットワークなど，さまざまなインフラを整備しているばかりでなく，世界的な金融センターとして多様な金融・サービス機能を提供し，多種類の通貨をほとんど自由に交換したり，入手できる[1]。このようにわが国の企業はアジア諸国で多様な資金調達活動を行なうにいたっている。なお，わが国の進出企業の資金調達について詳しくは本書の第 3 章を参照されたい。

2 日本企業の海外展開

　日本電子機械工業会の「'98 海外法人リスト」を手がかりに電機企業の海外展開をみておこう。これによると，電子機械産業関連の海外法人は 98 年 6 月末で 1274，それに地域統括法人（185）や研究開発法人（145），金融法人（69）を多く抱えている。従業員数は 97 年で国内が 106 万人，海外が 91 万人（97 年 6 月末）とほぼ同数となっている。地域分布ではアジアの法人数が圧倒的におおい（表 2-2）。しかし，生産にしろ，流通にしろ，あるいは研究開発にしろ，アメリカやヨーロッパには規模の大きな法人が多く，アジアの法人は，大きな法人も目につくようになったものの，まだまだ中小の規模の法人の方が多数を占める。分野別では電子部品の法人数がぬきんでており，ついで民生用機器，産業用機器の順となっている。

　このなかで，90 年代に入っても活発な海外進出活動を続けているのが電子部品である。具体的には，92 年の 23 法人を除けば，残りの 90 年代の年はみな 30 法人以上であり，とくに 94 〜 96 年の 3 年間は進出ラッシュの状態であった。そしてこの進出ラッシュが起こった地域も，やはりアジアである。94・95 年の 91 と 109 法人を頂点に 93 〜 96 年の間の進出をグラフ化すれば，まさに高原状のブーム期といえる。

　このようにして 90 年代の前半，わが国の電機産業の投資は ASEAN 諸国と中国に集中するとともに，以下の節で述べるように韓国や台湾の企業の同じ地域への投資も急増していった。そしてとりわけ ASEAN 諸国を舞台に，日・韓・台の企業による 3 つ巴ともいえる競争が激化していった。

　もちろん，分類上の電気機械の投資の主役は電子機械器具である。わが国の電子機械産業の場合，家電などの民生用機器を中心に成長をとげた後，国内では現在，コンピュータや通信機器などの産業用機器と，集積回路（IC）やディスプレイ装置などの電子部品という 2 つの分野が生産をリードしている。海外の生産拠点も含め，エレクトロニクスの分野では総合的な力量を持っているといってよい。それに対し，韓国の企業は家電製品と半導体の生産に強みをもっており，台

表 2-2　電子工業の海外進出状況

項目		90	91	92	93	94	95	96	97	98.1〜6	98.6末累計
生産法人年次別進出国数		15	16	15	8	18	17	16	15	6	46
年次別進出生産法人数		69	55	50	56	104	122	75	60	13	1,274
機器別法人数	民生用電子機器	13	19	17	13	24	39	23	11	5	357
	産業用電子機器	23	3	16	10	17	22	12	12	3	266
	電子部品・デバイス	40	31	23	33	63	61	45	36	6	757
地域別法人数	北米	15	6	9	5	8	7	18	14	5	223
	南米	0	1	1	0	0	0	1	0	0	24
	欧州	12	11	3	1	4	6	4	4	0	145
	アジア	42	37	37	50	91	109	52	41	8	873
	オセアニア	0	0	0	0	1	0	0	1	0	6
	アフリカ	0	0	0	0	0	0	0	0	0	3
生産法人現地従業員数（千人）		—	—	—	—	—	—	—	—	—	973
海外地域統括法人数		—	—	—	—	—	—	—	—	—	185
海外研究開発法人数		—	—	—	—	—	—	—	—	—	145
海外金融法人数		—	—	—	—	—	—	—	—	—	69

出所：日本電子機械工業会「'98 海外法人リスト」．
注：一法人で複数業種の生産法人があるため，機器別法人数と現地法人総数とは，一致しない．
備考：日本電子機械工業会正会員411社に対するアンケート調査による．

湾の企業は，PC（パソコン）のハードウェアの生産で圧倒的ともいえる力をもつうえ，最近では受託生産によって半導体産業も力をたくわえつつある．そして，これら3者が，主としてASEAN諸国を主なエリアとして，ディスプレイ分野，すなわちパソコン用ディスプレイやカラーテレビ用のブラウン管などをめぐって激しい利害対立をひきおこしたのである．

第2節　韓国の対外直接投資の動向
——外国資金に依拠——

　本節では，韓国の対外直接投資，特に対 ASEAN 直接投資の状況を記述する。後述するように，韓国の対外直接投資は 90 年代以降に対 ASEAN 直接投資を中心として本格化した。したがって，以下の分析は対外直接投資全体の特徴を省き，対 ASEAN 直接投資に焦点を絞り言及する。以下で，対外直接投資の件数および投資金額の概況，資金調達の特徴，を順を追って述べていきたい。

　なお，本節では 97 年末に韓国を震撼した「外換危機」についての分析はなされていない。ちなみに，98 年 1 年間でなされた韓国の対外直接投資は，実行ベースで件数 638 件，金額 47 億 5,090 万ドルへと，縮小した。97 年との比較において件数ベースで約 4 割，金額で約 1 割の低下であった[2]。件数の大幅な低下は，直接投資の大宗を成す東南アジアへの投資が 97 年では 1,000 件を超えていたのが，400 件余りにまで激減したことが大きい。

　また，韓国電子産業振興会は 2 年に 1 度「韓国電子産業海外投資現況調査」という題名の報告書を発行していたが，この発行は 97 年 7 月を最後に途絶えている[3]。「外貨危機」まで実績を伸ばしていた電子産業の海外直接投資も，数字の低下以上に停滞していることが伺える。このような 98 年以降の状況の下では，それ以前の韓国からの対外直接投資よりも，韓国に対しての対内直接投資が韓国経済社会のなかでより関心事になってきている。その具体的状況が，大企業グループの一角を担っていた大宇や現代への外資導入である。無論，金融機関への外資導入も例外ではない。これらの韓国経済の現況からここでは 98 年以降の韓国からの対外直接投資に言及することを放棄した。したがって，本節は，97 年までの状況を記録する，ということに徹したい。

1 韓国の海外直接投資

韓国では，90年代以降，資本収支の流入超過，経常収支赤字補填を超える過剰資金流入の拡大という事態と期を一に，海外直接投資が本格化した。すなわち，経常収支赤字の拡大，資本収支の過剰流入の下で海外直接投資が増大していった。

韓国企業の海外直接投資件数および金額（ともに実行ベース。以下同じ）は，96年末までに累計で6,653件と137億5,696万ドル（累計は毎年の実行ベース投資件数と投資金額をそれぞれ単純に加算した値。以下累計はこの意味で用いる）になっている[4]。韓国の海外直接投資は90年代以降に本格化した。96年までに実行された投資のうちで，91年以降に実行された投資は，件数および金額の両ベースともに，累計件数・累計金額の80％以上に達している。特に，94～96年までの3カ年の占める比率は，件数で59.0％，金額で60.4％となっており，94年以降に海外直接投資は著しく進展し始めた，と述べることができる。

次に地域別の投資状況を確認すると，件数でも金額でも日本と中国とを含む東南アジアが圧倒的多数を占めている。東南アジアへの96年末までの投資累計は4,806件，60億5,541万ドル，韓国における海外直接投資全体の累計に占める比率は，それぞれ72.2％と44.0％という数字になる。金額はともかくも，件数では70％以上が東南アジア，といえよう。しかも，4,806件の東南アジア投資のうちで，約90％が91年以降の投資，特に94年以降の3カ年は3,158件と65.7％を占める。つまり，韓国の海外直接投資は，94年以降に東南アジア投資を大宗として本格化した，といっても過言ではない。

さらに，どのような産業部門への投資が主となっているか，をみることにする。全ての投資累計数，投資金額累計に対して，製造業の投資累計件数は4,459件で率にして67.0％，金額累計では77億2,330万ドル，56.1％を占めている。そのうち，製造業の投資件数の約90％が91年以降，94年以降は64.4％に達する。また，94年以降に実行された投資総件数に占める製造業の割合は，70％以上となっている。このうち，東南アジアへの製造業投資は3,788件で，製造業への投資の約85％が東南アジア向けである。ただし，東南アジアへの製造業投資額は，

投資金額累計を累計投資件数で単純に除した1件当りの平均値で119万3,000ドルとなっており，韓国の全世界，全産業の単純1件当り平均値である206万7,800ドルの60％に満たない。

また，韓国電子産業振興会が韓国銀行のデータを基礎に電機・電子産業の1996年末での累計海外投資件数および金額を発表している[5]。それによると，海外投資の累計は，認可ベースで1,204件，59億4,000万ドル，実行ベースでは，それぞれ1,014件と35億4,500万ドルとなっている。さらに，電機・電子産業の地域別投資状況は，認可ベースでアジアへの累計投資件数が749件，金額では18億5,000万ドルとされている。

以上から，韓国海外直接投資は，90年代半ば以降に東南アジア（ただし，東南アジアのうちで中国が占める比率が，件数ベースで60.3％，金額ベースで44.1％に達している）を中心とした製造業，特に電機・電子産業への投資で伸びてきたことが理解できよう。ただし，東南アジアへの投資は，件数に比較して1件当りの投資金額は低かった。

2　韓国の海外投資資金源泉

韓国にかぎらず，海外投資資金を把握するのは，投資行動を分析する際に重要な論点であることはいうまでもない。日本の場合，この資金構造の調査は，通産省（当時）の「海外事業活動基本調査」や日本輸出入銀行海外投資研究所（当時）が毎年実施している「海外直接投資アンケート調査」が存在して，その結果が公表されている。しかしながら，韓国では系統（時系列）だって公表されているこの種の充分なデータは，筆者の知るかぎり存在していないと思われる[6]。

そこで，本節では韓国銀行国際部で提供を受けた内部資料から，韓国の投資資金について言及していくことにする。このデータは，"Fund — raising for Foreign Direct Invest"という表題が付され，資金源泉が 1. Overseas borrowing, 2. Issuance of securities, 3. Domestic foreign currency borrowing, の3項目に分類されて示されている。説明によれば，項目の1.と2.が国外での資金調達，3.が韓国国内での資金調達，ということになる。また，海外投資資金源泉は，この

3つの手段が大宗で，企業の自己資金による投資はほとんどない，とのことであった[7]。データのカバー率は，各年の海外直接投資の認可ベース金額が，94年：35億8,000万ドル，95年：49億1,200万ドル，96年：61億3,200万ドルであるので[8]，基本的な遺漏は少ないと考える。

ただし，このデータの各項目の正確な定義は不明であるので，たとえば，1.Overseas borrowing の場合，外国金融機関に限定するのか，韓国金融機関の海外支店を含むのか，というような問題が存在する。また，厳密に述べれば国際収支表との整合性も問われる。国際収支表における資本収支の投資収支，さらにその内訳である「直接投資」の項目が該当する。IMFのマニュアルでは直接投資家（親企業）が直接投資企業（小会社等）の普通株または議決権の10％以上を所有する場合，あるいはこれに相当する場合の投資を直接投資と定義している[9]。また，この資本収支の「直接投資」で示されている金額は，当該国居住者（企業）である投資者と非居住者である被投資者間の資産・負債関係を示している。つまり，投資主体が当該国居住者か否かが基準となる。結局，居住者である投資主体が国内外のどこで投資資金を調達したかは，この項目には反映されていない。

これに対して，ここで述べている Foreign Direct Invest，あるいは投資資金の定義は，海外現地法人の借り入れ及び社債発行による設備充当分も加えて対外直接投資額としている。したがって，先のIMFマニュアルや国際収支表の定義と比較して広義に対外直接投資を把握しており，海外現地法人による設備投資も含まれるという日本輸出入銀行海外投資研究所が実施しているアンケート調査とほぼ同様な定義となっている[10]。結局，この韓国銀行提供データと国際収支表「直接投資」との相互整合性を考えると，明らかに，国際収支表「直接投資」に含まれるのは，1.Overseas borrowing（表2-3で「1 海外現地金融」と表示）の内訳である「うち国内居住者」ということになる。ちなみに，韓国の国際収支表「直接投資（資産）」の金額は，94年：24億6,100万ドル，95年：35億5,200万ドル，96年：46億7,000万ドルとなっており，「うち国内居住者」の金額と近似している。

さて，このデータに依拠すれば，韓国の海外直接投資は，圧倒的に海外での，もしくは海外からの資金調達に依存して実行されていることになる。日本でも，

表 2-3　海外直接投資資金の源泉

(単位：100万ドル)

	1994	1995	1996
海外現地金融	2,046	4,450	6,485
うち国内居住者	1,536	3,520	3,775
海外市場での証券発行	695	512	1,155
国内外貨借入	283	122	79
合　　計	3,024	5,084	7,719

出所：韓国銀行国際部資料.

近年は海外での資金調達が著しい増加をみる。それでも，日本国内からの送金が占める比率と海外調達資金の比率とで，ほぼ2等分されるという実態と比較すれば，韓国の直接投資は，当初から基本的に海外資金により開始された，と述べても過言ではないであろう。

さらに，このデータによれば，投資資金の大宗をなすのは，Overseas borrowing（担当者は，海外投資用現地金融と呼んでいた）であり，しかも，その借り手は韓国国内居住者ということになっている。96年になると海外現地法人が直接に海外にて借入を実施する割合が上昇するが，それまでは，データによって把握されている年間投資金額の5〜7割が，国内居住者の海外借入金で賄われていた。

ここから得られる結論は，韓国の直接投資動向に関して通説的に述べられている「東南アジアへの直接投資は，日本に引き続き90年代以降に，韓国・台湾のNIESからの直接投資も本格化した」[11]という指摘が，いったいどのような意味をもつのか，ということである。確かに，国際収支表の資本収支項目における「直接投資」収支は，90年以降に流出超過に転じ，この点を根拠として先の通説が主張されているようである。しかしながら，この指標はただそれだけのことを示すにすぎない。この点からして，韓国の直接投資を「資本輸出国」として評価することは妥当ではない，ということである。

資本収支は，「証券投資」を中心に大幅な黒字（流入超過）であった。資本収支は，94年：102億9,500万ドル，95年：167億8,600万ドル，96年：239億

2,400万ドルの黒字を記録している。つまり，重要なことは，韓国の直接投資が海外資金に依拠して実施され，しかも，マクロ経済レベルの観点から考えると，資本収支の過剰黒字に起因する国内通貨の過剰流動性を防ぐ手段として，韓国銀行は独自に通貨安定証券の発行を増大させていた。さらに，この市場オペレーションとともに，海外へ過剰流入外貨を還流させる，海外投資を国内過剰流動性の防止策として考えていた，と韓国銀行の国際金融担当者は述べている。我々は，この点を理解することが肝要と思われる。

付言すれば，このような韓国の直接投資を含めた海外投資が海外資金に依拠して実施されていた，ということを理解しなければ，97年の韓国における外貨危機（韓国では，外換危機と呼ばれている）発生要因を正確に理解できない，と考えられる[12]。少なからず金額を借入金に依拠し，海外進出した事例として，三星（サムソン）電子の協力会社であり，プラスチック射出成形部品を納入している企業の事例を紹介しておきたい（詳細は，補論として最後に掲載）。この企業は，96年にタイに進出し，白物家電のプラスチック射出成形部品を三星電子の現地法人に供給している。この借入金に依拠した進出が，今回のアジア通貨危機でどのような影響を受けているのか，この点について，担当者は「タイの通貨危機の深刻な影響は，生産ロットが急減したことではない。借入金で投資を開始したので，この外貨管理と返済計画に頭が痛い」と述べていた。

以上のように，韓国の海外直接投資資金は，海外での調達（しかも，韓国の銀行など金融機関を経由）を前提として成立していたのである。

第3節　台湾の対外直接投資の動向

台湾の対外直接投資が本格化するのは1987年からである。① 政府による対外直接投資の厳しい規制が緩和され，投資の奨励に政策転換が行われたこと。② 外為レートにおける台湾元高や国内の労働コストの上昇により，労働集約型産業の国際競争力が低下した。本格化した主な要因はこの2点である。

対外直接投資の統計は経済部投資審議委員会が公表している。しかしながら，1件100万ドルまでの対外投資は事後申告制で認可なしに自由に行えることから，多くの投資がカバーされていない。大型投資のトレンドは把握できるが，この統計だけでは実態はわからない。例えば，このところ増加傾向にある中国への直接投資（統計では間接投資になっているが，実質的には直接投資なので，以下直接投資と述べる）において，台湾側が公表している統計よりも中国側の方が，投資件数・投資金額ともに多く，実際には投資審議委員会の統計数値以上に投資が行われていると考えられる。

1　投資審議委員会の統計からみた特徴

　台湾の対外直接投資統計は，世界各国向け（中国を除く）と中国向けの2つに分かれている。まず，世界各国向け（中国を除く）の対外直接投資額からみていく。その直接投資額は1987年から増加し始め，91年には一度ピークに達した。その後横ばい状態が続き，96年から再び上昇に転じている（**表2-4**を参照）。業種別にみると，52年から99年の累計で，①金融・保険業81億2,727万ドル，②電機・電子36億7,693万ドル，③国際貿易業16億2,918万ドル，④化学13億2,681万ドル，⑤サービス業12億4,940万ドルの順になっている。国別にみると，52年から99年の累計で，①英領中米諸島69億4,268万ドル，②アメリカ45億6,844万ドル，③マレーシア14億0,214万ドル，④シンガポール11億7,147万ドル，⑤香港10億7,450万ドル，⑥タイ9億9,377万ドル，⑦ベトナム7億4,420万ドル，⑧パナマ5億9,224万ドル，⑨フィリピン5億6,280万ドル，⑩インドネシア5億3,639万ドルであった。

　世界各国向け（中国を除く）直接投資の特徴として，80年代までは製造業中心であったが，90年以降製造業のほか金融・保険業，国際貿易業，サービス業が伸びている。特に金融・保険業が大きく伸びており，英領中米諸島（主にケイマン諸島への投資である）への投資が活発化しているためである。金融・保険業が大きな割合を占める英領中米諸島の直接投資額は，97年が10億5,095万ドル，98年が18億3,843万ドル，99年が13億5,973万ドルにのぼった。各年におけ

表 2-4 台湾の直接投資動向

(単位:1,000 米ドル)

	アジア地域		アメリカ (U.S.A)		世界各国合計 (中国除く)		中　国	
	件数	金額	件数	金額	件数	金額	件数	金額
1952～86	134	87,827	76	163,156	250	271,832		
87	21	21,302	21	70,058	45	102,751		
88	48	69,299	42	123,335	110	218,736		
89	80	296,372	55	508,732	153	930,986		
90	154	602,910	114	428,690	315	1,552,206		
91	176	929,819	127	297,795	364	1,656,030	237	174,158
92	156	369,929	84	193,026	300	887,259	264	246,992
93	181	663,514	86	529,063	326	1,660,935	9,329	3,168,411
94	170	559,471	70	143,884	324	1,616,764	934	962,209
95	175	467,743	97	248,213	339	1,356,878	490	1,092,713
96	197	661,717	174	271,329	470	2,165,404	383	1,229,241
97	204	818,743	335	547,416	759	2,893,826	8,725	4,334,313
98	226	580,819	402	598,666	897	3,296,302	1,284	2,034,621
99	153	836,378	345	445,081	774	3,269,013	488	1,252,780
累　計	2,075	6,965,843	2,028	4,568,444	5,426	21,878,922	22,134	14,495,438

出所:経済部投資審議委員会『中華民国華僑及外國人投資・對外投資・對外技術合作・對大陸間接投資・大陸産業技術引進統計月報』より作成した.
注:件数は新規投資のみで,金額は増資も含んでいる.

る世界各国向け(中国を除くすべての国・地域)の直接投資総額に占める英領中米諸島の直接投資額の比率は,実に 36.3 %(97 年),55.8 %(98 年),41.6 %(99 年)であった。98 年には英領中米のそれぞれの投資会社に対してエイサーが 5,000 万ドルの出資,国巨が 4,000 万ドルの増資,太平洋電線が 1 億ドルの増資,統一企業が 4,900 万ドルの増資を行った[13]。製造業のなかでは以前から今日まで一貫して電機・電子,化学の比率が高く,主な投資先はアメリカとアジアである。

一方,中国向けの直接投資は近年,大型投資に慎重になる動きがあるものの持続的に伸びている。ちなみに,93 年と 97 年の対中投資金額および件数が急増しているのは,過去に認可を受けず中国進出した企業の追加認可申請のためである。これは台湾企業の中国への投資意欲が非常に強いことの表れである。こうした状

況に対して，政府は97年6月に「戒急用忍（急がず，忍耐強く）」政策を実施し，対中国投資において資本額や投資累計額を制限した。台湾企業にとって，中国は北京語が通用することや労賃が安いことが大きな魅力である。台湾からの直接投資は他国からと比べて認可されやすく，また申請から認可までの審査期間はより短く，中国は台湾を優遇しているのではないかとの声さえ聞かれる[14]。

　中国と台湾は政治的には対立しているが，今日経済においては非常に緊密な関係を構築している。業種別にみると，91年から99年の累計で，①電機・電子33億3,157万ドル，②基本金属および金属製品12億3,905万ドル，③食品・飲料12億3,664万ドル，④プラスチック・ゴム11億5,542万ドル，⑤化学10億0,572万ドルであった。地区別にみると，広東省（深圳・東莞・広州）と江蘇省に集中している。91年から98年の累計で，広東省は45億1,498万ドル（34％，カッコ内は対中国直接投資に占める比率，以下同じ），7,700件（36％）。江蘇省は41億6,272万ドル（32％），4,758件（22％）にのぼった。中国向けの直接投資の特徴としては，製造業中心であり，業種的には広範囲にわたっていること，また小規模の投資が多いことを指摘できる。近年，電機・電子に集中する傾向があるものの，これまでの投資業種は比較的分散しているといえる。

　（中国を除く）と比較すると，件数では中国向けが圧倒的に多く，金額では世界各国向けに迫ろうとしている。いかに台湾にとって中国が重要な投資先であるかがわかる。

　台湾による対外直接投資に関する政策として南進政策がある。これは中国への投資の集中を避けるために実施されたものであり，進出国，現地企業への協力体制をさらに強化する程度のもので政府からの補助金や奨励金はない。政府は特定の国に対して工業団地を造成するために資金を貸し付け，台湾企業はその工業団地に進出している。しかしながら，実際のところは中国への投資の集中は回避できておらず，南進政策による効果が上がっているとは言いがたい。

2　台湾企業の海外進出と資金調達

　台湾の主な直接投資先は，中国，アメリカ，東南アジアである。そこで，その

海外投資資金の源泉はどうなっているのかを，中華経済研究院の調査結果報告書(表2-5, 表2-6)をもとに見ていく。ただ，この調査は東南アジア向けと中国向けの直接投資を対象としており，アメリカ向けは入っていない。また，調査対象は製造業が多く含まれているが，業種についてははっきりしていない。1994年に公表されているため，当時の状況から東南アジア向けについては電機・電子が多く，中国向けについては数多くの業種が含まれていると考えられる。なお，このデータは東南アジア向けと中国向けともに調査時における全進出企業の約10％をカバーしている。

まず，全般的な特徴として，資本金・運転資金ともに親企業の自己資金の比率が高いことがあげられる。韓国企業と比較すると，台湾企業の海外投資資金は自国資金の比率が高いのに対し，韓国企業は大部分を外国資金に依存しており（韓国の海外投資資金源泉を参照），両者は大きく異なっている。ただ，この親企業の自己資金については注意を要する。在台の台湾系銀行が親会社に貸し付けた資金を海外に投資する場合には，在台の台湾系銀行からの貸付が親会社の自己資金に含まれることになるからである。こうした事例がどの程度あるかは不明であるが，**表2-5, 表2-6**にある台湾地区銀行貸付の数値より実際は高くなるであろう。いずれにしても，台湾企業の海外投資資金は自国資本の比率が高いことについては変わりない。

東南アジア進出企業の資金調達は，親会社の自己資金，台湾地区銀行貸付，所在地現地銀行貸付，所在国外国銀行貸付と多岐にわたっている。運転資金の調達においては，東南アジアに進出している50％の企業が所在国の外国銀行からの融資を受けていることから，大型投資が多いことがうかがえる（この点については後述する）。中国進出の企業よりも積極的に資金調達しており，事業規模は大きいのであろう。一方，中国進出企業の資金調達は，親会社の自己資金，台湾地区銀行貸付が中心である。資本導入では機器あるいは技術投資，運転資金では所在地現地銀行貸付の比率も高い。運転資金を所在地現地銀行からも調達しているものの，東南アジア進出企業に比べて融資を受けている企業の比率は低い。小型投資が多く，小規模に事業展開している企業が多いのであろう。

調査報告書の別表では，進出企業の資本金と所在国の現地銀行・外国銀行貸付

表 2-5　台湾企業の海外子会社の設立時における資本導入形態

(単位：%，有効回答企業数は実数)

	東南アジア4国		中　国		合　計	
	企業数比率	平均資本供給比率	企業数比率	平均資本供給比率	企業数比率	平均資本供給比率
1. 親会社自己資金	92	46.7	67	44.4	70	44.7
2. 台湾地区銀行貸付	25	10.7	23	9.2	24	9.4
3. 本国銀行の海外支店	0	0.0	2	0.7	2	0.6
4. 機器あるいは技術投資	17	6.5	43	18.7	39	16.9
5. 所在地現地銀行貸付	29	9.4	9	2.3	11	3.3
6. 所在国外国銀行貸付	21	7.5	2	0.3	5	1.4
7. 第三国銀行貸付	0	0.0	4	0.8	3	0.7
8. 現地個人あるいは企業出資	29	9.5	30	13.1	30	12.6
9. その他	13	3.6	15	7.7	14	7.1
有効企業数（社）	24	22	150	133	174	156

表 2-6　台湾企業の海外子会社の運転資金源

	東南アジア4国		中　国		合　計	
	企業数比率	平均資本供給比率	企業数比率	平均資本供給比率	企業数比率	平均資本供給比率
1. 親会社自己資金	58	37.6	62	49.5	61	47.7
2. 台湾地区銀行貸付	13	2.7	14	4.6	13	4.3
3. 本国銀行の海外支店	8	2.3	3	0.2	4	0.5
4. 所在地現地銀行貸付	71	35.7	35	20.1	40	22.4
5. 所在国外国銀行貸付	50	14.6	5	2.0	12	3.8
6. 第三国銀行貸付	0	0.0	5	1.7	5	1.4
7. その他	13	6.8	31	16.0	28	14.6
有効企業数（社）	24	22	147	127	171	149

出所：表 2-5, 表 2-6 とも楊雅恵他『産業部門資金問題之探討』台湾，1994年, 209, 212ページ．
注：1）東南アジア4国とは，タイ・マレーシア・インドネシア・フィリピンを指す．2）調達先は複数回答．3）この表の見方について，「(1) 資本導入先の比率」の「東南アジア4国」を例にあげると，「1. 親会社自己資金」の「企業数比率」92 というのは「有効回答企業数（社）」24 社のうち 22 社，つまり 92％の企業が親会社自己資金を資本導入に当てているということである．「平均資本供給比率」46.7％というのは，親会社自己資金を資本導入に当てていると答えた22社を平均すると，親会社自己資金は資本導入総額の46.7％だということである．企業数比率と平均資本供給比率の有効回答企業数が異なるのは，調達先は回答したが，その資本供給額は回答していない企業があるためである．

との関係についてふれている．運転資金の調達において，所在国の現地銀行から貸付を受けている企業の比率は，資本金500万ドル以下で33％，500万ドル超は67％である．所在国の外国銀行からの貸付を受けている企業の比率は，資本金500万ドル以下は6％であるのに対し，500万ドル超は67％に跳ね上がる（第3章の表3-14に示されているこのデータは東南アジア向け，中国向けとも合算している）．資本金額の大きい企業ほど貸付を受ける企業のパーセンテージが上がっており，特に所在国の外国銀行からにおいてその傾向が強い．つまり，資本金の大きい知名度のある企業ほど，所在地での資金調達が容易であるということである．知名度のないメーカーの借り入れは，知名度のあるメーカーや親企業が信用保証をするケースがあるという．進出時に信用保証がない場合は，現地での資金調達は難しく現地で業績を上げることが重要となる．

3 情報機器生産の海外移転

台湾の対外直接投資は業種別には電機・電子が大きな割合を占めており，その主な投資先はアジア地域，アメリカ，中国となっている．表2-7はアジア地域，アメリカ，中国向けの電機・電子の直接投資額と全業種に占める比率の推移であ

表2-7 台湾の電機・電子関連直接投資動向

(単位：1,000米ドル)

	アジア地域			アメリカ (USA)			中　国		
	件数	金額	％	件数	金額	％	件数	金額	％
1994	21	120,033	21.5	29	56,119	39.0	148	157,011	16.3
95	30	97,857	20.9	36	58,883	23.7	84	214,796	19.7
96	46	166,832	25.2	77	81,706	30.1	69	276,862	22.5
97	43	179,904	22.0	20	258,315	47.2	1,214	875,044	20.2
98	56	164,175	28.3	1	229,128	38.3	300	758,975	37.3
99	42	477,611	57.1	21	172,022	38.6	190	537,751	42.9

出所：表2-4に同じ．
注：件数は新規投資のみで，金額は増資も含んでいる．パーセンテージは全業種の投資総額に占める電機・電子関連投資額の比率である．

る。1999年には，アジア向けが4億7,761万ドルで全業種の57.1％，アメリカ向けが1億7,202万ドルで同38.6％，中国向けが5億3,775万ドルで同42.9％にのぼっている。こうした台湾からの電機・電子関連の直接投資は，情報機器関連が大きなウェイトを占めていると考えられる。

図2-1は台湾情報機器産業における国内・海外生産額の推移である。90年代初頭から海外生産が増加しはじめ，今日まで持続的に増加している。この図には入っていないが，2000年にはついに海外生産額が50％を超えた[15]。表2-8は台湾企業における情報機器生産額の国別比率である。99年には，中国が33.2％と他を大きく引き離しており，またその比率は95年の14.0％から大きく伸びている。続いてタイが5.3％，マレーシアが4.0％となっているが，近年その比率は横ばいとなっている。表2-9は主な情報機器製品の海外生産比率の変化（数量ベース）である。95年と99年を比較すると，ノート型パソコン，マザーボードを除き，ほとんどの品目において軒並み大きく上昇している。これらの統計から，

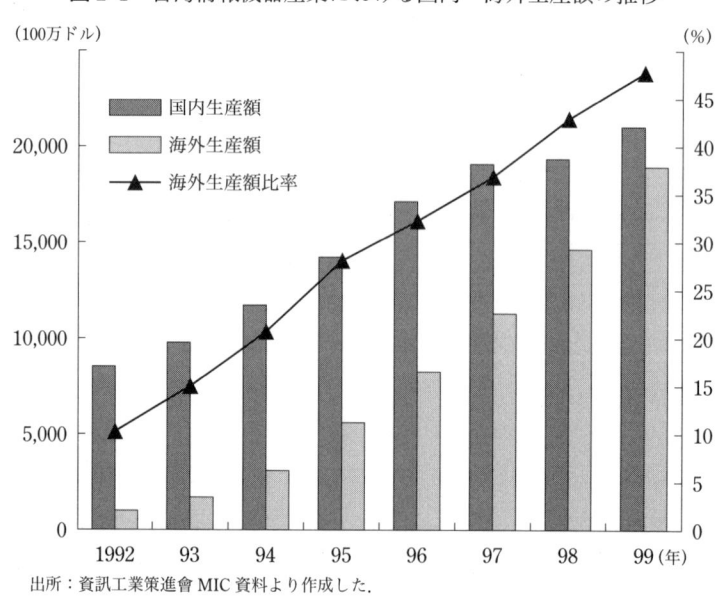

図2-1　台湾情報機器産業における国内・海外生産額の推移

出所：資訊工業策進會MIC資料より作成した．

台湾企業による情報機器生産の海外移転が，近年急速に進んでいることがわかる。その移転先は主に中国であり，中国は台湾企業にとって海外生産の重要な拠点となっている。

台湾企業による海外生産額急増の背景には，特に情報機器生産額で大きな割合を占めるデスクトップ型パソコンとディスプレイ生産の海外移転が進んだことがあげられる。品目別の海外生産量では，デスクトップパソコンは95年の40万2,000台（9％，カッコ内は数量ベースの海外生産比率，以下同じ）から99年には

表2-8 台湾企業における情報機器生産額の国別比率

	1995	96	97	98	99
台湾国内	72.0	67.9	62.6	57.0	52.7
中　国	14.0	16.8	22.8	29.0	33.2
タ　イ	5.2	5.5	5.9	5.4	5.3
マレーシア	7.2	7.4	5.6	4.5	4.0
その他	1.8	2.4	3.1	4.1	4.8

出所：図2-1に同じ．
注：1999年は推定．

表2-9 主な情報機器製品の海外生産比率の変化（数量ベース）

（単位：％）

	1995年	1999年
ノート型パソコン	0	3
ディスプレイ	49	73
デスクトップ型パソコン	8	86
マザーボード	37	41
パワーサプライ	77	94
CD-ROM装置	25	81
スキャナー	0	58
グラフィックスカード	47	63
キーボード	86	92
マウス	24	95

出所：図2-1に同じ．

1,673万3,000台（86%）に，ディスプレイは95年の1,522万6,000台（49%）から1999年には4,304万8,000台（73%）へとそれぞれ大きな伸びをみせている。デスクトップ型パソコンの生産は主に中国で行われている。海外生産量が本格的に増加してくるのは95年頃であり，近年急速に移転が進んだということになる。ディスプレイの生産は主にタイ，マレーシア，中国で行われている。海外生産が開始されるのは90年頃であり，当初，タイ，マレーシアで生産されていたが，その後中国でも生産されるようになった。全般的な特徴として，早い時期に海外生産を開始した品目についてはタイ，マレーシアなどASEANで，近年の品目については中国で生産されている。ただ，以前ASEANで生産されていた品目でも中国で生産するケースは増加している。ASEANから中国へ，生産拠点のシフトは着実に進んでいるようである。

　なお，ノート型パソコンについては，台湾政府は中国への技術の漏洩を懸念していたことから，2001年まで基本的に海外生産を禁止していた。解禁とともにノート型，パソコンの生産も中国への移転が急速に進むであろう。また，1999年におけるマザーボードの海外生産比率は41%と以前からほぼこの水準にとどまっている。つまり，台湾は設計したマザーボードの互換性を検査し，迅速に開発するための体制が整っていることとノート型パソコンのほとんどを国内生産していたためである。パソコンは時間が経過するにつれて，即価格低下が起きるため，より多くの利益を得るためには開発スピードが要求される。世代遅れのマザーボードについては海外移転できるが，最先端のものについては台湾で生産する必要がある。NSTL（NSTLについては，「台湾パソコン産業の発展における台湾工業技術研究院・台湾NSTLの役割」を参照）はその互換性を検査する企業の一例である。デスクトップ型パソコン生産において，台湾と中国の役割分担は，台湾が設計・開発・マザーボード（最先端）生産を行い，中国が組み立てを行う分業体制を構築している。今後，ノート型パソコンの海外生産比率も高まっていけば，デスクトップ型と同様の分業体制が進み，マザーボードの比率も徐々に上昇していくであろう。

　アメリカへの直接投資は，主に先端技術の情報収集・研究開発拠点，販売拠点，OEMバイヤーのサービス拠点の設置を目的としている。日本・韓国の直接投資

は現地生産を目的としたものが多く見受けられるが，台湾は日本・韓国と比べて少ない。基本的に台湾企業の生産は台湾国内，中国，ASEAN で行われている。台湾企業とアメリカ企業とは，OEM・生産委託の提携関係を結んでいるケースが多い。そのため，近年半導体の反ダンピング関税が課せられたこともあったが，全般的には対米輸出において日本・韓国ほど貿易障壁は高くない。日本・韓国企業のように貿易摩擦を回避するための現地生産をする必要がないのである。特に注目すべき点は，95 年頃からグローバル・ロジスティクスの一翼を担う台湾メーカー（パソコン・ディスプレイを中心に）によるアメリカ企業への OEM サービス拡大の動きがあることである。OEM 供給しているアメリカ企業の近くにサービス拠点（倉庫）を設立し，在庫管理をしながらオーダーから納品までの期間短縮を図っている。アメリカ企業との OEM・生産提携において台湾企業は，以前生産のみを担っていたが，近年では生産から需要地域での在庫管理，最終組立まで一貫して請け負っている。こうした事例は，コストがかかるため主に大手企業に限られる。ほとんどの生産工程はアジアで終え，アジアで生産されたものを需要地域に送り，需要地域では CPU (Central Processing Unit：中央演算処理装置)，DRAM，ハードディスクの取り付け等の簡単な最終組立を行っている。

【注】
1) 第一勧銀総合研究所「アジアにおける日系企業の資金調達・運用の実態」「各国・地域ごとの日系企業の資金調達の実態　6 マレーシア」『アジア金融市場』東洋経済新報社，1997 年，第 3 章，第 4 章，を参照。
2) 韓国全国銀行連合会『海外直接投資統計年報　1999』1999 年，ソウル。1998 年以降，海外直接投資の統計は，全国銀行連合会から『海外直接投資統計年報』として発行されるようになり，2000 年以降は韓国輸出入銀行から発行されている（1997 年までは中央銀行である韓国銀行から発行されていた）。

なお，本節で利用する数字は韓国銀行発行の 1997 年版を利用している。97 年版とそれ以降の版では，統計の数字に，件数，金額ともに端数で若干相違が存在するが，本稿では韓国銀行発行の『海外投資統計年報　1997』に依拠する。
3) この韓国電子産業振興会の報告書は，電子産業という業種別の海外直接投資現況を知る唯一の公表資料であった。

4) 韓国銀行国際部外換室『海外投資統計年報 1997』1997年, ソウル.
5) 韓国電子産業振興会『韓国電子産業海外投資現況調査』(韓国語) 1997年7月, ソウル.
6) 甲南大学の高龍秀氏が, 韓国でも産業資源部 (高論文では,「通商資源部」と表記されているが, 今日では産業資源部と名称が変更された) が日本の通産省と同様な『海外投資企業実態調査結果分析』を公表している, と指摘されている (第Ⅱ章「韓国多国籍企業とイントラ・アジア貿易」[大阪市立大学経済研究所・中川信義編『イントラ・アジア貿易と新工業化』東京大学出版会, 1997年] 46ページ). ただし, 筆者は, 資金調達に関する調査は充分ではない, と産業資源部の担当者から伺っていたので, 韓国銀行のデータを利用した. したがって, 産業資源部の『調査結果分析』は未見である.
7) この点は, 大手財閥グループ企業の海外事業担当者も, 一般的な韓国企業では自己資金の投資は少ない, と述べておられる.
8) 韓国銀行国際部外換室, 前掲書.
9) 大蔵省国際金融局総務課長編『図説 国際金融 1996年版』財経詳報社, 1996年, 22ページ.
10) 関口末夫・田中宏/日本輸出入銀行海外投資研究所編著『海外直接投資と日本経済』東洋経済新報社, 1996年, 194ページ.
11) 大阪市立大学経済研究所・中川信義編, 前掲書, 15〜16ページ.
12) この点についての詳細の分析は, 高龍秀「韓国の金融・通貨危機 (上)」(『甲南経済学論集』第39巻第1号, 1998年6月) を参照されたい.
13) 交流協会『台湾の経済事情』1999年10月.
14) インタビュー調査による.
15) 資訊工業策進会 MIC の資料.

第3章　日韓台の対ASEAN進出企業の資金調達

第1節　ASEANにおける日系企業の資金調達

1　在外日系企業の資金調達の概観

（1）　日系企業の海外事業活動の概況

　海外に進出した日系企業の資金調達を考察する前に，我が国企業の海外事業活動の概況を簡単に触れておく。通商産業省が編集した『我が国企業の海外事業活動（第26回）』に掲載されている「平成8年海外事業活動基本調査（第6回）」を統計的に分析してみよう。このアンケート調査資料は1996（平成8）年3月末現在で，海外に現地法人を有する我が国企業を対象としたものである。同調査において，海外子会社とは，日本側出資比率が10％以上の外国法人をさし，海外孫会社とは，日本側出資比率が50％超の海外子会社が50％超の出資を行っている外国法人をさしている。海外子会社と海外孫会社を総称して「現地法人」と呼ぶ。同調査においてASEAN4とはマレーシア，タイ，インドネシア，フィリピンの4ヵ国で構成される地域をさす。

　はじめに本社企業を考察すると，企業数において全体では51.4％，電機機械では57.6％を大企業が占めていた。1社当たり平均資本金は全体で115.9億円，電気機械では159.4億円となる。電気機械における海外直接投資許可・届け出累計額は1社平均59.4億円である。電気機械における現地法人への出資額総計は1社平均122億円であった[1]。

　次に日系現地企業を考察しよう。1995年度末における現地法人の分布状況を概観すると次のようにいえる。95年度末の全1万416社中，ASEAN4のシェア

は，製造業で 21.2 %，非製造業で 9.6 %，全産業で 15.4 %であり，ASEAN は製造業の 1/5 を占めていた。同年度末の全地域製造業のなかで電気機械が 24.4 %と，その 1/4 を占めていた。同年度末の全地域の海外生産比率（現地法人売上高 / 国内法人売上高）は全体で 9.0 %，電機機械で 16.8 %であった。この比率はアメリカやドイツと比較すると低かった。電機機械産業が現地企業を設立・資本参加して ASEAN4 へ進出したのは主として 87 年度以降のことである[2]。96 年 3 月末における日本側出資比率は 100 %出資が全地域全産業では 56.3 %，ASEAN4 では 23.4 %であった。ASEAN4 の電気機械では 100 %出資が 51.5 %と企業の半数以上となっていた[3]。ASEAN における現地企業の資本金規模は，全体では 1 億円超 10 億円以下が 48.4 %と最も多かったが，電気機械でも，1 億円超 10 億円以下の現地法人が 48.3 %と最も多く，資本金 10 億円超 100 億円超の現地法人が 34.2 %とこれに次いでいた。

（2）国内の企業金融・産業金融と海外投資本社の資金調達

企業金融（corporate finance）とは，企業が経済活動を遂行するうえで必要な資金を調達すること，調達した資金を運用すること，および調達と運用について量的・時間的均衡を維持すること，をいう[4]。産業に対する金融が産業金融である。

日本の企業金融・産業金融の特徴，その変化を概観すると，高度成長期には日本企業の資金調達は銀行借入に依存していた[5]。安定成長期には資金調達における内部資金のウエイトが上昇する一方，外部資金に占める銀行借入のウエイトが低下した。資本市場からの資金調達が進展し，資金調達手段が多様化した[6]。80 年代には直接金融が増大した。また，海外における資金調達が積極化した。借入金の圧縮もみられた。企業の資金調達・資金運用の多様化，企業の資金運用の活発化が進展したのであった[7]。80 年代後半にエクイティ・ファイナンス（新株発行を伴う資金調達）が増大したが，これは 90 年代に低調となる[8] 90 年代には企業の資金調達の減少がみられ，民間金融機関借入金のウエイトが低下した。大企業を中心に公開市場からの資金調達が選好された。90 年代後半に市場かってない低金利を背景に，大企業を中心に，社債やコマーシャル・ペーパーによる資金調達のウエイトが高まった[9]。全体としてみると，資産・負債両面を圧縮す

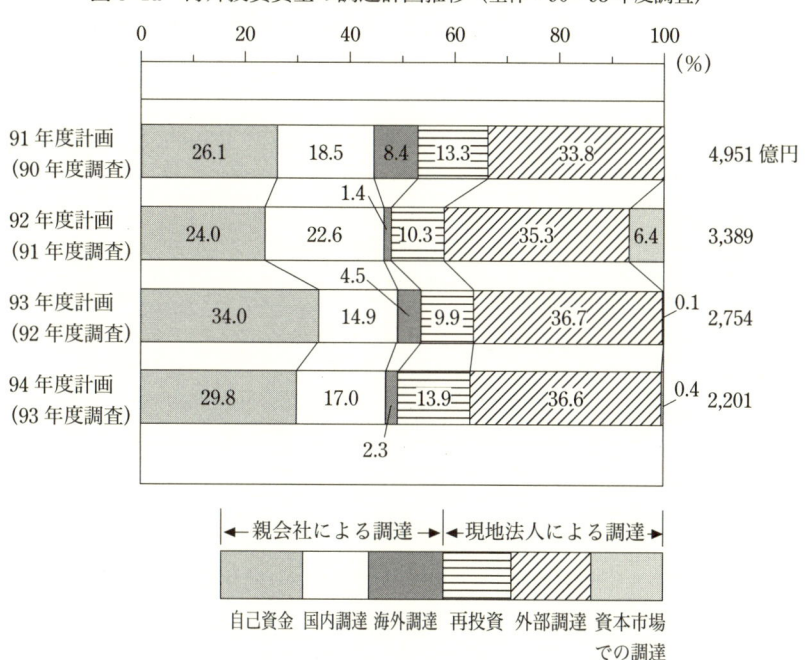

第3章 日韓台の対ASEAN進出企業の資金調達

図3-1a 海外投資資金の調達計画推移（全体：90～93年度調査）

年度計画	自己資金	国内調達	海外調達	再投資	外部調達	資本市場での調達	合計
91年度計画（90年度調査）	26.1	18.5	8.4	13.3	33.8	—	4,951億円
92年度計画（91年度調査）	24.0	22.6	1.4	10.3	35.3	6.4	3,389
93年度計画（92年度調査）	34.0	14.9	4.5	9.9	36.7	0.1	2,754
94年度計画（93年度調査）	29.8	17.0	2.3	13.9	36.6	0.4	2,201

←親会社による調達→ ←現地法人による調達→

出所：日本輸出入銀行『海外投資研究所報』第20巻第1号，1994年1月，29ページ．

るスリム化が進行した[10]。銀行離れが進行したのは大企業であって，中小企業にとっては証券発行による資金調達は困難であり，中小企業は依然として銀行に依存していた。こうした変化は大づかみにいえば大企業の銀行離れの進行，証券発行による資金調達の増大ととらえることができる。

日本国内における企業金融・産業金融についてはこのようなことがいえる。

次に海外進出に関わる本社企業の資金調達についてみると，1987年3月末現在で，自己資金43.2％，民間金融機関からの借入金が28.2％，政府系金融機関からの借入金4.5％，その他24.1％となっていた[11]。これは国内における一般的な企業の資金調達の特徴と変化を反映しているとみてよいのではないか。

日本輸出入銀行のアンケート調査結果により海外現地法人の1991～94年度

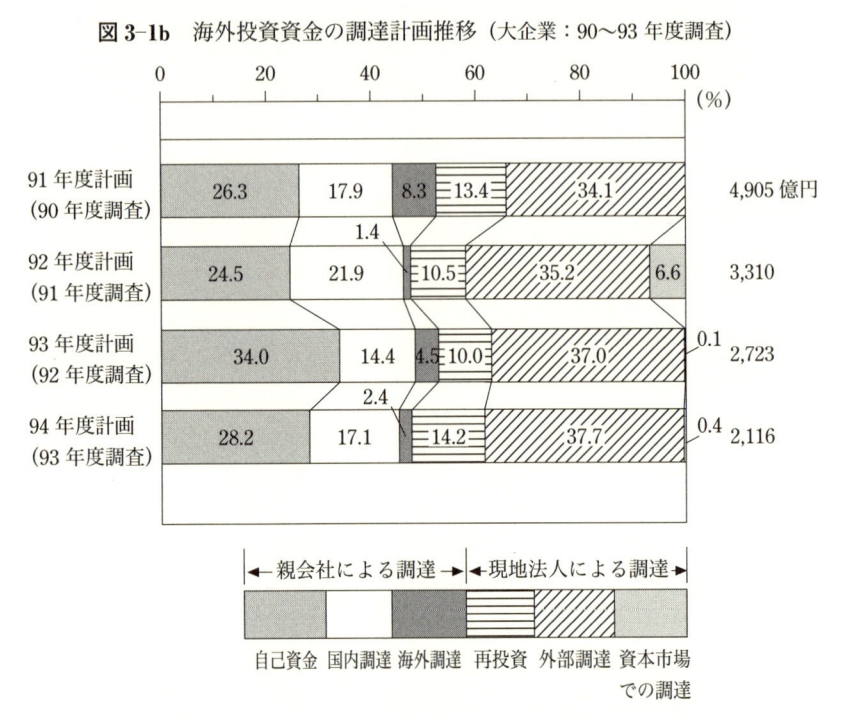

図 3-1b　海外投資資金の調達計画推移（大企業：90～93 年度調査）

計画年度（調査年度）	自己資金	国内調達	海外調達	再投資	外部調達	資本市場での調達	金額
91 年度計画（90 年度調査）	26.3	17.9	8.3	13.4	34.1		4,905 億円
92 年度計画（91 年度調査）	24.5	21.9	1.4	10.5	35.2	6.6	3,310
93 年度計画（92 年度調査）	34.0	14.4	4.5	10.0	37.0	0.1	2,723
94 年度計画（93 年度調査）	28.2	17.1	2.4	14.2	37.7	0.4	2,116

←親会社による調達→　←現地法人による調達→

出所：図3-1a と同じ．
注：大企業は資本金 10 億円以上の会社．

の資金調達計画内訳をみると **図 3-1a** のようになる。93 年度計画においては親会社の自己資金が 34.0 %，親会社が国内で調達した分が 14.9 %，親会社が海外で調達したものが 4.5 %で，親会社からの送金合計が 53.4 %となっていた。94 年度計画においては親会社の自己資金が 29.8 %，親会社が国内で調達した分が 17.0 %，親会社が海外で調達したものが 2.3 %で，親会社が調達した資金の合計が 47.7 %となっていた[12]。**図 3-1b** によれば，規模別にみても大企業はほぼこれと同じ傾向を示していた。このように，親会社が調達した資金はほとんどが自己資金か国内で調達した資金であって，海外で調達したものは少ししかなかったのである。したがって，日本の海外直接投資については，韓国のように海外から調達した資金を海外投資に振り向けたのではなく，国内資金を海外投資に振り向け

たと言えるのである。なお93年度計画と比較して94年度計画においては親会社の自己資本による投資の割合の減少が見込まれているが，これは親会社本体での業績回復の遅れによる手元資金の縮小が影響しているのであろう[13]。

（3）日系現地法人の資金調達方法

直接投資にかかわる現地子会社の設備・運転資金の調達方法には以下のようなものがあった[14]。
① 本国送金：親会社からの出資・融資（短期融資・企業間信用を含む）
② 現地調達分： a 子会社の再投資（内部留保・原価償却積立金）
　　　　　　　　 b 子会社の株式・債券発行
　　　　　　　　 c 現地金融機関（邦銀を含む）借入（親会社保証借入を含む）
　　　　　　　　 d 輸出金融
　　　　　　　　 e リース，企業間信用等
③ 国際金融・資本市場：ADR発行，起債，借入等

海外投資にかかる所要資金については一般的には次のようなことがいえる。設立時には自己資本を主体とする。現地会社が資金面で自立できるようになるまで，親会社は増資，資金の貸し付け，信用保証によって現地会社を資金的に支援する。現地会社の経営が安定してくると現地での資金調達が課題となる[15]。本社が原則として現地法人に調達させたいと考えても，本社と現地法人のいずれが調達を行うかについての基本的な判断は，調達コストがどちらが低いかにかかっていた[16]。

海外投資の資金調達の動向を1989年から日本輸出入銀行が実施していた調査をもとに考察してみよう。**図3-2**によれば，1993〜97年度における日系現地法人の資金調達実績において，もっとも大きなウエイトを占めたのは本社からの送金であって，調達資金の半ば近くを占めていた。ついで，現地再投資分であってこれは1/4以上を占めていた。現地調達分が1/4内外を占めていた。97年度において，現地再投資は26.0％，現地調達分は97年度に26.8％となっている。

図3-2にみられるように1993年度から97年度にかけて，95年度を除いて全体としては本社送金分の減少，現地調達分のウエイトの増大傾向がみられる。なお95年度に親会社送金の割合が上昇したのは，① 現地での資金調達が必ずし

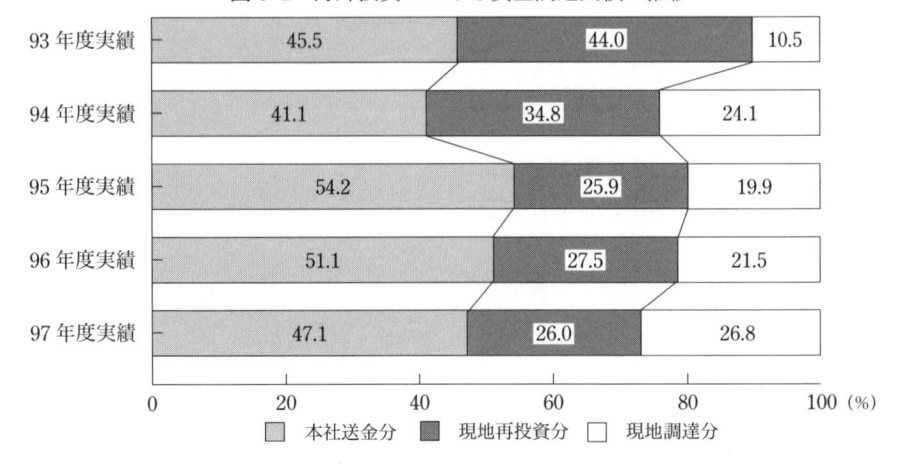

図 3-2　海外投資における資金調達実績の推移

年度	本社送金分	現地再投資分	現地調達分
93年度実績	45.5	44.0	10.5
94年度実績	41.1	34.8	24.1
95年度実績	54.2	25.9	19.9
96年度実績	51.1	27.5	21.5
97年度実績	47.1	26.0	26.8

出所:『海外投資研究所報』第25巻第1号，1999年1月，16ページ．

も容易でない中国，インドネシア向け投資が比較的多かったこと，しかもこれらのうち，出資を伴なう新投資が多かったこと，② 日系金融機関に対するいわゆるジャパンプレミアム（日本の借入金利が割高）問題等の影響から現地での借入コストが上昇したこと，などを反映した結果であると考えられる[17]。

　資金調達見込みにつき企業規模ごとの傾向をみると，投資見込額の9割以上が大企業でしめられているため，大企業の資金調達内訳は前企業ベースとほとんど変わらなかった。中堅・中小企業に限った場合，1997年度投資見込みでは，本社送金分が62.2％と高くなっている。この要因として，第1に，投資規模が小さい案件が小さい案件が多い中堅・中小企業では，減価償却費見合い分等からの手元余裕金が大企業に比べて少ないこと，第2に，現地での資金調達手段をもたないケースが多く，またもち得た場合でも信用力の問題から現地での資金調達が大企業に比べて割高になること，などが挙げられる[18]。

　中堅・中小企業についての資金調達内訳をみると，全企業ベースよりも本社送金分の割合が大きいということとともに，現地再投資分の割合が小さいことがその特徴として挙げられる。すなわち，97年度海外投資資金調達見込みにおいて，

現地再投資分は全企業では 28.2 %,大企業では 28.6 %を占めていたが,中堅・中小企業では 11.7 %にすぎなかった[19]。このようなことは 97 年度海外投資資金の調達実績を見てもいえるのであり,本社送金分が資金調達総額に占める割合は,全企業については 47.1 %であったのに対して,中堅・中小企業では 60.3 %にも達していたのである。一方,現地再投資分は全企業では 26.0 %となっていたが,中堅・中小企業では 17.9 %にすぎなかった[20]。

現地再投資分とは,現地法人の自己資金からの再投資であり,利益金のほか,減価償却見合い分が主な資金源となっている。たとえば,初期投資が大きく毎年の償却負担が大きい場合等は,利益を生じていなくても減価見合い分の余裕金で投資が可能となる。現地法人調達分とは,現地での借入や社債発行による調達を指す[21]。**表3-1a**によれば計画においては海外資金に占める投資現地法人による外部調達のウエイトが現地法人による再投資よりもはるかに高くなっているが,**表3-2**によれば実績においては現地調達分は現地再投資分を下回っていた。

現地調達のなかでは後述のように邦銀からの借入が大きなウエイトを占めていた。

(4) 日系現地法人の設備投資資金の調達状況

次に日系現地法人の設備投資資金の調達状況を前述の『我が国企業の海外事業活動(第 26 回)』を用いて統計的に考察してみよう。

世界全地域の日系現地法人の設備投資資金を,その資金源泉が判明しているものに限って考察すれば,自己資金が資金調達額の半分近くを占めていた。次いで現地金融機関からの借入に依存していた。これらに比べて額は多くはなかったが,出資者からの借入にも依存していた。この傾向は電気機械産業についても同様である。電気機械産業の場合は出資者からの借入に依存する度合が産業平均よりも少なかった。1 社平均の設備投資資金調達額は電気産業については産業平均額より多かった。

自己資金をはるかに上回る内部留保残高を日系現地法人が有していた。出資比率 50 %超の日系現地法人の日本側出資者引受額が自己資金の 20 %前後である。これから判断すると,自己資金には払込資本金だけでなく,内部留保の一部が設備投資に振り向けられたと考えられる。

全地域の日系海外孫会社の設備投資資金の大部分は自己資金によって調達されており，借入金への依存度は海外子会社に比べてはるかに少なかった。

全地域における出資比率50％超の日系現地法人の設備投資資金調達額は，日系現地法人全体の設備投資資金調達額の半額をはるかに上回っている。これにより，日系企業の設備投資資金の大部分は出資比率50％超の日系現地法人が調達したものであることが明らかとなるのである。

（5）日系現地法人の社債および長期借入金への依存状況

次に全地域の日系現地法人の社債および長期借入金への依存状況を前述に資料を用いて統計的に考察してみよう。日系現地法人が調達した長期の債務性資金の大部分は長期借入金によるものである。すなわち，全地域の日系現地法人の資金調達合計額に占める社債のウエイトは，全産業で30％，電気機械ではわずか1.8％にすぎない。

上記のことは日系孫会社においてもっと顕著である。すなわち，全地域の資金調達合計額に占める社債のウエイトは全産業で28％，電気機械では0％となっている。全地域における出資比率50％超の資金調達合計額に占める社債のウエイトは全産業で34.6％，電気機械では1.7％となっている。

以上のことから明らかなように電気機械はほとんど社債に依存していなかったのである。

長期借入金は出資者からの借入，現地金融機関からの借入，債務保証による借入からなる。全地域の日系現地法人の全産業，電気機械とも，現地金融機関からの借入が長期借入金の約半分を占めていた。ただし，電気機械においてはこの傾向と違いがあり，出資比率50％超の現地法人では現地金融機関からの借入が長期借入金の大部分を占めるのに対して，日系孫会社では出資者からの借入が長期借入金とほぼ同額であった。

全地域の日系現地法人においては，日本側出資者からの借入が出資者からの借入の多く（1996年3月末に全産業で出資者からの借入の70.2％）を占めていた。ただし孫会社ではそうとはいえず，ことに電気機械では日本側出資者の出資は出資者からの借入の半額以下にとどまった。現地金融機関からの借入の中では現地邦

銀からの借入が多かった（同月末に 61.5 ％）。ただし孫会社では現地邦銀からの借入は現地金融機関からの借入の半額程度にとどまった。

（6） 邦銀からの借入依存，邦銀の国際業務

在外日系企業は銀行からの借入に依存していた。ことに邦銀からの借入に依存していた。前述の通産省のアンケート調査によれば，1996 年 3 月末の世界全地域の日系現地法人の全産業の資金調達源をみると，社債が 2 兆 7,429 億円，長期借入金が 6 兆 4,691 億円となっており，長期借入金の内訳をみると，出資者からの借入金が 1 兆 4,694 億円（内日本側出資者が 1 兆 322 億円），現地金融機関借入が 3 兆 1,804 億円（内現地邦銀が 1 兆 9,560 億円），債務保証による借入が 1 兆 4,847 億円となっており，現地邦銀からの借入金は現地金融機関からの借入の 61.5 ％，内訳記入のあった社債，長期借入金合計額の 21.2 ％を占めていた。銀行の側からみれば，日系企業の海外進出とともに本邦の銀行はそれに金融サービスを提供するものとして海外に進出していったこととなる。

戦後日本の銀行の海外進出は，西川永幹氏も指摘されたように，次のような過程をたどって展開された。第 1 段階は 1949 年から 70 年までである。第 2 次大戦により海外拠点をすべて失った邦銀は 49（昭和 24）年に外国為替業務を基本的に再開し，52 年に海外支店を再開する。国際業務は貿易取引関係の外国為替業務が中心で海外支店はこれを支援するものであった。第 2 段階は 70 年代で，邦銀の拠点網が拡大し，貿易金融から中長期現地貸・地場企業取引，証券業務への事業拡大が図られた時期である。邦銀のシンジケート・ローンへの参加は，73 年頃より始まった。日本と関係のない地場優良企業へも貸出すようになった。邦銀は証券業務を行う子会社を設立し，その業務を拡大した。邦銀の第 3 段階は 80 年代で国際業務を国際的トップレベルの水準にもっていこうとした時期である。邦銀の海外拠点新設は急増した。邦銀は欧米金融市場で海外で資金を取り入れ，これを海外に貸すという又貸しを行った。邦銀の国際資産は大幅に拡大した。デリバティブ市場にも参加した。邦銀は対外証券投資を行っただけでなく，海外における証券発行に関与した。欧米への進出の継続と拡大，対アジア取引の拡大，対中南米取引の停滞などの変化がみられた。第 4 段階は 90 年代で，邦銀の国際

業務の後退がみられた時期である。邦銀は利益量の増大から質的向上への転換を図ろうとした。海外営業拠点の縮小が生じ，資産は縮小した。内外の不良債権問題の発生により，邦銀の国際的信用度は低下した。邦銀はアジアでの業務を拡張しようとした。

1990年代に邦銀がアジア重視の姿勢を強めた背景には，さくら総合研究所の秋元英一氏が1994年12月に千葉商科大学経済研究所で報告されたように，次のような事情があった。第1に，アジアの金融ニーズの高まりである。これは，①アジア諸国の資金需要増大（資金の調達ニーズ），②アジア諸国の金融資産蓄積（資金の運用ニーズ），③有力地場企業の台頭，資金調達活動の活発化，④日本の対アジア直接投資増加によるものである。第2に，邦銀を取り巻く環境の変化である。これは，①国内の資金需要低迷，②BISの自己資本比率達成に伴う貸出余力の向上によるものである。第3に，アジアの環境の変化である。このような対アジア業務の一環として邦銀は日系企業と取引を行ったのであり，しかもそれを重視していたのである[22]。

このような過程をたどりながら本邦の銀行は国際業務を展開したのであり，日本の在外企業は海外で邦銀から資金調達を行っていたのである。

2 アジアにおける資金調達

(1) 日系企業のアジアにおける資金調達

次に，アジアに進出した日系企業の資金調達方式について考察してみよう。この分野でのきわめてすぐれた調査研究書であるなどに基づいて述べることとする。以下のことがらはASEANにおける日系企業の資金調達にもあてはまると考えられる。

企業は，必要な資金の量，資金使途（設備資金，運転資金など），金融情勢（金利，為替市場の見通し）をはじめとする様々な要素を考慮して，最適な資金調達方法を決める。日系現地法人がアジア各国で資金を調達する際には，①資金調達に関する規制の度合い，②資金調達のしやすさ，③各国金融市場における資金調達手段の種類，④借入金利の水準，などをもとに方法を選択する[23]。だが，アジ

アに展開する日系企業の資金調達の場合，出資金や増資，親会社借入，現地の邦銀支店や地場銀行からの借入が大勢を占めており，選択の余地が限られていた[24]。

海外に進出する企業の資金調達の概要は次のようなものである。第1段階は，子会社の設立にあたって，合弁か100％出資かを選択する。第2段階は，工場などの拠点を立ち上げる初期投資であり，出資金では賄いきれず，親会社からの借入や銀行借入に頼る企業が多い。日本輸出入銀行を利用した長期資金の調達を検討する企業も多い。第3段階は，設備の増設・工場の拡張などの追加投資であり，オフショアも含めた銀行借入，親会社の増資が中心となる。なかには現地での制度融資の利用，株式公開，社債発行などを検討する企業もある[25]。

アジアへの進出形態としては，合弁形態をとることが多い。これは，各国の出資比率に対する規制とローカルパートナーのもつノウハウや資金力などへの期待のためである。また，単独での進出に不安のある中小企業の比率が高かったためでもある[26]。

一方で，100％出資をめざす企業もある。これは親企業のコントロール下で迅速な意思決定を行い，業務をスムーズに進めるためである[27]。

親会社からの資金調達の方式には，①出資・増資，②親子ローン，③サイト調整がある。現地法人設立時の出資および増資には次のような特徴がある。金利水準が高い国や現地での資金調達が困難な国（中国，ベトナム，インドネシア，フィリピンなど）では，資本金を厚めにし，設備増設資金等の需要を増資で賄う傾向が強い。日系企業は増資に依存する傾向が強かったが，近年では，現地資金調達のウエイトを高める企業がふえてきた。これはマーケットの拡大，邦銀進出の増加などから現地資金調達が容易になったこと，子会社の経営が軌道に乗り，現地での信用力も高まってきたこと，80年代後半以降の円高により，為替リスクを避ける動きが進んだためである[28]。

親会社が子会社に貸し付ける親子ローンは減少傾向をたどった。これは，親会社のバランスシート改善，子会社に独立採算意識を持たせること，円高による債務負担増などのためである[29]。

親会社が子会社に原材料などを売却した場合に，その代金の支払期限よりも回収期限を遅らせ，実質的に子会社を金融支援するサイト調整もかなり行われてい

る。このような輸入手形のユーザンス期間を長めにとる方法は，子会社の資金操り支援のために実施され，また，親子ローンのように為替交換手数料や利子についての源泉税負担が生じないために利用されている[30]。

　もっとも一般的な資金調達方法は，現地での銀行借入である。日系企業では，多くの場合，当初工場を立ち上げる際に，総投資額の約3～5割程度を出資金，残りを現地での銀行借入とする投資計画を立てていた。増加運転資金や増設資金が必要になれば，追加の借入も発生した。当初から大型の設備投資を必要とする企業は，効率的な資金調達を考えて，まず輸出入銀行ローン，次にパートナーを通じた現地の政策金融を検討し，最後に不足部分を現地借入で賄うような方法を考えている[31]。

　銀行借入先としては，邦銀支店，地場の銀行，邦銀と地場の合弁銀行，第3国の銀行，公的金融機関などがある。日系現地法人の銀行借入の特徴は，①邦銀の利用が圧倒的に多い，②親会社の保証または邦銀のスタンドバイ・クレジット（裏保証）を利用する，③オフショアをはじめ外貨借入の利用が積極的であるということである[32]。

　銀行の選択については，親会社の子会社経営へのコントロールが強い場合には，邦銀との取引が中心となる。逆に親会社のコントロールが弱いか，ローカルパートナー主導の現地法人は，借入条件の秀でた銀行やパートナーの取引銀行とも積極的に取引する傾向が強い。邦銀を利用すれば，日本人が対応する，手続きがスムーズ，親会社の保証ですぐに資金調達できるという安心感と，親会社の保証で現地で有利な調達をすることができる，邦銀間の競争の過熱化により，資金コストをわずかに上回る貸出金利で資金調達できるという，調達条件の有利さのメリットが得られる[33]。

　邦銀支店からの借入の形態としては，日本国内と同様に，当座貸越，手形貸付，証書貸付などが一般的であった。ただし，現地の借入に関しては，短期金融市場が整備されていない場合が多いことから，資金需給や金融政策の変更などにより，金利水準が大きく変動するリスクがあった。また，長期借入については，短期借り換えで代替した。長期資金を固定金利で調達することはむずかしかった。タイのバンコク，マレーシアのラブアン島でオフショア市場が開設されたのに伴い，

日本企業によるオフショア・ローンの取り入れがふえていった[34]。

　日系企業は政府系金融機関である日本輸出入銀行のローンも利用した。輸出入銀行の業務には輸出金融，輸入金融，海外投資金融があったが，日系企業は海外投資金融のうち特に，海外現地法人設立のための出資金や海外現地法人の貸付に必要な資金を親会社に貸出す方法（法第18条第5号）と，海外現地法人が必要とする資金を，現地法人に直接貸出す方法（法第18条6号）を利用した[35]。

　だが，日系企業が地場銀行を利用する場合もある。これは，国によっては邦銀による地場通貨の取り扱いが制限されていること，合弁パートナーと地場銀行とのつながり，地場通貨に関して地場銀行の方が邦銀よりも調達コストが低いこと，などによるものである[36]。

　だが，地場銀行については，迅速な借入や借入期間などの点で融通がきかない，担保条件が厳しい，借入手続きが煩雑である，交渉がむずかしい，インドネシアでは地場銀行のほうが高いことがある，などのデメリットを指摘する企業も多かった。日系企業は必ずしも地場銀行と積極的に取引してはいなかった[37]。

　日系企業が進出した現地に政策金融があるが，その対象はおもに地場企業である[38]。

　日系現地法人が，邦銀との取引で，不動産等の担保提供をするケースはきわめてまれであり，親会社保証（L/G：Letter of Guarantee）をつけるのが一般的であった。また，地場銀行から借り入れる場合には，銀行の保証（スタンドバイ・クレジット＝L/C：Letter of Credit）が必要となることが多い。近年になって，日本の親会社の側で，L/Gを念書（L/A：Letter of Awareness）に切り替えたり保証なしにするなど，保証をみなおす動きが出始めた[39]。

　借り入れる通貨は，売上回収金あるいは所要資金の内容によってさまざまである。一般には，現地販売中心の企業は現地通貨建，輸出により外貨を確保できる企業は，外貨建で借り入れる傾向が強い。タイやマレーシアのように，オフショア市場からの外貨調達が容易で，かつ現地金利が相対的に高い国では，借り入れた外貨にスワップを組むか，オープンのまま為替リスクを負うかのいずれかによって，運転資金として利用する動きが活発であった。ただし，外貨借入を厳しく規制している国では，地場通貨での借入が主体となっている[40]。証券市場を利用

した資金調達は，アジア各国での株式上場による増資と社債発行などの利用がある。しかし，アジアの日系現地法人ではいずれも主要な調達手段とはなっていない[41]。

通産省の『海外事業活動基本調査』の1993年3月末時点調査によれば，回答をよせた日系企業の海外現地法人3,378社の資金調達は，全地域，前業種で，借入金が77.5％，社債が22.5％となっていたが，アジアでは，借入金が95.0％に及び，社債はわずか5.0％にすぎなかった。また在アジア日系企業の設備資金状況をみると，92年度には51％を銀行借入により，38％を自己資本により，調達していた[42]。

借入金の内訳を見ると，借入金に占める現地金融機関からの借り入れの割合がアジアでは43.4％，北米が35.8％，ヨーロッパが32.3％となっていた[43]。

在アジア日系企業の資金調達方法は，業種による違いよりもむしろ，親会社の方針・戦略によって大きく左右されやすいという特徴がみられた。企業には親会社支配型と現地化推進型の2類型があり，両者は資金調達方法が異なる。親会社支配型企業には次のような傾向がみられた。出資はできるかぎり親会社の100％出資をめざす。親子ローンまたはサイト調整によるユーザンス供与は頻繁に利用する。子会社の借入は，親会社の銀行借入が反映されることが多いため，邦銀主体になりやすい。日本の親会社と銀行との間で，融資シェアや金利水準まで決めてしまうこともある。銀行借り入れには必要に応じて親会社の保証をつける。現地での証券の上場は，経営に影響を及ぼしかねない場合には消極的である。一方，現地化推進型企業には，これと正反対の傾向がみられる。すなわち，合弁形態が基本である。現地に独立採算意識を植えつけるため，親子ローンやユーザンス供与は少ない。銀行借入においては日本での取引関係を反映させず，地場銀行から積極的に借り入れる。親会社保証は，出資相当分までが原則であり，邦銀からの借入に対する保証は，利益が出始めた段階で外す方向で検討する。上場による現地への浸透を図る[44]。

もちろん，業種による資金調達方法の違いがないわけではない。第2次産業においては，電気メーカーは100％出資またはマジョリティ確保を志向する傾向が強かった。自動車メーカーは，外資の出資比率が規制されている場合が多く，

マイノリティ出資のケースが多かった。化学メーカーは，資金需要が旺盛なこともあり，資金調達の効率化に前向きであった。繊維・衣服メーカーのなかで，現地販売を目的とした企業は，販売網や現地での資金回収ノウハウの確保のため，地場の同業者と合弁し，ローカルパートナーに経営や財務を任せるケースが多くみられ，このため親子ローン，親会社の保証には前向きでなく，地場銀行との取引が中心で，知名度アップを目指して上場を検討する傾向も強かった。

　第3次産業においては，小売業は，現地の出資規制により，合弁でしかもマイノリティの進出形態が多かった。当初は出資金と銀行借り入れに頼るが，経営が軌道に乗れば，現金回収のウエイトが高いため，資金需要はほとんど発生しなかった。運輸業は，国内中小企業擁護のため，外資マジョリティーを認めていない国が多かった。このため，日系企業は日本側がマイノリティ出資とならざるをえなかった[45]。

（2）東アジアに展開する邦銀国際業務

　日本の銀行は全世界に進出しながらもアジアとの結合度が高かった。BIS統計を用いて，邦銀を中心に「融資結合度」を測定してみよう。「融資結合度」の比率を次のように計算する[46]。

ある一定時点における i から j への融資結合度（比率計算式）

$$融資結合度 = \frac{\dfrac{i の j に対する融資残高}{i の域外融資残高の合計}}{\dfrac{i を除く主要国銀行の j への融資残高}{i を除く主要国銀行の域外融資残高の合計}}$$

注：i …主要国に籍を有する銀行
　　j …主要国以外の国または地域

　主要国銀行の地域別融資結合度は，1994年末には，アジアに対しては日本，米・加，欧州はそれぞれ254.7，62.4，52.0であった（香港，シンガポールは融資側だからアジアから除かれる）。融資結合度は100よりも大きくなるほど，他の主

要国よりも平均してiの融資がjに集中していること，つまり，iのjに対する融資の結びつきが強いことを示す．この比率から，日本とアジアとの結びつきが強いことが明白となる[47]．

邦銀の融資結合度は，東アジア8ヵ国・地域に限定した場合，同年末に279.8とその比率がさらに上昇する．とくにタイ，マレーシア，インドネシアに対してそれぞれ630.0，308.3，467.1となっている．このASEAN3ヵ国に対して日系企業の進出が高いので，このように融資結合度が高くなっているのである[48]．

邦銀のアジアにおける重点業務は，秋元英一氏の前述の報告によれば，次のとおりであった．第1に，アジアに進出する日本企業のサポートである．第2に，非日系企業取引の推進である．第3に，シンジケート・ローン（プロジェクト・ファイナンスを含む）への取り組みである．第4に，投資銀行業務の強化である．これは，①対アジア証券投資，②株式上場，③国際金融市場におけるアジアの発行による資金調達（含むドラゴン債），④アジアで事業を展開する日系企業による現地での株式上場・債券発行，⑤アジアの資金調達者による東京市場での円資金の調達推進（サムライ債），⑥デリバティブ・ニーズへの対応強化を内容とする．第5に，中国ビジネスの可能性が検討された[49]．

邦銀は対アジア業務の一環として日系企業と取引を行い，その業務が大きな役割を果たしていた．日系現地法人は自己資金や，出資者からの借入金，とりわけ日本側出資者からの借入金，現地邦銀からの借入金に資金の多くを依存していた，したがって外国金融機関からの資金に依存する度合が低かった，ということができるのである．

もっとも，97年にアジア通貨・金融危機が発生し，邦銀はこれによる悪影響を受けることとなる．通貨・金融危機後のアジア諸国・地域による，国際決済銀行（BIS）報告銀行（主要先進17ヵ国の銀行）からの借入残高をみると，97年6月末から98年12月までの1年半の間に，3,894億米ドルから2,979億ドルへと23.5％，915億ドルの減少を記録した．借入残高を大きく減らしたのは，韓国（381億ドル減），タイ（286億ドル減），インドネシア（139億ドル），マレーシア（80億ドル）であった．減少率をみると，タイ（41.3％減），韓国（36.9％減），マレーシア（27.7％減），インドネシア（23.7％減）の順となった．なお，オフショ

ア市場である香港とシンガポールの借入残高は，ともに40％減と，大幅に削減された。このように，通貨危機の借入残高への影響は，国際通貨基金（IMF）に支援を仰いだタイ，インドネシア，韓国，およびIMFには頼らずに経済再建策に取り組んできたマレーシア，域内の国際金融センターである香港とシンガポールで大きかった。

邦銀のアジア向け債権残高をみるために都市銀行9行の債権残高（円建て）の変化を見てみよう。98年3月末と99年3月末とを比較すると，アジア向け債権の合計は，14兆4,753億円から10兆6,106億円へと，26.7％減，3兆8,647億円の減少となった。すべての都銀が残高を削減したことに加え，国内外を合わせた総貸出に占めるアジアの比率が，全行ベースで5.4％から54.3％へと低下し，国内を大きく上回るペースでアジア向け債権の削減が行われた。98年3月末と99年3月末とを比較した時，債権残高の減少額が大きいのは，香港（1兆843億円減），タイ（7,899億円減），インドネシア（6,287億円）で，減少率では，インドネシア（37.4％減），タイ（34.2％減），シンガポール（32.3％）の順となる。

アジア経済危機は，邦銀の収益にも大きな影響を及ぼした。経常収益が2兆8,101億円から2兆1,784億円へと，22.5％，6,318億円減少する一方で，経常費用の削減が3,576億円にとどまったため，経常利益は98年3月期の1,312億円の黒字から，1,430億円の赤字に転落したのである。

邦銀は事業のリストラを進めた。その中心は資産圧縮と海外拠点の整理・統合である。邦銀は，通貨危機に見舞われるまでは，日系企業をコアとしつつ，非日系企業へと対企業取引を拡大していった。通貨危機が発生して以降，邦銀は，日本国内で取引があり，アジアに多くの拠点をもつ日系企業を重視する一方で，非日系企業については融資残高を調整した。アジアで邦銀の勢力が後退していった[50]。通貨危機後に邦銀が融資面で慎重な姿勢を強めたためにアジアにおける日系企業の資金調達にも支障がでた[51]。

このような邦銀の戦略の変化があるにせよ，在外日系企業が邦銀に依存する構造は存続しているのである。

3 ASEAN 諸国における資金調達

次に ASEAN 諸国に進出した日系企業の資金調達状況を統計的に考察することとする。

表3-1によれば，1995 〜 97 年度に，ASEAN 進出日系企業所要資金の 43 % は本社からの送金によって賄われた。現地企業の再投資によるものが 20 〜 27 % であった。現地調達分は 30 〜 37 % である。アメリカやカナダ向けでは現地再投資が進んでいた。中国では現地再投資分のウエイトがきわめて低く，また現地法人による資金調達が相対的に困難であり，本社送金分のウエイトがきわめて高かった。中国と異なり，ASEAN に進出した日系企業の活動は軌道に乗り始めており，親会社の送金分の割合は中国と比べて低かった。現地企業の再投資の資金源となる内部留保の状況を ASEAN4 について示せば**表3-2**のようになる。在 ASEAN 日系現地法人の現地調達分の資金調達に占める比率が全地域と比較すると高くなっており，ASEAN では現地調達がかなり進展していたということができる。これは親会社は資金調達は現地法人に任せて独り立ちさせていくという親会社の方針と，内部留保の資金規模では激しい競争に伍していけず，現地法人が資金調達を進めなければならないという事情とが作用しているためであろう[52]。

ASEAN4 ヵ国の設備投資資金調達状況は次のようなものであった。**表3-3**にみられるように，全産業，電気機械産業の設備投資資金調達においては ASEAN4 ヵ国においては全地域と同様にその半分近くを自己資金に依存していた（内訳が判明したものについて）。ASEAN においても 1 社平均の設備投資資金調達額は電気産業については産業平均額より多かった。ASEAN においては電気機械産業の 1 社平均の設備投資資金調達額は全地域よりもかなり多かった。ASEAN の産業金融においては現地金融機関からの借入額が自己資金に次いで多かった。

出資比率 50 % の日系現地法人の出資者からの借入はごくわずかであった（**表3-4**）。

ASEAN 進出日系孫会社は設備投資資金を出資者から借入れることはなかった

表 3-1 海外投資の地域別資金調達実績の推移

(単位:%)

年度	本社送金分			現地再投資分			現地調達分		
	95	96	97	95	96	97	95	96	97
NIES	53.3	32.1	47.1	13.7	41.1	13.7	33.0	26.9	39.3
ASEAN	43.3	43.0	43.2	27.2	26.1	19.6	29.5	30.9	37.2
中　国	83.9	67.6	56.4	6.1	7.6	6.4	10.0	24.8	37.2
米・加	46.7	48.2	34.7	35.9	32.2	37.0	17.4	19.5	28.2
中南米	44.5	47.0	61.9	42.0	38.6	29.8	13.5	14.4	8.3
EU	59.5	63.6	56.9	25.7	21.9	31.2	14.9	14.6	11.9
全地域	54.2	51.1	47.1	25.9	27.5	26.0	19.9	21.5	26.8

出所:『海外投資研究所報』第25巻第1号, 1999年1月号, 16ページ.

(表3-5)。

ASEAN 諸国において証券市場の整備が推進されたとはいえ, 4ヵ国証券市場の整備 ASEAN4ヵ国に進出した日系現地法人は長期負債性資金を社債に依存せず, 長期借入金に依存していた(もっとも, 最近ではアジアで社債市場を含む資本市場での資金調達が拡大している[53])。長期借入金の大部分は現地金融機関からの借入であり, その中心は現地邦銀からの借入であった。このことは電気機械, 全産業のいずれについてもいえることである(**表3-6, 3-7, 3-8**)。

表 3-2 日系現地法人の利益処分状況(1996年3月末)

(単位:100万円)

	ASEAN　4ヵ国	
	電気機械	全産業
税引後損益	48,308	190,842
役員賞与	240	881
配当金	17,845	73,631
当期内部留保額	30,214	113,343
内部留保残高	132,273	497,501

出所:『我が国企業の海外事業活動(第26回)』264, 268ページ.
注:内訳の記入が全項目あるものだけの合計.

ASEAN における日系企業の資金調達については1998年1月下旬～3月下旬に実施された大蔵省財政金融研究所のインタビュー調査がある。さらにこれを紹介しておこう[54]。日系企業21社(電気機器9社, 輸送用機器4社, 化学4社, 機械2社, 繊維製品1社, 金属製品1社)のうち10社は, ASEAN の金融・資本市場は

表 3-3 ASEAN 4 ヵ国の日系現地法人の設備投資状況
（1996 年 3 月末）

（単位：100 万円，括弧内 1 社平均）

資金源内訳	電気機械	全産業
自己資金	49,310(376)	150,926(203)
出資者からの借入	4,155(40)	29,000(52)
現地金融機関からの借入	34,376(304)	114,422(186)
その他	13,770(148)	70,080(135)
合　　計	101,611(660)	364,428(430)
総　　計	172,463(908)	500,693(516)
うち日本側出資者引受	7,463(75)	28,164(52)

出所：表 3-2 に同じ，160 ページ．
注：総計は内訳に記入のなかったものも合算した数値．

表 3-4 ASEAN 4 ヵ国における出資比率 50 ％超の日系現地法人の設備投資状況(1996 年 3 月末)

（単位：100 万円，括弧内 1 社平均）

資金源内訳	電気機械	全産業
自己資金	40,630(398)	99,715(263)
出資者からの借入	4,095(52)	7,804(28)
現地金融機関からの借入	32,472(378)	75,846(251)
その他	13,631(192)	43,174(170)
合　　計	90,828(744)	226,539(516)
総　　計	157,587(1,044)	336,477(655)
うち日本側出資者引受	7,369(93)	22,291(84)

出所：表 3-2 に同じ，679 ページ．
注：表 3-3 に同じ．

「地場通貨の市場規模が小さく，金利が高くしかも不安定」であり，未発達・未成熟であると指摘していた。特に地場通貨による長期固定金利については資金調達が困難であるとの指摘が多かった。

現地子会社の資金調達については，設備資金について 16 社が次のように回答している。

　資本金（増資）のみにて対応：2 社

第3章 日韓台の対 ASEAN 進出企業の資金調達

表 3-5 ASEAN 4 ヵ国の日系海外孫会社の設備投資状況（1996 年 3 月末）

(単位：100 万円，括弧内 1 社平均)

資金源内訳	電気機械	全 産 業
自 己 資 金	6,249(694)	10,892(247)
出資者からの借入	0(0)	10(0)
現地金融機関からの借入	1,368(152)	2,628(84)
そ の 他	2,306(329)	2,610(93)
合　　　計	9,923(992)	16,140(343)
総　　　計	12,209(1,017)	22,240(383)
うち日本側出資者引受	907(113)	958(35)

出所：表 3-2 に同じ，655 ページ．
注：表 3-3 に同じ．

表 3-6 ASEAN 4 ヵ国の日系現地法人の資金調達（借入）状況（1996 年 3 月末）

(単位：100 万円)

資 金 源 内 訳	電気機械	全 産 業
社　　債	0	4,593
長期借入金	120,988	789,718
出資者からの借入	11,930	232,075
うち日本側出資者	11,911	124,759
現地金融機関からの借入	81,375	354,435
うち現地邦銀	50,982	213,601
債務保証による借入	27,528	183,039
合　　計	120,988	794,311
資金調達総計	174,905	1,135,425

出所：表 3-2 に同じ，170 ページ．
注：表 3-3 に同じ．

資本金（増資）and/or 外貨借入（長期）：3 社
資本金（増資）and/or 地場通貨借入（短期）：2 社
資本金（増資）and/or 輸銀ローン：1 社
資本金（増資）and/or 輸銀ローン and/or 外貨借入（長期）：2 社
資本金（増資）and/or 輸銀ローン and/or 地場通貨借入（短期）：2 社

表 3-7 ASEAN 4 ヵ国における出資比率 50％超の日系現地法人の資金調達（借入）状況（1996 年 3 月末）

（単位：100 万円）

資金源内訳	電気機械	全産業
社　債	0	2,685
長期借入金	105,134	432,491
出資者からの借入	11,870	111,642
うち日本側出資者	11,851	80,744
現地金融機関からの借入	65,581	176,346
うち現地邦銀	41,955	129,103
債務保証による借入	27,034	122,376
合　計	105,134	435,176
資金調達総計	144,402	597,410

出所：表 3-2 に同じ，686 ページ．
注：表 3-3 に同じ．

表 3-8 ASEAN 4 ヵ国の日系海外孫会社の資金調達（借入）状況（1996 年 3 月末）

（単位：100 万円）

資金源内訳	電気機械	全産業
社　債	0	0
長期借入金	23,879	34,322
出資者からの借入	0	2,821
うち日本側出資者	0	710
現地金融機関からの借入	18,956	24,733
うち現地邦銀	13,699	18,390
債務保証による借入	6,408	9,919
合　計	23,879	34,322
資金調達総計	23,924	38,414

出所：表 3-2 に同じ，662 ページ．
注：表 3-3 に同じ．

　　資本金（増資）and/or 借入：3 社

　　借入のみにて対応：1 社

　　設備資金については原則増資で賄いたいが，「合弁のパートナーが増資に否定

的な場合が多く，借入による対応を考慮せざるをえない」という意見も少なからずあった。

　運転資金については現地邦銀からの借入で賄っているところが大多数であった。

　上記調査によれば邦銀の貸し渋りやジャパン・プレミアムという邦銀借入の割高問題から，欧米銀行との取引を強める動きもみられた。為替リスクがある外貨を借りざるをえない理由として，地場通貨による長期資金の調達がきわめて困難，地場通貨が十分確保できない，という理由があげられていた。またマレーシアの借入規制（後述）の緩和・撤廃を求めるものもあった。

　為替リスクヘッジをしていなかった企業は，その理由として「予約等のヘッジ・コストが高く，為替の安定していたためヘッジしていなかった」，「ドル・ペッグを過信していた」「現地のパートナーが手数量を惜しんでヘッジしたがらなかった」などの回答がめだった。ヘッジをしていると回答した10社については，その手段として，為替予約を6社が，スワップを4社があげていた。子会社の現地上場については，前述の21社中5社は経営戦略上，経営の自由を持つために上場はまったく考えていないと回答した。将来的には上場を視野に入れたいが現状ではむずかしいとしたものが21社中16社あった。

　次に通貨金融危機や日本の不況が在外企業の資金調達に及ぼした影響を立入って考察してみよう。

　アジア通貨危機発生後，アジア諸国の金融構造に次のような変化が生じた。①金融システムの弱体化と再建の過程で，金融機関が淘汰され，数が大幅に減った。すなわち，タイやマレーシアでファイナンス・カンパニーの整理・統合が，インドネシアで銀行の大量閉鎖が，韓国で銀行の整理・統合が進展した。② M & A (Merger and Acquisition：企業の合併・買収) を通じて各国金融界の勢力図が変化した。すなわち，シンガポール開発銀行によるタイのタイ・タヌ銀行の買収，オランダのABNアムロ銀行によるタイのバンク・オブ・アジア銀行やフィリピンの貯蓄銀行の買収，英国のスタンダード＆チャータード銀行によるインドネシアの地場銀行の買収などがみられた。③日本を含むアジアの銀行の国際化戦略が後退した。シンガポールの銀行が海外戦略を強化したのを除けば，通貨危機発生前まで積極的に国際展開を進めていた韓国やタイの銀行も，続々と海外拠点を閉鎖

していった。邦銀のアジア市場での活動は急激に縮小していった。対照的に，通貨危機前からアジアを重視していた欧米銀行のアジア市場でのプレゼンスが相対的に高まった[55]。このような構造変化を伴いつつ，ASEAN においては信用収縮が広がりを見せた。景気後退に伴う売上減（収益減に伴う内部留保の縮小）もあり，在外日系企業の資金調達にも円滑になされるかどうかについて懸念が生じた。現地資金調達（借入）に関していえば，低金利の円建借入を選択するケース，ヘッジコストはかかるもののドル借入を選択するケース等々，各企業の財務体質，取引通貨（部材輸入，販売収入の建値等），コストベネフィット等を総合的に勘案し各社各様の選択がなされていくこととなった[56]。

このような状況下で，ASEAN 諸国の日系企業は活発に増資を行った。この背景には現地企業側の体力低下および，現地金融機関の貸し渋りがあった[57]。

また海外子会社の内部留保を潤沢にしておくことが一層重要になってきた。たとえばロイヤルティフィー（特許権使用料），配当金等を抑え，すこしでも内部留保を厚くしていくことが事業環境変化への危機管理という意味でも重要となった[58]。

さらに日本の経済不況が海外進出日系製造業に直接的な影響を及ぼし，資金調達難をもたらした。ジェトロの98年11～12月のアンケート調査によれば，不況の影響については，「日本市場向け輸出の減少」（46.0％），「経営コスト削減の必要性の高まり」（41.6％），「事業計画見直しの必要性の高まり」（30.4％）という回答とともに，「日本の親会社からの資金調達難」（22.6％），「邦銀からの資金調達難」（21.9％）という回答があった（ジェトロ編『進出企業実態調査　アジア編』1999年版，44ページ）。

4　マレーシアにおける資金調達

次に ASEAN 諸国で活動する日系企業について，国ごとにその資金調達状況を考察する。ここでは本共同研究で詳しく考察しているマレーシアとタイをとりあげてみたい。まず対内直接投資が大きく進展し，ASEAN で電子産業がもっとも発展しているマレーシアにおける日系企業の資金調達について述べることにする。その前提として，最初に1990年代におけるマレーシアの企業金融，産業金融状

況について概観しておく。ここに述べることはマレーシアにおける日系現地法人や韓国系や台湾系の現地法人に当てはまるところが多い。

(1) マレーシアの企業金融の特徴

マレーシアでは外資系企業が経済の発展に大きな役割を果した。マレーシア経済は1980年代中頃に低迷期を脱して以来，高い成長率を維持してきたが，これは外資への依存のもとでの発展であった。外国から多額の資金がマレーシアに流入した。外国からの資金流入としては，70年代には政府開発援助の流入が大きなウエイトを占めていたが，80年代に入り，対外債務が増大すると，マレーシア政府は政府開発援助への依存度を低下させた。それに代わって，直接投資の規制の緩和を含む積極的な外資導入政策を実施した。すなわち，マレーシア政府は68年に「投資奨励法」を制定して以来,地場資本育成とともに外資導入政策を展開したが，86年には同法を改正して「投資促進法」(Promotion of Investments Act, 1986) を制定した。同法は国内資本も対象となるが，外資に対する政府の姿勢を立法面で裏づけ，外資に対する優遇措置を講じていた。これ以降，マレーシア政府は，後述の創始産業資格（パイオニア・ステータス）や投資税額控除を中心とするさまざまな税制優遇措置等により，外資系企業を積極的に誘致していった[59]。

また，85年のプラザ合意以降の急激な円高に伴い，日本からの直接投資が増加した。かくして外国からの資金流入に占める直接投資の比率が高まっていった。その後，日本に加えて，アジアNIESからの直接投資が増加している。外国からの証券投資も活発になっている[60]。90年から90年にかけてASEAN諸国では多額の資金が海外から流入しているが，96年における海外からの資金流入の内訳を，マレーシアとタイとについて考察すると，タイでは半分以上が民間貸付の形態で流入していたが，マレーシアでは主として直接投資とポートフォリオ株式投資の形態で流入していた[61]。これをマレーシアに設立されている外資系現地法人の側からみてみると，外資系現地法人の設立が増えるか，既存の外資系現地法人の増資金等により親会社への資金依存額が増えるかしたことになる。

創始産業資格（パイオニア・ステータス）を付与された先駆的な会社は，通産省が認可した生産日から最初の5年間の法定所得の70％が免税扱いとなる。資本

集約型およびハイテク投資については，ケースバイケースで 100 ％の免税措置を受けることも可能である。投資税額控除（ITA）は，承認日以降 5 年間に会社が実施した固定資産（土地を除く）に対する設備投資を基準とし，発生した適格資産投資額の 60 ％について控除が認められる。創始産業資格（パイオニア・ステータス）あるいは投資税額控除の形式で投資優遇措置を付与された会社は，免税所得を最大化すればするほど有利になる。したがって，利益を最大化するために利益を減少させる可能性がある要因を排除することが重要となる。特に注意すべき重要な要因は営業資金の調達方法にある。資金調達は，基本的に出資ないし借入のいずれかの方法によることとなる。出資の方法による資金調達の方が有利な点として以下の点があげられる[62]。

① 出資の場合，マレーシアの営業活動のために必要となる資金調達コストが不用となる。したがって，免税所得が減少しない。
② 外国資本が少なくとも 200 万米ドルである場合，会社は自動的に 5 人の外国人就労ポストと，外国人が永久に占有できる最低 1 人のキーポストが認められる。
③ 出資と外国からの借入金のいずれかを選択する場合，非居住者への利子の支払には 15 ％の源泉税が課されるのに対し，配当金には源泉税が課されない。

親会社はマレーシア現地法人に対する貸出を行えたが，この親子ローンについては，500 万リンギ相当を超える場合は，事前に中央銀行の許可が必要であった。またリンギット建親子ローンは原則として禁止された。またこのローンは金利が相対的に安いことが必要であった[63]。企業は内部資金を再投資することも行った。一般企業の資金調達方法には外部資金を調達する方法として国内金融市場からの借入，海外金融市場からの借入，オフショア市場からの借入，国内資本市場での証券発行という 3 つの方法があった[64]。

❶ 国内金融市場
　　① 資金調達上の規制

1990 年代において，マレーシアにおいてはタイと比較していろいろと金融上の規制が残っていた。為替管理法上，外国企業の支店，外資比率が 50 ％を超える現地法人，外資比率が 50 ％以下でも経営の最終権限が非居住者にある現地法

人のいずれかに該当する企業は，非居住者管理会社（あるいは非居住者支配会社，Non-Resident Controlled Companies ＝ NRCC）として分類される[65]。

当該会社の国内借入については，以下の3つの規制があった。

第1に，1社当たりの借入額が1000万リンギ（Malaysian Ringgit ＝ RM）を超過する場合には中央銀行（Bank Negara Malaysia，バンク・ネガラ）の事前許可が必要であった（同行の主要業務は，通貨発行，外貨準備および為替管理，政府の銀行としての役割，通貨の安定と健全な金融機構の維持，金融機関の監督等である）。

第2に，マレーシアでは，民族間の経済格差是正が重要な課題とされてきており，これは，金融部門にも適用され，ブミプトラ（マレー系の企業や個人）向け貸出が商業銀行をはじめとする金融機関に義務付けられており[66]，非居住者支配会社（以下外資系企業と呼ぶ）の国内借入額は広義の自己資本額（資本金＋剰余金＋親会社からの優遇借入）の3倍までに制限された。このような規制をギアリング・レシオ（Gearing Ratio）という。

マレーシアの銀行部門では伝統的に外国銀行のプレゼンスが高く，70年代以降，外銀の新規参入を制限する一方で，地場銀行の育成が図られてきた。90年にラブアン島にオフショア業務専門の銀行支店の設立が認められたとはいえ，これを別とすれば，74年以降，新規支店の開設は認められてはいない[67]。また，外資系企業はリンギ建借入額の60％以上をマレーシア資本の銀行から調達しなければならなかった。このような規制を6・4規制という[68]。これが第3の規制である。

このほか，商業銀行は流動性比率規制，大口融資規制，過剰流動性規制などを受けていた。

② 短期金融

マレーシアでは，独立以前から英国系，華僑系銀行が進出し，東南アジア諸国のなかでは比較的古くから金融制度が発達してきた。同国の代表的な金融機関は中央銀行，企業金融を中心とする商業銀行（Bank Bumiputra Malaysia, Malayan Bankingなどの地場有力銀行や東京三菱銀行，スタンダード・チャータード銀行，香港上海銀行，シティバンク，アメリカ銀行などの外国銀行等），中小企業向け金融や消費者金融を中心とするファイナンス・カンパニー，銀行業務と証券業務を兼営す

るマーチャント・バンク等である[69]。商業銀行の金融機関全体に占める比率は1994年末時点で，貸出残高の68.5％となっている。商業銀行は産業への資金供給に大きな役割を果してきた[70]。国内における短期金融手段としては，商業銀行の当座貸越（オーバードラフト），マーチャント・バンクのリボルビングクレジット（25万リンギ単位の一定額を短期で一定期間借入れ，必要があれば満期日に更新）が一般的に利用された。

商取引の裏づけのある運転資金については，手形割引，銀行引き受手形，ファクタリングが利用できた。

③　中長期金融

商業銀行，マーチャント・バンクともに中長期のタームローンを供与していたが，その機関は，民間企業に対しては一般的に2～5年である。ただし，マレーシア金融市場では，一部の金融機関を除き，長期安定資金の供給ルートがタイと同じく限られていたために，中長期金融も短期金融の継続という形で行われる場合が多かった。民間産業開発のための中長期金融を行っている政府系金融機関としてはMalaysian Industrial Development Finance（MIDF，マレーシア産業開発金融公社）があげられる。

④　貿易金融

商業銀行は，輸入に関しては，輸入貨物を担保とする金融を行った。輸出に関しては中央銀行の輸出奨励金融として輸出信用リファイナンス（Export Credit Refinance Scheme）と呼ばれる低利金融が行われた。

⑤　借入の難易度

東南アジア諸国の一部では，銀行に資金の余裕がなく，現地資金調達が困難なところもあるが，マレーシアの場合，がいして現地調達は難しくなかった。借入申込に対し，金融機関は原則として担保あるいは保証を要求した。とくに新規進出企業は，まず例外なくこれを用意しなければならなかった。外資系企業の場合は，親会社の取引銀行が発行するバンク・ギャランテイ（銀行保証）ないし親会社の保証状を差入れるケースが多かった。

❷　海外金融市場

マレーシアでは海外からの借入にも規制が残されていた。1994年に居住者に

よる総額 500 万リンギを上限とする外貨借入が容認された[71]。地場企業，外資系企業を問わず，海外からの借入は事前に中央銀行の許可・届出を要した。具体的には借入金残高が 100 万リンギ相当以上の場合，中央銀行への事前届出を要し，500 万リンギ相当以上の場合，中央銀行の事前許可取得が要求された。中央銀行は，使途，期間，返済方法ならびに借入銀行名，金利等を審査する。なお，中央銀行は，さらに国際収支等も考慮するので，許可取得の難易度はその時々の事情にも依存した。特に，日本の会社からの親子ローンを希望する場合，ラブアン・オフショア市場からの借入より金利や返済期間が有利であることを説明しなければならなかった。また，リンギ建海外借入金は，金額の大小を問わず中央銀行申請が要求された。なお海外からの借入金については，その利息返済に対して 15％の源泉税が課された。

1997 年においてマレーシアが取り入れた海外からのローンは総額で 285 億 8,900 万リンギである。このなかではラブアン国際オフショア金融センターからが最も多く 113 億 6,700 万リンギとなっている。これ以外では，アメリカからが最も多く，94 億 8,500 万リンギとなり，次いで日本からが 24 億 7,200 万リンギとなり，以下，シンガポールからが 18 億 6,400 万リンギ，イギリスからが 12 億 8,500 万リンギとなる[72]。

❸ オフショア市場

1990 年 10 月，サバ州の州都コタキナバルから 123 km に位置するラブアン島（東マレーシアのボルネオ島の沖合にある小島）に国際オフショア金融センター（Labuan International Offshore Financial Center：IOFC）が設立された。マレーシア政府がジャングルの中に金融センターをつくってそこにいくよう金融機関を指導した背景には東マレーシアの開発を促進して，サバ，サラワクの独立を阻止するという政治的意図があった。本来のオフショア業務である「外一外取引」（非居住者による資金の調達と運用）は伸び悩んでいた。92 年オフショア会社法により，オフショア銀行はマレーシア居住者から借入を行い，あるいはマレーシア居住者に対して外貨建貸付を行うことが認められた。マレーシア政府はラブアン・オフショア市場に関する統計を公表していないが，96 年 9 月末現在のオフショア・ローン残高は 100 億米ドルに達した模様である[73]。ラブアン市場は国際オフシ

ョア金融センターとはいうものの，国内金融の補完としての「外―内取引」(非居住者からの資金の調達および居住者にたいする資金運用) がオフショア市場取引の大半を占めていた[74]。

オフショア市場での中心業務は銀行業務であり，具体的には，①外貨建の貸付，貿易信用，②外貨建の外貨預金の受入，③外貨建の保証業務，④送金，外国為替，スワップ等 (リンギを対価とするものは除く) であった。オフショア・ローンは，短期，長期，変動金利，固定金利など種類が豊富でニーズにあった借入が可能であった。オフショア市場では預金・利子に対する源泉課税の免除，法人税の軽減，配当金の課税の免除，オンショア市場で課せられている資金調達規制が適用外という優遇措置が採られた。したがって，オフショア・ローンを利用すれば低コストの資金調達ができた。しかし，リンギ以外の通貨による借入となるため，為替リスクを内包していた。

❹ 国内証券市場

マレーシアでは株式市場の振興策も実施され，株式市場が拡大した。債券市場の育成策も打ち出された。株式市場の健全な発達を図る目的で証券取引委員会が設立されており，これが株式発行や上場申請の審査を行う。上場基準が日本に比べ緩和されていることもあり，マレーシアにおける上場はさかんであった。1988年11月には第2部上場市場が創設されている。新規株式発行の引受は通常は前述のMIDFおよびマーチャント・バンクが行うが，その他商業銀行，株式ブローカーが引受をする場合もあった。株式公開にあたり，マレーシア国民に引き受けられる株主のうち，一定比率はブミプトラ株主 (マレー人，マレー企業) に割り当てる必要があった[75]。社債発行市場は停滞していたが，1988年12月に中央銀行が社債発行に関するガイドラインを発表したこと，社債発行における印紙税が廃止されたこと等により，序々に拡大，発達している。

(2) マレーシアにおける日系企業の資金調達

日系企業は，マレーシア進出にあたって，できるかぎり親会社が出資して出資比率のマジョリティー (経営の主導権) 確保を目指すところが多かった[76]。本書の第6章第2節で述べているように，松下の現地法人であるマレーシア松下精

密は設立当時の資本金は全額日本から持ち込んだものであった。対マレーシア進出日系製造業に関するジェトロの 1998 年 11 〜 12 月の調査によれば，日本側出資比率 51 ％以上の企業が 81.2 ％を占め，うち日本側資本 100 ％の企業は 54.5 ％であった。精密機器は 100 ％日本側の出資であったが，電気・電子部品では 94.4 ％であり，うち日本側資本 100 ％の企業は 65.7 ％と精密機器に次いでその比率が高かった。また電気機械も 83.3 ％（うち日本側資本 100 ％の企業は 70.8 ％）と高かった[77]。

アジア通貨危機以降に日本側の増資をした企業は 14.5 ％，増資を検討中の企業は 4.2 ％あった[78]。

だが，あえて 49 ％の出資にとどめて地場企業として進出した企業もある。これは，地場企業は，ギアリング・レシオ，6・4 規制等の制約を受けないことから，資金需要が旺盛な企業の場合には，出資比率をマイノリテイーとすることによるメリットがあったためとみられる。ギアリング・レシオとは，外資系企業の国内借入額を自己資本の 3 倍までに制限する規定である。6・4 規制とは，外資系企業は銀行借入のうち 60 ％以上をマレーシア資本の銀行から調達しなければならないという規制である[79]。

親子ローンは，進出企業の経営が軌道に乗ったり，中央銀行の認可条件（海外からの外貨借入が 500 万リンギを超える場合，中央銀行の認可が義務づけられている）が厳しくなったりして，利用頻度が落ちていった[80]。

資金調達方法は，マレーシアでの銀行借入が中心であった。日系企業は日系銀行だけでなく，地場銀行からも借入れた。だが，輸出企業の地場銀行との取引は，必要な運転資金分について，当座貸越（Over Draft）の借入枠を設定する程度にとどまった。現地通貨リンギの資金需要が旺盛な企業は，商業ライセンスをもつ邦銀から借り入れるか，または地場銀行から邦銀の保証付きで借り入れるケースが多かった。地場銀行では不動産担保を徴求することは珍しくはなかったが，日系企業が不動産担保を指し入れるケースは一般的ではなかった。日系企業の場合は銀行保証ないし，親会社の保証状を差し入れるケースが多かった。企業の資金調達は通常の銀行借入に加えて銀行引受手形や前述の輸出信用リファイナンスが利用された。

第6章第3節で述べているように三菱電機マレーシアは現地金融機関と日系金融機関を利用した。マレー資本銀行から支払いを保証されている銀行引受手形を振り出した。現地金融機関の利用は運転資金に限定されていた。これは現地金融機関の設定する貸出限度額が少ないことと金利が高いためであった。外資系企業は自分たちの国の銀行をメインに使うといわれているが日本も同様である。

　外資系企業は自分たちの国の銀行をメインに使うといわれているが，日系企業についてこのことがいえるであろう。オフショア借入金利はマレーシア国内貸出金利よりも実際には低かった。輸出企業を中心にドル資金需要が旺盛な企業は，邦銀を通じてオフショア資金を借り入れるケースがほとんどであった。オフショア借入の場合は，低利のドル資金を利用することができるだけでなく，回収した輸出代金のドルでそのまま返済できるため，為替リスクも生じないというメリットがあったからである。第6章第2節で述べているように，松下精密は確かにラブアン・オフショア市場を利用している。第6章第3節で述べているように，三菱電機の現地法人である三菱電機マレーシアは，95年以降はオフショア市場の利用と再投資が資金調達の中心となっている。外貨借入は為替リスクをゆうするという問題もあるが，三和銀行マレーシア出張所の98年9月のインタビューによれば，松下グループなどはドルや円の借入について為替予約またはスワップをつけて為替差損を回避していた。

　三和銀行マレーシア出張所に対して1998年9月5日に行ったインタビュー調査によれば，企業は外貨（USドル）を金利7％で借りて，これにスワップをかけて3％のコストを負担して作り出したリンギを10％の金利で入手することができ，この水準は国内での企業への貸出金利の実勢よりも低かった。もっとも，マレーシアの国内金利はタイの国内金利よりも低く，スワップコストを計算に入れれば，その金利はタイのように国内金利よりかなり低いというものではなかった。したがって，マレーシアではオフショア市場の利用はタイほど積極的には行われなかったと思われる[81]。

　前述のようにマレーシアでは地場銀行保護のために外国銀行の支店設立が制限されており，クアラルンプールで営業している邦銀は東京三菱銀行だけであった。外銀規制前に進出している外銀の既得権が擁護されていた。三和，第一勧業，富

士，東海，住友，さくら，朝日，興銀，長銀，安田信託，中小企業金融公庫の 11 行のクアラルンプールへの進出は駐在員事務所の設置にとどまった[82]。もっとも，これらの邦銀はライセンス上の制約を補完するため，地場の大手親密銀行と提携を結ぶとか，日本からの派遣員を現地銀行に駐在させるとかの方法をとり，日系企業へのサービスを充実させようとした。また，ラブアンには三和銀行などの支店が開設されていた。96 年 10 月末現在，同地に進出している銀行は 48 行あったが，その内訳は地場銀行 6 行，邦銀 11 行，その他外国銀行 31 行となっている[83]。駐在員事務所は会社の投資機会に関する情報収集，貿易関係の発展，研究開発を行うことはできるが，商取引および収益を伴う営業活動を行うことはできないことになっている。しかし，顧客から遠く離れたラブアン支店の業務は事実上制約されざるをえず，クアラルンプールの駐在員事務所の実働による補完を必要としたと思われる。たとえば，三和銀行ラブアン支店には 98 年 9 月初めに日本人の支店幹部が 1 人とマレーシア人の従業員が 6 人いたにすぎなかった。

日系企業のなかにはクアラルンプール証券取引所へ上場するものもあった（1996 年 12 月には JUSCO のマレーシア現地法人が株式市場の第 1 部に上場している）。そのなかには何度かの増資を実施した会社もあった。日系企業に対する現地の評価は高く，株式公募の際の人気も高かった。また，外資系企業には現地化（とくにブミプトラ参加）の要請があった[84]。

通貨金融危機への対応策として，①資金，②為替，③原材料・部品調達，④コスト，⑤生産，⑥販売が考えられた。資金対策としては，98 年 11 〜 12 月のジェトロ調査によれば，①親会社からの増資借入は電気・電子部品では 25.5 %，②外貨借入の圧縮は電気機械では 25.0 %，電気・電子部品では 19.6 %みられたが③借入金返済の延期は電子産業ではとくにみられない[85]。

日本の経済不況の影響は在マレーシア日系企業にも及んだ。これらの企業は金融難に直面することとなった。すなわち，98 年 11 〜 12 月のジェトロ調査によれば，307 社中 66 社（21.5 %）が「日本の親会社からの資金調達難」を回答しており，54 社（17.6 %）が「邦銀からの資金調達難」を回答しており，50 社（16.3 %）が「日本の親会社からの利益送金増額要求」（電気・電子部品では 20.8 %）を回答している[86]。

5　タイにおける資金調達

(1) タイの企業金融の特徴

次にタイにおける日系企業の資金調達について考察することとし，その前提として1990年代におけるタイの企業金融，産業金融状況について概観しておく。このことは後述のタイにおける韓国系企業や台湾系企業の資金調達を考察する前提ともなる。

香港やシンガポールでは日系進出企業は長期資金の量的確保にほとんど支障がなかったが，タイでは中長期の金融市場が未発達であった。公社債市場は未発達であり，タイでは資金調達は商業銀行を中心とする間接金融に依存せざるをえなかったが，この間接金融においても，中長期借入市場が整備されていなかった。このため，中長期資金をタイ国内で調達することは非常に困難であった[87]。中長期資金を得ようとすれば，短期資金借入のロール・オーバー（借り換え）に依存せざるをえなかった。

タイは，外資系企業の進出に対しておおむね寛大であり，規制もゆるかった。BOI（タイ投資委員会）の認可を受けた企業（主に製造業）には，外資100％出資も認められていた。もちろんタイでは，外資系企業に対する出資比率規制はあり，国内販売目的の企業の場合は，外資は原則49％までの出資しか認められなかった。このため，日系企業の中には，実質的なマジョリティーを確保し，経営権を掌握するために日系の現地法人を出資者に加えるものがあった[88]。

親会社借入，海外からの外貨借入は自由であった。現地でのバーツ，ドルの借り入れも若干の規制を除き自由であった。外貨をバーツに転換し国内資金需要に利用することができたから，海外からの外貨資金調達が活発であった。タイが海外からの借入に寛大であった理由として，経常赤字が恒常化しており，そのファイナンスのために対外借入を含めた外資導入に依存せざるをえないこと，タイの対外債務が深刻な状況ではなかったことが指摘できる[89]。

1993年3月にはバンコックにオフショア市場（BIBF：Bangkok International Banking Facility）が設置された。オフショア市場とは，非居住者が自由に資金を

調達・運用できる国際金融市場である。オフショア市場には，ロンドン型（内外一体型），ニューヨーク型（内外分離型），タックスヘブン型（租税回避地型）がある。バンコク・オフショア市場（1993 年 3 月設立）は外外取引（Out-Out 取引）だけでなく外内取引（Out-In 取引）が認められており，内外一体型のオフショア市場であった。すなわち，海外から預金や借入の形で資金を調達し，それを海外（および国内）への貸し付けや預け金に運用するというものであった。企業は海外で調達された海外金利連動の外貨（ドル借入）を外国為替市場でバーツに転換して利用することが可能であった借り手にとってこのローンがバーツ借入よりも有利ならば，この外貨借入を利用する。

　タイの金融は，海外からの資本によるオフショア金融と，純粋な国内金融の二重構造になっていた。すなわち，バーツの金利は高かったが，信用力があり，オフショア市場にアクセスできる企業は，ドル建てで低コストの資金をとってくることが可能であったのである。1990 年代前半にはバーツの金利は商業銀行の最低貸出金利（MLR）で 13 ％程度であったから，中小企業では 15 〜 20 ％の金利を払わないと借入ができなかった。これに対し，オフショア市場では 6 〜 7 ％でドルを調達することができた。しかも通貨危機前に為替相場が事実上ドルに固定されていた。かくして対内借入にオフショア市場が大いに利用されることとなったのである[90]。オフショア市場ではその外貨資金は海外において調達されるが，BIBF の資金調達先は，1994 年 3 月末において，シンガポール（34 ％），香港（25 ％），アメリカ（21 ％），その他（20 ％）となっていた[91]。取引形態別 BIBF 市場残高は，1997 年 6 月に，外―外取引 4,195 億バーツ（33.6 ％），外―内取引 8,299 億バーツ（66.4 ％）となっており，取引は外―内取引を中心とするものであった[92]。1995 年 6 月末の BIBF の外―内取引中，製造業は 39.01 ％を占めていた。1995 年 12 月末時点の外―内貸付（4,566 億バーツ）は国内貸付総額 3 兆 4,633 億バーツの 13.2 ％を占めていた[93]。

　1993 年 3 月の BIBF 設立当初，BIBF にオフショア勘定を開設することが認可された銀行としては，地場銀行 15 行すべて，フル・バンキング支店を有する外国銀行 12 行（うち邦銀はさくら銀行と東京銀行「1996 年に東京三菱銀行」の 2 行），新規に BIBF 支店を認められた外国銀行 20 行（このうち邦銀では，第一勧業銀行，

住友銀行,日本興業銀行の3行が1996年にフル・ブランチを有する銀行に移行,三菱銀行は東京三菱銀行に,そのほかに三和銀行,日本長期信用銀行)があった。1996年に第2次として外国銀行7行がBIBF支店を認可された(邦銀では富士銀行と東海銀行の2行)[94]。

1995年7月末時点のOut-In取引実績のうち,三和銀行が22.9%,住友銀行が19.2%のシェアを占め,このほか第一勧業銀行,三菱銀行,日本興業銀行,日本長期信用銀行を含めると,日系6行だけでOut-In貸付総額の90%以上を占めていた[95]。

タイでも外資主導の工業化が展開され,また外資系金融機関が枢要な役割を果たしていた[96]。

(2) タイにおける日系企業の資金調達

タイにおける日系企業の資金調達方式は以下のようなものであった。
日系企業の資金調達には,①親会社からの調達(出資・増資,親子ローン,サイト調整),②銀行からの借入(バーツ借入,外貨借入),③その他(リース,株式市場からの調達等)といった方法があった。

日本の親会社は現地法人に出資した。増資にも応じた。タイに進出した日系製造業に関する98年11～12月のジェトロの調査によれば,日本側出資比率51%以上の企業が7割(69.9%)を占め,うち日本側資本100%の企業の割合は24.3%であった。日本側出資比率は電気・電子部品では89.1%と精密機器(100%)に次いで高かった[97]。

現地資本との合弁会社も設立された。そのなかには出資を主な事業とする会社があった。すなわち,本書の第6章第4節で述べられているように,松下電器産業は,現地のシュウ社との合弁企業として,1961年に「ナショナル・タイ」社を設立した。この会社が持株会社となった。松下関係のタイにおける製造企業は分社化され,日本の関係本社と現地法人の「ナショナル・タイ」とでタイで製造を行う分社化された現地法人の株式を全株保有していた。こうして松下が現地法人を資本支配していたのである。タイでは親会社からの借入も自由に行えた。

日本の親会社から送金された資金をタイで受取る場合,規制はなかった。親会

社からの借入(親子ローン)は自由に認められた。もっとも親会社からの貸付に際して発生する為替リスクはどちらが負担すべきかを明確にしておく必要性はある[98]。

日系企業のもっとも一般な資金調達方法は銀行からの借入であった。日系企業は,資金調達に関しては,現地の邦銀を通じて借り入れるケースが圧倒的に多かった。邦銀のオフショア支店を利用するケースがもっとも一般的であった。

銀行借入についてはバーツ借入も行われた。たいでは中長期の金融市場は短期の金融市場と比較してそれほど発達していなかったため,大半の金融機関のバーツ貸出は,当座貸越等の短期借入が中心となった。設備資金等の中長期の資金の借入は,通常,1～2年程度の融資を契約しながら,3ヵ月毎に金利を見直し短期資金を借り替える,「長期コミットメントによる短期ロールオーバー」の方法が採られた[99]。バーツ借入は為替リスクがなく手続きも容易であった。バンコクにはサイアム商業銀行,タイ・ファーマーズ銀行等の商業銀行が数多くあり,日系企業は気軽に利用できた[100]。(また,日本の都市銀行も数多く進出しているため,日系企業は日系の取引銀行とコンタクトをとり,金融情報を得ることも可能であった)。だが国内でのバーツ調達は,バーツのマーケットが小さく,金利が高い上に不安であり,また地場銀行との繋がりが希薄である,などという制約があった。このため外貨をバーツに転換して資金を入手するために邦銀のオフショア支店が利用されるのである[101]。

タイでは海外からの外貨借入は為替管理上の制限はなく,自由に行えた。タイの企業が海外から直接資金を借入れるのは困難であった。BIBFが創設されてからはこれを利用することが増えている。前述のようにBIBFのオフショア金融業務には海外から借入れた外貨資金を海外に貸し出す業務や海外から借り入れた外貨資金をタイ国内向けに貸し出す業務があった。日系企業はBIBF市場を通じて外貨建借入を増大させた[102]。

邦銀はシンガポールや香港などの銀行間市場で調達した資金をバンコクに送り,貸出に当てた。邦銀の資産のほとんどはドル建ての貸出金なので通貨危機前に銀行は直接的には為替リスクはないものと考えていた。(企業は為替リスクをヘッジしていなかった。だが通貨危機発生後,取引先が為替相場の下落により損失を被った結

果，銀行もドル建て債権の回収が困難になるという打撃を受けた)[103]。

　タイでは長期資金調達手段が乏しいこともあり，日系企業でも，株式公開を検討した企業が多かった[104]。1974年にタイ証券取引所が設立されたが，1998年末の上場会社数は418社であった。比較的緩やかな上場基準等を背景に，日系企業のなかには株式公開を検討する企業が多く，また実際に数社が上場している[105]。

　通貨危機によるバーツの急落は，進出企業の外貨建債務を膨張させ，これに対し，日本側親会社が増資により資金繰りを支援するケースが多くみられた。「外貨借入の圧縮」や「借入金返済の延期」もみられた[106]。

　日本経済の不況の影響は在タイ日系企業にも及んだ。金融難はこれらの企業に直面することとなった。すなわち98年11〜12月のジェトロ調査によれば，264社中81社（30.7％）が「邦銀からの資金調達難」を回答し，66社（25.0％）が「日本の親会社からの資金調達難」を回答し，42社（15.9％）が「日本の親会社からの利益送金増額の要求」を回答している[107]。（電気・電子部品では32.7％，電気機械では28.6％）。

第2節　ASEANにおける韓国系企業の資金調達

1　韓国企業の資金調達の特徴

間接金融偏重の金融構造の形成

　日韓台のASEAN諸国への企業進出を考察する本書においては日系企業のASEANにおける資金調達について述べた後，ASEAN諸国へ進出した韓国・台湾系企業の資金調達を考察することとなる。海外進出企業の金融のあり方は国内金融のあり方によって規定される。そこで，それを解明する前提として，韓国・台湾の企業金融の特徴を把握しておくことが必要となる。本節では韓国の内外企業金融を取り扱うこととし，まず韓国の企業金融の推移と特徴について概観してみよう。これを行うためには国際比較を行うのが有意義である。

企業の資金調達方式を銀行などの仲介機関を介して資金の出し手から入手する間接金融と証券発行を通じて投資家から直接入手する直接金融とに分けることができる。東アジアの国における企業の資金調達について間接金融と直接金融とを比較してみると，インドネシア，タイ，韓国など危機が深刻化した国では，総じて間接金融のウエイトが高い。また，日本も間接金融のウエイトが高い。それに対して，マレーシア，フィリピン，台湾，香港，シンガポール，アメリカは総じて直接金融のウエイトが高い[108]。

 払込資本金や内部留保など，返済の必要のない自己資本を総資本で割って自己資本比率を算出して，韓国と台湾についてこの比率の推移をみてみると，韓国では1970年代以降，おおむね25％程度で推移しているのに対して，台湾では45％と高水準にある。台湾の方が直接金融市場が発達しており，また台湾企業が銀行借入に積極的でなかったのに対して，韓国では比較的容易に銀行借入を行うことができたのである[109]。

 流動比率（流動資産÷流動負債）をみると，台湾では110〜120％の水準で安定しているのに対し，韓国では91年以降，100％を下回っている。台湾企業は債権者の即時返済要求があっても，十分に流動資産で支払いが可能であったのに対し，韓国企業は，支払いに足りる流動資産（現金等）をもっていなかった[110]。

 固定比率（固定資産÷自己資本）をみると，韓国では200％を超える水準で推移していたのに対し，台湾では100〜110％で推移している。このことから固定資本への投資が韓国では盛んに行われたのに対し，台湾ではそれは自己資本の範囲内か若干オーバーする程度の投資に抑えられていたのである[111]。

 このように台湾企業は企業財務が安全性，健全性を示していた。日本やアメリカの企業の財務状況と比較しても台湾企業は一般に安全性が高いと考えられる。台湾ではアジア通貨危機の影響が軽微で済んだのは当然であった。これに対し，韓国企業は財務上危険性を有していた。通貨危機の影響を直接受けて多くの韓国企業が破綻するにいたったには不思議ではなかった[112]。

 日本では1950年代後半から70年代初頭にかけての高度成長期に，企業の自己資本比率は低く，その水準は近年の韓国企業とほぼ同程度であった。また固定比率が高度成長期を通じて上昇するなど，設備投資に積極的であった点も韓国と

似ている。しかし，日本企業は流動比率だ 110 〜 120 %で安定的に推移するなど堅実な面をもっていた。日本企業は 73 年のオイルショック後，拡大路線を改めた結果，固定比率が持続的に低下し，自己資本比率は徐々に上昇するなど財務体質改善が順調に進んだのに対し，韓国では近年まで拡大路線を維持し，財務体質の改善への取組みが遅れ，結果的に危機を招いたのである[113]。

　韓国企業が特に間接金融に強く依存するようになったのは，1960 年代以降，政府が韓国の高度成長を達成しようという目的から，金融の主導権を握り，預金貸出等の金融面からの優遇政策を採用するようになったためである[114]。1960 年代以降の韓国の金融機関は「重化学工業化と輸出拡大」のための資金供給機関としての役割をもたされ，特殊銀行と開発機関はもちろんのこと，中央銀行である「韓国銀行」と市中銀行までも政府の規制下で，一般資金より優先的に政策金融を行うべく，いろいろな形で開発金融に参加させられてきた[115]。こうした政策の恩恵を受け大きく成長したのが財閥であった。

　韓国財閥の資金調達手段をみると，1970 年代から外部資金が内部資金を上回っている。外部資金の中で一貫して高いシェアを保っていたのが，銀行を中心とする金融機関からの借入であった。1960 〜 80 年代前半，借入（金融機関の融資）はほとんど政策金融的な性格を有していた。政策金融とは，政府による特定の政策の遂行手段として，市場よりも優遇された条件で，特定の需要者に融資する仕組みのことである。財閥は，政府の監督下で，「好きなだけかりることができる」，と表現されるほどの借入依存・過剰投資という企業体質を情勢した。高利の未組織金融（インフォーマル金融）も韓国では重要な資金調達源であった。財閥も運転資金や不足する資金をこの市場に依存せざるをえないことが多かった[116]。

　韓国では 1980 年代，ことに 80 年代後半以降，金融の自由化の自由化が進められた[117]。韓国の大手市中銀行はその株式の大半が政府によって保有されていたが，81 〜 83 年にかけて民営化が進められ 89 年には市中銀行 3 行が新たに設立された。また，国際競争の激化とともに，財閥は国内外の投資を拡大させ，その資金需要は旺盛となった。政策金融だけでは企業の資金を賄えなくなった。こうした背景のもと，財閥の資金調達手段は多様化し，ノンバンク借入，社債発行増資が増加した。85 〜 97 年における財閥の主たる外部資金調達手段は，借入

(30 〜 65 %)，社債（15 〜 25 %）となっている[118]。

1980年代後半以降の金融自由化によって，企業の政策金融への依存度は減少し，同時に政府による監督機能も薄れてきた。この点が端的にあらわれたのが海外からの短期資金流入の増加である。89年には金融機関の対外借入規制が撤廃され，短期借入が自由化された。これ以後，金融機関は，金利の高い対外長期借入を避け，対外短期借入をロールオーバー（借換）することにより，実質的な長期借入とするようになった。国内融資の原資としての海外短期資金は95，96年には90年の約4倍に増大した。これらの短期資金は，財閥に融資され，長期投資に充当されたのである。また財閥は総合金融会社を通じて短期資金を自由に調達できることとなった。財閥は「外国企業と戦える力をつけなければ，海外だけでなく国内でも生き残れない」という危機感から，リスクを度外視したM＆A投資を世界で繰り広げ，負債比率を悪化させた。政策金融時代に醸成された借入依存・過剰投資の企業体質が温存されたのであった。通貨危機後に金融改革を中心とした経済構造改革が推進され，企業に対する監督機能が強化されることとなったのである[119]。

国内企業金融のこのような特徴は在外韓国系企業の資金調達にも影響を及ぼさざるをえなかった。

2 韓国系在外企業，対ASEAN諸国進出企業の資金調達

韓国の海外直接投資は，1994年から96年にかけて35億8,000万ドルから61億3,200億ドルへと増大している（認可ベース）。第2章第2節で述べられているように，韓国の海外直接投資は東南アジア向け投資を中心としたものであった。したがって海外投資金融はとくに対ASEAN投資金融であるといえる。

海外投資資金の源泉の1つとして本社企業の自己資本，とくに内部留保があげられる。高龍秀氏は，三星電子は1995年6月中間決算で韓国製造業上場企業380社の経常利益総額の38％に達する経常利益を上げ，同年12月決算での経常利益は，同年までの半導体の好況により，対前年比2倍の3兆359億ウォンにのぼり，日本の上場企業トップであるトヨタの経常利益を上回っており，この巨

額の資金と海外での現地借入の増大が上位財閥の海外投資の重要な資金源となった，といわれている[120]。

だがとくに韓国の直接投資を特徴づけるのは外部資金への依存である。韓国銀行資料に基づく 第2章の表2-3 にみられるように，韓国国内本社および海外現地法人の対外直接投資資金調達総額は1994年から96年にかけて，30兆2,400億ドルから77兆1,900億ドルへと増大している（実行ベース）。この資金調達は海外での借入，海外での証券発行，国内での外貨借入によるものであった。

本書の第2章第2節で述べられているように，海外直接投資資金調達はほとんど海外での資金調達に依存していた。その中心は海外借入であった。たとえば1995年における直接投資資金調達総額50兆8,400億ドルのうち，海外での借入額は44兆5,000億ドルに達していたのである。96年においても資金調達総額77兆1,900億ドルのうち，海外での借入額は64兆8,500億ドルに及んでいた。海外での資金調達は証券発行によっても行われた。これは外国での社債発行と考えてよいであろう。もっともこの方法による資金調達は96年には11兆5,500億ドルとなっており，海外借入にははるかに及ばなかった。そのほかには，額は少ないが，国内での外貨借入による資金調達も行われている。その額は，96年には7,900億ドルにすぎなかった。

第2章の表2-3によれば，海外現地金融のうち，半ば以上が国内居住者によって調達されている。94～96年には年間投資金額の5～7割が国内居住者の海外借入金によって賄われていた。このことは，本社が海外から借入れてこれを現地企業に送金することが海外投資資金調達，現地法人の資金調達においてきわめて重要な役割を果たしていたことを意味する。

韓国通商産業部が1994年に実施した『第1回海外投資企業実態調査結果分析』によれば，対外投資の資金調達に関して，先進国への投資では72.1％が海外調達，発展途上国では66.4％が国内調達で，全体では59.6％が海外で調達されている。ここでもやはり海外資金調達の重要性が明らかとなる。このように海外資金調達が志向されたのは国内金利よりも海外金利が低いためであろう[121]。

韓国系企業の海外直接投資資金は韓国国内本社と現地法人によって調達されている。表2-3と**表3-9**とによれば，94年および96年に本社，親会社（国内居住

表3-9 韓国系海外現地法人の資金調達

(単位：100万ドル)

	1991	92	93	94	95	96
海 外 借 入	380	—	600	490	930	2,710
海外での証券発行	437	213	558	695	512	1,155
国内外貨借入	127	97	156	283	122	79
合　　計	944	310	1,314	1,468	1,564	3,944

出所：韓国銀行国際部作成資料．

表3-10 韓国系海外現地法人の資金調達（各年末残高）

(単位：億ドル)

	1993	94	95	96	97
現地金融総額	187.6	224.5	324.6	462.2	514.6
5大財閥	121.3	152.9	220.8	310.6	359.4
30大財閥	158.7	196.2	280.5	391.2	436.4

出所：高龍秀『韓国の経済システム』89ページ（原資料は金東源「経済危機の原因」李炳天・金均編『危機，そして大転換』当代）．

者）の調達額と現地法人の調達額はほぼ同額であったが，95年には前者が後者を大幅に上回っている．

表3-10により，韓国海外法人の現地での資金調達残高を見ておこう．これによれば，現地金融は1993年末の188億ドルから97年末の515億ドルに2.7倍に拡大している．特に，97年末で5大財閥海外法人が全体の70％，30大財閥海外法人が85％となっており，上位財閥が海外の資金調達を活発に取り入れることで対外投資を拡大させていることがわかる．

アジアに進出した財閥系企業の親会社との資金関係は次のようなものであった．出資するための外貨の調達が中央銀行のコントロール下に置かれていた時期には子会社の設立は，グループ内企業ごとの判断ではなく，財閥グループ内での優先順位に基づいていた．親会社の資金負担能力が低い場合には，グループ内の優良企業が出資するケースが多くみられた．資金調達は，親会社保証のもとで，現地の銀行から借入れるケースが多かった．グループ内の優良企業が出資している子会社では，その優良企業が保証を出すこともあった．1995年頃に政府が企業の

表 3-11　韓国企業の海外での外貨借入

(単位：億ドル，%)

	1997年6月末		1997年12月末	
借入主体別				
国内企業が海外借入後，海外で運用	154	30.0	192	36
所有率50%以上の海外法人の借入	360	70.0	340	64
借入先別				
韓国系金融機関	220	42.8	208	39.1
外国系金融機関	294	57.2	324	60.9
貿易金融など	147	28.6		
純借入	147	28.6		
	514	100.0	532	100.0

出所：高龍秀『韓国の経済システム』22ページ（原資料は『毎日経済新聞』1998年2月13日，27日，財政経済部「企業の現地金融現況」1998年2月27日）．

保証債務を抑制する行政指導を出してからは保証は減少傾向をたどった。韓国で対外外貨貸付が規制されていた時期には親子ローンはほとんどみられなかった[122]。信用の高まった親会社の中には，国際金融市場から低利資金を調達し，海外子会社の出資や増資に充当するものがあった[123]。

表3-11に見られるように，韓国系企業が海外で外貨を借入れる場合には韓国系金融機関から借入れることが行われた。1997年6月末には借入先のなかでは韓国系金融機関が43%を占めていた。だが韓国の銀行は，①規模が相対的に小さい，②銀行経営に自立性が希薄であり，低収益体質である，という問題点をもっていたが，さらに，③銀行の国際化が後れており，90年代においても，かなりの銀行が海外に進出できるように規制緩和されていたとはいえ，まだ初期的段階にとどまっていたのである[124]。

　1994年について外国金融機関のアジアへの進出状況をみてみると，日本の金融機関は香港，シンガポール以外にも，韓国に13支店，6駐在員事務所（以下事務所と略），台湾に2支店，1事務所，マレーシアに1支店，12事務所，インドネシアに1支店14事務所，タイに2支店14事務所，フィリピンに2支店，4事務所，1オフショア・ブランチを開設していたのに対して，韓国の金融機関は香港に5支店，8事務所，シンガポールに4支店，5事務所，マレーシアに1事

務所，インドネシアに2事務所，タイに2事務所，フィリピンに1支店，中国に1支店を開設しているにすぎず，実態的活動を伴なう支店形態での進出は国際的金融センターである香港やシンガポールなどに限られ，マレーシア，インドネシア，タイには支店を設置するに至っていなかったのである。韓国の銀行の海外店舗は，現地金融機関からの借入と短期資金の調達に頼っており，他の外国銀行に比べて資金調達コストが相対的に高いという問題点もあった[125]。

韓国銀行のアジア進出状況がこのようなものであったとすれば，韓国系企業が現地金融機関から資金調達を行おうとしても，韓国の銀行ではそれに十分対応することはできなかったのではないかと思われる。**表3-10**から明らかなように韓国系企業は海外では外国系金融機関から多く借入れていたのである。

韓国系在外企業の資金調達について述べたことはASEANにおける韓国系企業の資金調達についてもいえることであるが，さらに具体的にASEANにおける韓国系企業の資金調達について考察してみよう。

本書7章で述べているように，三星（サムソン）グループの対ASEAN進出現地法人の資金調達をみると，資本金は本社あるいは三星（サムソン）グループが出資している。すなわち，サムソン電子がマレーシアにパソコンモニターメーカーとして設立したSDMAはサムソン電子が100％出資した。サムソン電管はマレーシアにサムソン電管マレーシアを設立したが，この資本金はサムソン電管とサムソン物産が出資した。サムソン電機がタイに設立した現地法人は100％出資であった。サムソンコーニングは本社が70％出資し，残りはサムソン電管が出資していた。

本社それ自体は借入に依存していると考えられる。第9章の 表9-4a，表9-4bによれば，1996年に，三星電管の短期借入金は5,560億ウォン，長期借入金は9,402億ウォンとなっており，借入金合計1兆4,962億ウォンは自己資本1兆3,205億ウォンの1.13倍となっており，同年に日本の電気機械メーカー42社平均で借入金が4,108億円と自己資本4,770億円の0.86倍となっているのと比較すれば高くなっている。だが，94年については三星電管の借入金の方が日本の電気機械メーカーよりも自己資本に対する倍率が低くなっている。一般に韓国企業の借入金依存度が高いといわれているが，三星電管では韓国企業の借入依存度の

高さはあまりみられない。三星電管は韓国では例外的ケースであろう。
　親会社の出資金だけでは現地法人の設備資金，運転資金は不足する。そこで借入金や社債発行などによる資金調達が必要となる。SDMA は現地進出外国銀行引き受けで起債も実施している。サムソン電管マレーシアはサムソングループ全体の保証で韓国産業銀行のシンジケート・ローンと変動利付債（floating rate note）による資金調達を実施した。この債券はアメリカのシティーバンクが引き受けたとのことである。

第3節　ASEAN における台湾系企業の資金調達

1　台湾企業の資金調達の特徴

　前述のように，台湾の企業財務は韓国と比べて安全性，健全性を示しており，台湾では企業の自己資本比率は高かった。
　台湾では政府は経済成長よりも安定を常に優先していた。台湾政府は民間企業の育成に対しては抑制的であった[126]。韓国で行われたような経済成長を支えるための銀行信用配分への徹底した政策的介入は行われなかった。台湾の金融制度は我が国の制度に基づいて構成されていた銀行システムを修正したものに，中国大陸制度を追加し，必要に応じてさらに新しいものを追加した制度となっているが[127]，台湾では銀行の公営が長く残り，銀行の民営化が韓国に比べて遅れをとっていた。これは公営による銀行の安定が重視されたからである。政府の安定志向は，銀行の不良債権保有に対する厳しいチェックと罰則規定が 1960 年代から採られてきたことに端的にあらわれている。70 年代の韓国では競争制限的規制の目的が効率よりも成長のための資金配分に置かれてきたのに対し，80 年代末までの台湾のそれは効率よりも安定化に置かれていたといえる[128]。また，台湾では企業も財務の安全性を重視し，韓国企業のように銀行借入に積極的ではなかった。台湾の企業家は，重化学工業のような，設備投資に膨大な資金が必要で解

任機関が長い産業への投資を行うことには躊躇する傾向があった。政府はこうした産業分野の振興を図る際には，公営の大企業を設立し，リスクを負担するほかはなかった[129]。台湾では政策金融は公営企業に限定されていた[130]。

このようなことから韓国と比べて，台湾民間企業の銀行借入への依存度が少なくなったのである。

台湾では中小企業が発達している。台湾民間企業の資金調達方法を1990年についてみると，大企業と中小企業とでは若干異なる特徴が見られる。大企業では内部資金のシェアが56.1％と高かった。外部資金は43.9％となっていた。外部資金の内訳をみると，増資の割合が61.5％と多く，借入は38.5％にとどまった。社債はなかった。自己資金（増資および内部資金）は8割を超えた。投資を自己資金で賄おうする堅実ぶりは韓国財閥と対照的である。一方，中小企業では90年に，内部資金が35.5％，外部資金が64.5％となっており，外部資金のほうが多かった。外部資金のうち，未組織金融からの借入が60.2％も占めていた。未組織金融市場が後退するのは90年代に入ってからのことである[131]。

台湾が金融構造改革にのりだしたのは1980年代後半のことである[132]。台湾では89年になって「銀行法」が改正され，民営銀行の設立が可能となり，以後92年から2000年末までに32行の民営銀行が設立され，また公営銀行の民営化も推進され，98年から2000年末までで大手公営銀行8行が民営化されている[133]。このような変化のもとで90年代には民間企業の間で銀行借入が重要度を増してくる[134]。だがこの場合でも，韓国の金融のところで指摘したように，韓国企業と比較しての台湾企業の財務の健全性は失われないのである。

このような台湾の企業金融の性格は，海外進出企業の資金調達にも反映されてくる。韓国企業の資金調達が借入金依存型であるのに対して，台湾企業は端的にいえば自己資金中心型である。このことは海外進出に関わる本社企業の資金調達にもあらわれている。たとえば第9章の表9-4cによれば，台湾の本社企業中華映管の1999年度における自己資本は資産合計の61％にあたり，これは韓国の本社企業三星電管38.6％（1996年度），日本の電機メーカー平均32.8％と比べて高く，財務安定性の面で中華映管が優れていることを示している。

2 台湾系在外企業，対 ASEAN 諸国進出企業の資金調達

　台湾の海外直接投資は 1987 年から本格化した。この直接投資のための資金はいかにして調達されたのであろうか。知名度のないメーカーの借入には，知名度のあるメーカーや親企業が信用保証をあたえている。進出時に信用保証がない場合には，現地での資金調達は難しく，現地で業績を上げることが重要となった。
　アジアに進出した台湾財閥系企業の親会社との関係も韓国企業との共通点を有していた。すなわち，進出する親会社の資金余力がなければ，グループ内の中核企業がかわって出資したし，地場での銀行借入に大きく依存していたし，外貨への転換に規制があった時期には親子ローンが少なかった[135]。ただし，台湾企業の現地での銀行借入は，台湾系銀行のアジア展開が韓国系銀行に比べて遅れていることもあり，相対的に欧米系銀行や地場銀行のウエイトが高くなっていた。また，進出先の金利が高いことや現地での企業の知名度が低いことなどから，親会社が OBU（1984 年に開設された Offshore Banking Unit：台湾のオフショア市場）でシンジケートローンを組んで外貨を調達し，子会社の増資や貸し付けにあてるケースもみられた[136]。
　アジアに大々的に拠点展開している台湾のグループ企業のなかには，域内に設置した統括拠点がきわめて高い信用力を持ち，アジア域内での親会社的役割を果たしているケースもあった。コンピューターメーカー A 社は，シンガポールに 100％子会社 D 社を設置し，アジアの統括拠点として位置づいた。D 社は金融市場での信用力が高く，アジア域内の他の子会社の持株会社の役割を果たす（A 社の出資を肩代わり）とともに，サイト調整，または子会社の業績不振時に直接貸付の方法により，域内子会社への信用供与を行ったり，域内の他の子会社の現地借入れに保証をだすなど，ファイナンス面での統括拠点となった[137]。
　台湾の直接投資にとってもっとも重要な投資先は中国である。この中国への投資のための資金調達については本書第 2 章第 3 節の 表2-5，表2-6 を参照されたい。これらによれば，会社設立時における資本導入，運転資金ともに親会社の自己資金に資金の半ば近くを依存している。設備投資資金等の会社設立資金では

表 3-12 中国進出台湾企業の運転資金調達方法

(単位:件,%)

親会社自力調達	台湾での銀行借入	中国側パートナーの調達	中国の国有銀行借入	中国での外銀借入	第3地区での銀行借入	その他	サンプル数
101	8	63	118	10	1	52	291
34.71	2.75	21.65	40.55	3.44	0.34	17.87	

出所:国際金融情報センター『中国・香港・台湾の金融資本市場ならびに当該地域の経済発展』1997年、20ページ(原資料は経済部投資審議委員会、1993年調査).

表 3-13 台湾企業の海外子会社の設立時における資本導入形態と資本額

(単位:%,有効回答企業数は実数)

	50万ドル以下	50万ドル〜	100万ドル〜	500万ドル〜
1. 親会社自己資金	70	66	61	90
2. 台湾地区銀行貸付	19	31	20	24
3. 本国銀行の海外支店	4	0	0	5
4. 機器あるいは技術投資	39	34	48	5
5. 所在地現地銀行貸付	4	3	20	24
6. 所在国外国銀行貸付	2	3	2	24
7. 第三国銀行貸付	2	6	2	5
8. 現地個人あるいは企業出資	28	4	30	14
9. その他	13	22	13	24
有効企業数(社)	54	32	46	21

出所:楊雅惠他『産業部門資金問題之探討』台湾、1994年、211ページ.

機器あるいは技術投資や現地個人あるいは企業出資、運転資金では所在地銀行貸付(中国の銀行の貸付)、その他の比率も高い[138]。

　中国大陸に進出している台湾企業の現地運転資金調達方法については中華経済研究院が行ったアンケート調査結果が公表されている(『台商與外商在大陸投資経験之調査研究』経済部投資審議委員会、1995年4月)。これを示した**表3-12**によれば、台湾企業は中国大陸で中国地場の金融機関からの借入が40.55%ともっとも高い比率を占めている。これに次いで親会社自力調達(親会社からの借入)が34.71%を占め、高い水準にある。これに次いで中国側パートナーの調達が

表 3-14　台湾企業の海外子会社の運転資金源と資本額

(単位：％，有効回答企業数は実数)

	50万ドル以下	50万ドル～	100万ドル～	500万ドル～
1. 親会社自己資金	61	60	67	57
2. 台湾地区銀行貸付	16	16	9	5
3. 本国銀行の海外支店	4	0	2	10
4. 所在地現地銀行貸付	33	25	38	67
5. 所在国外国銀行貸付	8	6	4	67
6. 第三国銀行貸付	4	9	4	5
7. その他	33	40	24	14
有効企業数（社）	51	32	45	21

出所：前掲『産業部門資金問題之探討』213 ページ．

21.65 ％を占めている．その他が 17.87 ％である．後者は台湾の友人や地下金融からの借入に依存する部分である[139]．

　特に注目されるのは台湾系企業が設備資金を親会社の自己資本に依存するだけでなく，61 ％の企業が親会社の自己資本を運転資金に充当しており，この自己資本は運転資金の 47.7 ％を占めていることである．**表3-13，表3-14** によれば会社設立資金，運転資金を親会社の自己資金に依存する傾向は企業規模にかかわりなくみられた．

　また第 2 章の表 2-6 によれば台湾系在外企業が運転資金を台湾系の銀行から借り入れる比率はきわめて低かった．また運転資金を進出先の現地銀行からかなり借入れていたのであった．

　日系企業は邦銀と協力して地場金融機関から外貨担保人民元融資の形で借入れたり，邦銀の発行する外貨建スタンドバイ・クレジット（L/C：信用状）を担保にして地場銀行から借入れたりすることがおおむねできている．これに対して台湾企業の場合，現地で台湾の取引銀行の支援が得られない．また，外国銀行支店の支援も現地法人の規模が比較的小さく，かつ，台湾と中国大陸双方に支店を持つ外国銀行が少ないこと，台湾企業は比較的中小企業の進出が先行していることから親会社の信用だけでは外国銀行の与信基準に適わないこともあり，台湾企業の資金調達は日系企業に比べて困難であったと思われる[140]．

第3章 日韓台の対 ASEAN 進出企業の資金調達

表 3-15 台湾企業の 1993 年度利益処分状況

(単位：%)

損失補填	企業内留保	再投資	配当	(配当の内自国送金)	その他	合計
24.16	25.44	20.17	26.88	(20.18)	3.35	100

出所：表 3-12 に同じ．

　台湾企業の利益処分状況は**表3-15**のとおりで，利益は損失補填，企業内留保，再投資，配当金等に充当されたが，配当金は 26.88 ％にすぎず，利益金もまた現地企業にとっての重要な資金源となったのであった[141]。

　次に ASEAN 諸国に進出した台湾系企業の資金調達について考察しよう。

　第 2 章第 3 節で述べられたように，海外子会社設立時における資金や運転資金の調達先を示した 表 2-5, 表 2-6 によれば，東南アジア（ASEAN）4 ヵ国（シンガポール，タイ，マレーシア，インドネシア）に設立された企業については，親会社の自己資金の資本供給比率が平均して，会社設立資金総額の 46.7％，運転資金総額の 37.6 ％と，もっとも多くを占めている。現地法人の設備投資資金，運転資金は本社に多くを依存していたのである。この親会社は韓国と比べると借入金への依存度が低かった。台湾では韓国のように本社が海外から借入れてこれを海外子会社の送金するということはあまり行われていなかったのではないかと思われる。同表では現地個人あるいは企業の出資は 9.5 ％となっており，親会社自己資金よりもはるかに低かった。

　だが東南アジアに進出した台湾系企業の資金調達方法は多岐にわたっている。直接投資については，第 2 章第 3 節で述べられているように，自己資金と同じ程度に外部資金，ことに海外からの資金に依存していた。もっとも，台湾系銀行（在台，台湾外所在共に）からの対外投資関係貸付もあったが，これは意外に少ない。第 2 章の表 2-5, 表 2-6 によれば，台湾企業の東南アジア 4 ヵ国における子会社の資金調達先のうち，台湾地区銀行貸付の平均資本供給比率は，資本導入総額の 10.7 ％，運転資金総額の 2.7 ％を占めるにすぎなかった。

　日本と比べて台湾の金融機関も海外進出が立ち遅れていた。1994 年における

台湾系金融機関の東アジア，東南アジアへの進出状況は次のとおりであった。シンガポール：1支店，香港：1支店，2駐在員事務所，マレーシア：なし，インドネシア：1事務所，タイ：1支店，フィリピン：1事務所，中国：なし[142]。

東南アジア4ヵ国における台湾企業海外子会社所在国の現地銀行貸付や所在国外国銀行貸付が親企業の自己資金に次いで多かった。場合によると自己資金の比率を上まわることもあった。表2-5，表2-6によれば東南アジア4ヵ国所在台湾企業海外子会社への所在国現地銀行貸付が会社設立資金総額の9.4％，運転資金総額の35.7％，所在国外国銀行貸付が会社設立資金総額の7.5％，運転資金総額の14.6％を占めていた。現地外国銀行貸付の合計額は，会社設立資金総額の16.9％，運転資金総額の50.3％を占めていたことになる。所在国現地銀行貸付には実体的には華人系銀行貸付がかなりあったと考えられる[143]。

東南アジア向けと中国向けを合算して作成した**表3-13**と**表3-14**によれば，会社設立資金，運転資金の調達においては，所在国の現地銀行から貸付を受けている企業の比率は，資本金額が多額のものが高くなっており，とくに所在地の外国銀行からの貸付においてその傾向が強かった。つまり，資本金の多い知名度のある企業は所在地での資金調達が容易であった。一方，知名度のないメーカーの借入れの場合には親会社の信用保証が求められることがあった[144]。

台湾系ASEAN諸国進出企業の資金調達の個別事例を示そう。ASEANに進出した台湾のモニター，ブラウン管メーカーをみると，現地法人は親企業が100％出資のケースが多かったと思われる。たとえば中華映管の海外現地法人は100％中華映管が出資している。

第8章の第1節で述べるように，マレーシアに進出した明碁電脳（コンピュータ用ディスプレイ組立メーカー）の資金調達については，資本金は台湾で調達し，運転資金はシティーバンクやドイツ銀行などの現地進出外国銀行から借入れた。親会社の信用保証による借入が行われた。

1998年7月の大同へのインタビューによれば，第8章第1節でも述べるように，大同のタイ現地法人（コンピュータ用ディスプレイ組立メーカー）は，資本金（出資）を台湾の大同本社の自己資金に仰いでいたが，それと同じくらいの額を現地の銀行や日本の銀行から借入れていた。タイの工場が設備を日本から購入し

た際には日本輸出入銀行から資金を借りた。大同の現地法人が借入れる時には本社が信用保証状を指し出すことが行われた。資金はタイの地場銀行であるバンコク銀行（Bangkok Bank Public Co., Ltd. 華僑系）やタイ・ファーマーズ銀行（Thai Farmers Bank Public Co., Ltd. 華僑系），現地に進出した外国銀行である日本の住友銀行（The Sumitomo Bank）やドイツのドイツ銀行（Deutsche Bank）から融資を受けた。本社は部品を現地法人に提供した時に現地側の支払の期限を遅らせることによっても現地法人を資金的に援助したのである。

【注】

1) 通商産業大臣官房調査統計部企業統計課・通商産業省産業政策局国際企業課編『我が国企業の海外事業活動（第26回）』大蔵省印刷局，1998年，75，76，86，88ページ。
2) 同上書，131ページ。
3) 同上書，146ページ。
4) 東京銀行企業金融研究会編『企業金融の入門』とりい書房，1995年，2ページ。
5) 同上書，20ページ。
6) 同上書，21ページ。
7) 同上書，23〜28ページ。
8) 田邉敏憲『手にとるように金融のことがわかる本』かんき出版，2000年，119ページ。
9) 同上書，119ページ。
10) 東京銀行企業金融研究会編，前掲書，29ページ。
11) 通商産業省海外製作局国際企業課編『第3回海外事業活動調査　海外投資統計総覧』ケイブン出版，1989年。齊藤壽彦「日本の金融国際化と東アジア」相田利雄・小林英夫編『成長するアジアと日本産業』大月書店，1991年，54ページ。
12) 日本輸出入銀行『海外投資研究所報』第18巻第1号，1992年，47ページ，第19巻1号，1993年1月，26ページ，第20巻第1号，28〜29ページ。
13) 『海外投資研究所報』第20巻第1号，29ページ。
14) 吉竹広次「直接投資と国内投資」青木健・馬田啓一『日本企業と直接投資』勁

草書房，1997 年，107 ページ。
15) 日本興行銀行国際投資情報部・日本興行銀行東京支店『海外現地生産に挑む』ダイヤモンド社，105 〜 111 ページ。齊藤壽彦，前掲「日本の金融国際化と東アジア」54 ページ。
16) 中谷敬二・中島裕行・関根宏樹・森谷友理子「1996 年度海外直接投資アンケート調査結果報告」『海外投資研究所報』第 23 巻第 1 号，9 〜 10 ページ
17) 西山洋平・関根宏樹・森谷友理子「1997 年度海外直接投資アンケート調査結果報告」日本輸出入銀行『海外投資研究所報』第 24 巻第 1 号，1998 年 1 月，10 ページ。
18) 同上，16 ページ。
19) 西山洋平・関根宏樹・森谷友理子，前掲報告，15 ページ。
20) 西山洋平・串馬輝保・野田秀彦「1998 年度海外直接投資アンケート調査結果報告――アジア危機と我が国企業の今後の投資動向」日本輸出入銀行『海外投資研究所報』第 25 巻第 1 号，1999 年 1 月，17 ページ。
21) 中谷敬二・細野健二・中島裕行・森谷友理子「1995 年度海外直接投資アンケート調査結果報告」『海外投資研究所報』第 22 巻第 1 号，10 ページ。
22) さくら総合研究所環太平洋研究センター編著『アジア新金融地図』日本経済新聞社，1996 年，高安健一「経営統合を控えた邦銀のアジア戦略」さくら総合研究所環太平洋研究センター『環太平洋ビジネス情報「RIM」』Vol. 1. No. 52, 2001 年 1 月，も参照されたい。
23) 第一勧銀総合研究所『アジア金融市場』東洋経済新報社，1997 年，53 ページ。
24) さくら総合研究所環太平洋研究センター編著『アジア新金融地図』日本経済新聞社，164 ページ。
25) 第一勧銀総合研究所，前掲書，63 ページ。
26) 中條誠一「アジアとの資本交流の現状と問題」大阪市立大学経済研究所『アジアの証券市場』東京大学出版会，1993 年，93 ページ。
27) 第一勧銀総合研究所，前掲書，63, 66 ページ。
28) 同上書，67 〜 68 ページ。
29) 同上書，68 ページ。
30) 同上書，69 ページ。
31) 同上書，70 ページ。
32) 同上書，69 ページ。

33) 同上書，70〜71 ページ．
34) さくら総合研究所環太平洋研究センター編著，前掲書，165〜167 ページ．
35) 第一勧銀総合研究所，前掲書，75〜76 ページ．
36) 同上書，71 ページ．
37) 同上書，71 ページ．
38) 同上書，78 ページ．
39) 同上書，72 ページ．
40) 同上書，73 ページ．
41) 同上書，73 ページ．
42) さくら総合研究所環太平洋研究センター編著，前掲書，166〜167 ページ．
43) 同上書，166 ページ．
44) 第一勧銀総合研究所，前掲書，93〜94 ページ．
45) 同上書，94〜96 ページ．
46) 唐澤延行「東アジアに展開する邦銀国際業務」土屋六郎編『アジア太平洋経済圏の発展』同文舘出版株式会社，1997 年，165〜166 ページ．
47) 同上書，166〜167 ページ．
48) 同上書，167〜168 ページ．
49) 1990 年代前半の邦銀のアジア戦略についてはさくら総合研究所環太平洋研究センター編著，前掲『アジア新金融地図』第 5 章を参照．
50) 以上については高安健一「邦銀のアジア戦略再構築に向けて」さくら総合研究所環太平洋研究センター『環太平洋ビジネス情報「RIM」』No.46，1999 年 7 月，42〜55 ページを参照．
51) 向山英彦「新世紀に向かうアジア経済と日系企業のアジア戦略」『環太平洋ビジネス情報「RIM」』No.47，1999 年 10 月，3 ページ．
52) 「1996 年度海外直接投資アンケート調査結果」『海外投資研究所報』1997 年 1 月号，11〜12 ページ．
53) 高安健一前掲「経営統合を控えた邦銀のアジア戦略」29〜30 ページ．
54) 石本聡「日本企業から見た ASEAN4 の財政金融制度」大蔵省財政金融研究所編『ASEAN4 の金融と財政の歩み——経済発展と通貨危機——』大蔵省印刷局，1998 年，125, 131〜132 ページ．
55) 高安健一，前掲論文，52〜54 ページ．同「経営統合を控えた邦銀のアジア戦略」『環太平洋ビジネス情報「RIM」』No.52，2001 年 1 月，4 ページ．

56) 前掲『海外投資研究所報』第 25 巻第 1 号, 16 〜 17 ページ。
57) 通産省が 98 年 8 月末に東アジアに現地法人をもつ日本企業 319 社に対して実施した調査によると,在東アジア現地法人が貸し渋りを受けていると回答した企業は全体の 35 ％に上った。また 63 ％の企業が「現地法人から追加投資・増資等の資金面での要請を受けている」と回答した。ジェトロが 98 年 9 〜 10 月に在東アジア日系現地法人 132 社に対して実施したインタビュー調査によると,日系現地法人は,資金調達を親会社保証による法人からの借入れで実施しているケースが多く,地場企業とは状況が異なるものの,タイ,マレーシアを中心に貸し渋りを受けたという回答が多くみられた。貸し渋りの具体的な内容は「与信枠の縮小,拡大の拒否」,「新規貸出拒否」,「借入金の前倒し返済要求」,「保証条件,審査の厳格化（親会社保証の要求）」,「借入期間短縮」,「金利引き上げ」,「ロールオーバー（借り換え）中止」等があげられた。（日本貿易振興会編集・発行『1999 年ジェトロ白書・投資編世界と日本の海外直接投資』1999 年, 42 ページ。
58) 前掲『海外投資研究所報』第 25 巻第 1 号, 17 ページ。
59) 三和総合研究所編『海外投資ガイド　マレーシア』同研究所, 1998 年, 19 ページ。細川博「マレーシアの外資政策の特徴と変遷」国際通貨研究所編『マレーシアの金融問題』2000 年, 同研究所, 第 5 章。
60) さくら総合研究所環太平洋研究センター編,前掲『アジア新金融地図』73 ページ。
61) 外国為替等審議会アジア金融・資本市場専門部会,前掲書,参考資料, 16 ページ,原資料は International Bank for Reconstruction and Development, Global Development Finance, 1998.
62) 三和総合研究所編『海外投資ガイド　マレーシア』同研究所, 1998 年, 24, 40 ページ。
63) ジェトロ・クアラルンプール・センター編『ビジネスガイド　マレーシア——新たな成長への挑戦』日本貿易振興会（ジェトロ）1998 年, 218 ページ。
64) 以下については,三和総合研究所編,前掲書, 78 〜 82 ページ,マレーシア日本人商工会議所調査委員会編『マレーシアハンドブック '98』同会議所, 1998 年, 296 〜 298 ページ,を参照。
65) さくら総合研究所環太平洋研究センター編『マレーシアでの事業展開』同研究所, 1997 年, 133 ページ。
66) さくら総合研究所環太平洋研究センター編『アジア新金融地図』日本経済新聞

社，1996 年，72 〜 76 ページ．
67) 村上美智子「業界再編の本格化が見込まれるマレーシアの銀行セクター」国際通貨研究所『マレーシアの金融問題』同研究所，1998 年，67 ページ．
68) 第一勧銀総合研究所，前掲書，146 〜 147，152 ページ．さくら総合研究所環太平洋研究センター編『マレーシアでの事業展開』同研究所，1997 年，132 ページ以下．
69) 富士銀行国際資金為替部アジア通貨情報デスク「マレーシアの銀行システム」『アジアの銀行システム』107 ページ．
70) さくら総合研究所環太平洋研究センター編，前掲『アジア新金融地図』76 ページ．
71) 村上美智子，前掲論文，54 ページ．
72) Bank Negara Malaysia, *Monthly Statistical Bulletin*, May 1998, p.119.
73) 富士銀行国際資金為替部アジア通貨情報デスク「マレーシアの銀行制度」前掲『アジアの銀行システム』122 ページ．
74) さくら総研環太平洋研究センター編，前掲『アジア新金融地図』78 ページ．
75) ジェトロ・クアラルンプール・センター編，前掲書，224 ページ．
76) 第一勧銀総合研究所，前掲書，151 〜 152 ページ．
77) 日本貿易振興会編・発行『進出企業実態調査　アジア編〜日系製造業の活動状況〜 1999 年版』1999 年，96 〜 97 ページ．
78) 同上書，98 ページ．
79) 第一勧銀総合研究所，前掲書，146，147，152 ページ．
80) 同上書，152 ページ．
81) アジア各国の金利水準については同上書，62 ページを参照されたい．スワップ取引の具体例についてはインドネシアのケースについてさくら総合研究所環太平洋研究センター編『インドネシアでの事業展開』同研究所，1994 年，110 〜 113 ページが参考となる．為替差損を回避するためにコストを支払って為替予約を入れることも行われた．リンギを使って商売をしている企業が US ドルで返さなければならない場合，リンギを 1 年後に US ドルいくらと交換できるという予約をいれるのである．
82) 三和銀行クアラルンプール出張所によれば，クアラルンプールには日本人は 2 人までしか置けず，日本人が 30 人いるシンガポール支店に業務を依存せざるをえず，シンガポール支店の出先のようであった．

83) 富士銀行国際資金為替部アジア通貨情報デスク，前掲論文，122ページ。向壽一『自動車の海外生産と多国籍銀行』ミネルヴァ書房，2001年，74～78ページ。
84) マレーシア日本人商工会議所調査委員会編，前掲書，298ページ。
85) 日本貿易振興会編，前掲『進出企業実態調査　アジア編』122～123ページ。
86) 同上書，132～134ページ。
87) 1980年代のタイにおける日系企業の資金調達については中小企業金融公庫調査部編『躍進するアセアンの産業と金融』東洋経済新報社，197～200ページ参照。
88) 第一勧銀総合研究所，前掲書，138，144ページ。
89) 同上書，138～139ページ。
90) 原田泰・井野靖久『タイ経済入門』第2版，日本経済評論社，1998年，48～49ページ。
91) 住友信託銀行「タイの銀行システム」研究情報基金金融総合研究所編『アジアの銀行システム』研究情報基金，1998年，225ページ。
92) 田坂敏雄『バーツ経済と金融自由化』御茶の水書房，1996年，87～110ページ。BIBFは，特定の取引立会所があるわけではなく，電話やテレックスを通じて取引が行われるテレホンマーケットである。この市場参加者は大蔵大臣認可のオフショア勘定を設けなければならない（同書，89ページ）。タイオフショア市場の対内貸付金利はシンガポールのインターバンク金利であるSIBOR（Singapore Interbank Offered Rate）の水準に相当した。それはLIBOR（London Interbank Offered Rate）＋2～3％＝年利6～7％の水準であった。1994年8月末現在のタイのプライムレート（最優遇金利）はMLR（Minimum Lending Rate：最低貸出金利）で11.5％であるから，内外の金利差は4～5％もあった。（もちろん，外―内取引には源泉課税やバーツ転換の最の為替スワップ・コストなどがかかるから，実質的な金利差はこれより少なかった（同書，111ページ）。
93) 田坂敏雄，前掲書，101ページ。
94) 同上書，89～90ページ。住友信託銀行，前掲論文，223～224ページ。米田敬智『タイ・フルブランチへの道』中央公論社，1998年。
95) 田坂敏雄，前掲書，98～99ページ。
96) 奥田英信『ASEANの金融システム――直接投資と開発金融――』東洋経済新報社，2000年，124～139ページ。

97) 日本貿易振興会編，前掲『進出企業実態調査』51 ページ。
98) 三和総合研究所編『海外投資ガイド　タイ』同研究所，改訂版，2000 年，45 ページ。
99) 同上書，45 ページ。さくら総合研究所環太平洋研究センター編『タイでの事業展開』同研究所，1996 年，165 ページ。
100) 同上書，48 ページ。
101) 第一勧銀総合研究所，前掲書，144 ページ。
102) 三和総合研究所編，前掲書，45 ページ。
103) 山内英貴『アジア発金融ドミノ』東洋経済新報社，1999 年，39 ～ 41 ページ。
104) 第一勧銀総合研究所，前掲書，145 ページ。タイにおける株式市場の発展については丸淳子「東南アジアの金融危機と証券市場の役割」『武蔵大学論集』第 47 巻第 3・4 号，を参照。
105) 三和総合研究所編，前掲『海外投資ガイド　タイ』，48 ページ。
106) 日本貿易振興会編，前掲『進出企業実態調査』52, 80 ページ。
107) 同上書，90 ～ 91 ページ。
108) 経済企画庁編『アジア経済　1998』大蔵省印刷局，1998 年，71 ページ。
109) ～ 112) 同上書，75 ～ 78 ページを参照。
113) 同上書，79 ～ 81 ページ。
114) 同上書，85 ページ。
115) 三井信託銀行（田中啓紀）「韓国の銀行システム」研究情報基金　金融総合研究所『アジアの銀行システム』研究情報基金, 1998 年，80, 88 ページ。
116) 田中信弘「韓国企業の所有構造と資金調達――日本企業との比較考察――」関口操・竹内成編著，前掲『始動するアジア企業の経営革新』，大木登志枝「韓国，台湾における民間企業の経営監督システム」『環太平洋ビジネス情報「RIM」』No.47, 1999 年 10 月，65 ～ 67 ページ，深川由紀子『韓国・先進国経済論』日本経済新聞社，1997 年，175 ～ 187 ページ，池尾和人・黄圭燦・飯島高雄『日韓経済システムの比較制度分析』日本経済新聞社，2001 年，164 ～ 176 ページ，等を参照。未組織金融市場である「私的金融市場」は 1993 年 8 月の金融実名制（金融取引においては実名の使用を義務付ける制度によりその規模は縮小されたと思われる（三井信託銀行，前掲論文，81 ページ）。
117) この背景と過程については，大蔵省財政金融研究所内金融・資本市場研究会『21 世紀へのビジョン　アジアの金融・資本市場』金融財政事情研究会，1991

年, 104～106, 112～117 ページ, 河合正弘＋QUICK 総合研究所アジア金融研究会編著『アジアの金融・資本市場』日本経済新聞社, 1996 年, 5～6 ページ, 深川由紀子, 前掲書, 1997 年, 187～217 ページ, 大場智満・増永嶺監修, 国際金融情報センター編著『変動する世界の金融・資本市場［下巻］アジア・中南米・中東編』金融財政事情研究会, 1999 年, 23～25 ページ, 高龍秀『韓国の経済システム——国際資本移動の拡大と構造改革の進展——』東洋経済新報社, 2000 年, 69～78 ページ, 池尾和人・黄圭燦・飯島高雄, 前掲書, 176～181 ページ, 等を参照されたい。

118) 大木登志枝, 前掲論文, 68 ページ。高龍秀, 前掲書, 78 ページ。
119) 同上, 68～69 ページ
120) 高龍秀, 前掲書, 112 ページ。
121) 同上書, 88 ページ。韓国の一般貸出金利は 1990 年代には 10％内外であった。
122) 1993 年に金泳三大統領は, 新経済 5 ヵ年計画 (1993～97 年) のなかで金融制度改革を最重点課題に掲げた。この中の資本取引の自由化の中で, 海外直接投資制限の段階的な緩和, 企業の外貨調達の許可制から申告制への変更などが掲げられていた (三井信託銀行, 前掲「韓国の銀行システム」98 ページ)。1994 年には国内企業による現地金融の規制が緩和された (高龍秀, 前掲書, 71 ページ)。
123) 第一勧銀総合研究所『アジア金融市場』東洋経済新報社, 1997 年, 91
124) 田中啓紀, 前掲論文, 89～90 ページ。
125) 河合正弘＋QUICK 総合研究所アジア金融研究会編著, 56, 57, 62 ページ。
126) 大木登志枝, 前掲論文, 72 ページ。
127) 安田信託銀行「台湾の銀行システム」(研究情報基金金融総合研究所, 前掲書, 所載) 172 ページ。
128) 首藤恵「韓国の銀行自由化と産業組織」『三田学会雑誌』第 83 巻特別号—Ⅱ, 1991 年 3 月, 131～132 ページ。
129) 経済企画庁編, 前掲書, 75, 86 ページ。
130) 大木登志枝, 前掲論文, 73 ページ。
131) 同上, 72 ページ。台湾の金融においてインフォーマルセクターが大きなウエイトをしめていたことについては隅谷三喜男・劉進慶・涂照彦『台湾の経済』東京大学出版会, 1992 年, 189～235 ページを参照。
132) 大場智満・増永嶺監修, 前掲書, 29 ページ。
133) 日本総合研究所調査部環太平洋研究センター『JRI　アジア・マンスリー』

Vol.01 No.1, 4 ページ。大場智満・増永嶺監修，前掲書，29 ページ。小林重雄「金融再編，銀行統合に動く台湾」『環太平洋ビジネス情報「RIM」』No.3, 2001 年 10 月, 64 〜 80 ページ。

134) これが主要な資金調達手段となったとする見解もある（大木登志枝，前掲論文，74 ページ）。

135) 1987 年 7 月，中央銀行は外貨管理条例を改正し，為替に関する制限を大幅に取り払った。貿易については管理を廃止し，中華民国の居住者であれば自由に外貨を保有し，貿易を行えることとなった。資本取引では，支払いを管理し，受入を放任する方針から，受入を管理し，支払いを放任する方針にあらため，500 万米ドルまでの持ち出しを自由化した。持ち込みの限度額はその後拡大され，1992 年に至って 500 万米ドルとなっている（安田信託銀行，前掲「台湾の銀行システム」191 〜 192 ページ）。

136) 台湾は 1983 年 12 月国際金融業務条例（Offshore-Banking-Statue）を公布し，1984 年 4 月に外国為替指定銀行が域外金融業務支店を設置することを認めた。1995 年には行政院経済建設委員会は重要政策として「台湾をアジア太平洋オペレーションセンターに発展させる計画」を発表したが，その一部として台北金融センターを設立して，外国為替市場，外貨コール市場，台北域外金融市場（OBU）の 3 者を結合することが構想された（安田信託銀行，前掲論文，191 〜 197 ページ，参照）。

137) 第一勧銀総合研究所，前掲書，91 〜 93 ページ。

138) 本書，第 2 章第 3 節の 2 を参照。

139) 国際金融情報センター『中国・香港・台湾の金融資本市場ならびに当該地域の経済発展』同センター，1997 年，19 ページ。

140) 同上書，19 〜 20 ページ。

141) 同上書，20 ページ。

142) 河合正弘＋ QUICK 総合研究所アジア金融研究会編著，56 ページ。

143) タイの地場商業銀行 15 行中，華僑系銀行は 9 行あった。このほかは政府系 2 行，王室系 2 行，在郷軍人系 1 行，印僑系 1 行であった（研究情報基金金融総合研究所，前掲書，207 ページ）。

144) 本書，第 2 章第 3 節の 2 を参照。

第4章　アジアの通貨・金融危機と直接投資

第1節　アジア通貨・金融危機

1　理論的前提

（1）通貨危機・金融危機の概念

　1997年にアジアで通貨・金融危機が発生した。これは直接投資とも関係が深いから，これについても考察しておくこととする。アジア通貨・金融危機を具体的に考察する前に，この考察に必要な理論について最初に述べておきたい。

　通貨危機・金融危機とは何を意味するのであろうか。アジア通貨危機という言葉はしばしばアジア金融危機とかアジア経済危機という言葉とともに用いられる。日下部元雄氏は，金融危機にはその通貨が為替市場で攻撃され通貨価値の大幅な切下げを余儀なくされる「通貨危機」と，国内的に銀行が取付にあったり，政府が介入して大幅な銀行部門の国有化や資本注入，合併による再編成などを行う「銀行危機」があり，両者は別の概念であり，アジアでこの両者が複合した危機が発生した，と述べられている[1]。平塚大佑氏はアジアで通貨・金融・経済危機が発生したと述べられている。すなわち，1997年以降のアジアの危機は次のような特徴をもっていたと指摘されている。第1に，変動相場制移行と国際金融支援という通貨危機対策が市場の信認をつなぎとめることができず，外国銀行は融資の回収・引き揚げを続け，通貨の下落がなかなか止まらなかったことである。第2に，不良債権が増大し，金融機関が破綻したり，不健全となり，融資機能が麻痺し，信用が収縮したことである。第3に，経済が突然大きく収縮し，稼働率の大幅低下や失業率の上昇などが顕著となり，失業増大など雇用所得の減少

が民間消費を萎縮するデフレの連鎖が現れたことである。アジアの危機は，まさしく通貨・金融・経済のトリプル危機となったのである，と[2]。

ここでは通貨危機は対外的通貨価値を示すとみなされた為替相場の大幅な低落ととらえておきたい。これが危機とみなされたのは，債務国において，これが為替差損の発生，対外債務負担の激増，資金の国外流出・為替対策による金利の上昇，外貨建て債務の増大による不良債権問題の発生，これらを通じる，あるいは不安からの内需の減退などさまざまの深刻な問題をもたらすからであろう[3]。この通貨危機は公的外貨準備の不足，外貨資金の不足を背景とするから，外貨危機，外貨決済危機でもある。

また金融危機とは銀行などの金融機関が相次いで破綻し，信用秩序の崩壊のおそれが生ずることと規定しておきたい。経済危機とは企業が相次いで破綻し，失業が大量に発生するなど，実体経済が深刻な打撃を受けることである。アジアにおいてはこれら3つの複合危機が生じた。これらが相互に強め合うという関係があったが，必ずしも同じに起こるというものでもなかった。

（2） 外国為替相場の基礎理論

アジア通貨・金融危機はなぜ発生したのか。この問題を考える前提として，この問題を考える上で必要なかぎりでの外国為替相場の一般理論を概略説明しておく。

❶ 外国為替の定義

外国為替とは異種通貨国間における金を用いない支払い方法であって，これは隔地間の支払いを同一地域内の支払いに振り替えるという方法（為替）を利用するものである。

❷ 外国為替の仕組

外国為替取引そのものは銀行が介在しなくても成立しうるが，銀行なしでは取引の成立は困難であり，一般には銀行が介在して取引が行われている。外国為替取引は商品の輸出入を行う貿易取引，対外的サービスの受けと提供などの貿易外の取引，対外投資などの取引などに伴って生ずる。

❸ 外国為替相場

外国為替は売買される。この場合の売買価格が外国為替である。外国為替相場の主要な変動外国為替相場は一般の商品と同じく供給が多くなれば相場が下がり，需要が多くなれば相場は上がる。この外国為替に対する需要と供給を決定するのが国際的な受取と支払いとの差額である。国際的な受取が生ずる場合には国際的な支払いを請求するものとして輸出業者などによって外国為替が振り出され，これが銀行に売り出され，国際的な支払いが生ずる場合には国際的な支払いの手段としての外国為替が輸入業者，送金者，対外投資を行う業者等によって求められ，これが銀行から買い取られ，このような取引は銀行間での外国為替取引の売買にも影響を及ぼし，かくして外国為替市場で外国為替の需給関係が決定していくこととなる。

国際的支払い差額には，ある一定時点における支払い差額である当面の支払い差額と一定期間における受け取りと支払いとの差額である国際収支とがある。時時刻刻と変化する外国為替相場は当面の支払い差額を反映するが，変化の傾向は国際収支で説明できる。当面の支払い差額の算定は困難であり，一般には国際収支によって外国為替相場の需給が決定され，これによって外国為替相場が決定されるとされる。為替学説のうちの国際収支説はまさにこのように説明する。

国際収支の統計の取り方にはさまざまな方式があるが，現在では各国ともIMFが定めた国際標準に基づき，国際収支統計表は「経常収支」と「資本収支」と「外貨準備の増減」という3つの項目から構成されている[4]。

「経常収支」には，その国に居住する者と非居住者との間の取引のうち，金融資産に係る取引以外の取引が含まれる。「経常収支」は，財貨に係る輸出入を計上する「貿易収支」，財貨の移転を伴わない，輸送，旅行，通信，建設，保険等の取引に係る輸出入を計上する「サービス収支」，その国に居住しない非居住者労働者に支払う雇用者報酬と対外金融資産・負債に係る投資収益を計上する「所得収支」，居住者・非居住者間で，片方が見返りなしで資産を提供したものを計上する，後述の資本移転以外の「経常移転収支」の4項目に大別される。

「資本収支」は，居住者・非居住者間の金融資産・負債の取得と処分を経

常する「投資収支」（投資形態はある国の居住者が他の国にある企業に対して永続的権利の取得を目的として行う「直接投資」，証券を対象とした資産運用のための投資で，企業経営には直接参加しない「証券投資」，長期および短期の貸付・借入，貿易信用，現預金，雑投資からなる「その他投資」に区分される）と，居住者・非居住者間で，片方が見返りなしで資産を提供したものを計上するもののうち，資本移転の受払や特許権等の非生産非金融資産の取引を計上する「その他資本収支」の2つの項目から構成されている。

外貨準備は，国際収支の不均衡を是正するための直接ファイナンスや，為替市場介入による間接的な調整等を目的として通貨当局が保有する，ただちに利用可能でかつ当局の管理下にある対外資産のことである。

外国為替需給と国際収支の関係を円とドルとの関係について示せば図4-1のようになる。金利の変動は高い金利を求めての国際的資金移動に変化を及ぼして為替需給に影響を及ぼして外国為替相場を変動させる。したがって，金利は為替需給による為替相場変動を生じさせる要因の1つとなる。

図4-1　外国為替需給と国際収支の関係

ドルの買い手	ドルの売り手		国際収支の項目
・財・サービスの輸入業者 ・日本から利子・配当金を受取る海外投資家 ・海外に直接投資を行う日本企業等 ・対外証券投資を行う生保・信託などの機関投資家	・財・サービスの輸出業者 ・海外から利子・配当金を受取る海外投資家 ・日本に直接投資を行う海外企業・投資家 ・対日証券投資を行う海外の年金，投信等	外国為替市場	…貿易・サービス収支 …所得収支 （以上経常収支） …直接投資収支 …証券投資収支 （以上投資収支）
短期の投機筋 （為替相場に対する先行きの予測に基づき行動）			…先物市場によるドルのロング・ショートの動きは，国際収支統計に反映されない

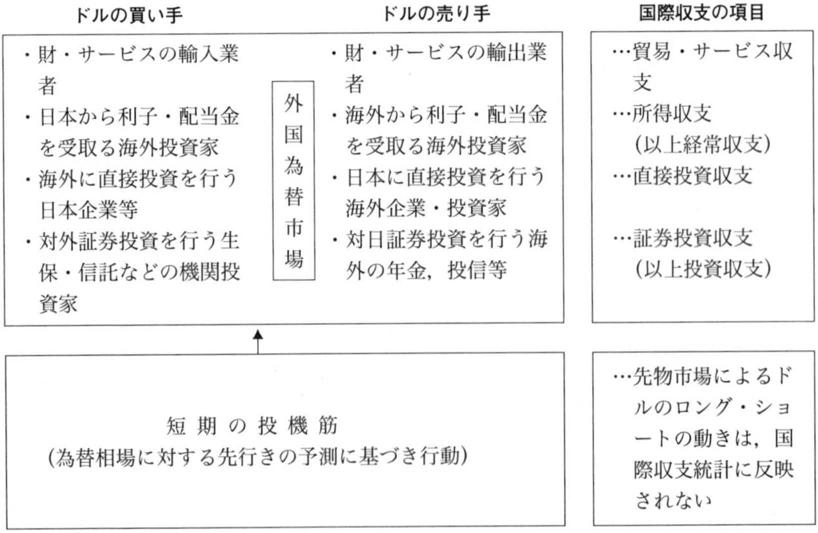

出所：日本銀行国際収支統計研究会『入門　国際収支』東洋経済新報社, 2000年, 63ページ．

将来の為替相場の変動を予測して先物取引を中心とする為替の売買を行って売買差益を得ようとする為替投機は国際収支統計では把握できないが，やはり為替需給に影響を及ぼして為替相場を変動させる。したがって，これもまた為替需給による為替相場変動の要因の1つとなる。

　為替相場は両国貨幣の交換比率として表示される。貨幣の価値が変われば貨幣の交換比率も変わり，したがって為替相場も変動する。もっとも，両国貨幣の価値が変われば貨幣の交換比率は変わらず，したがって，為替相場は変動しない。貨幣価値の変動が為替相場の変動を生じさせるのはあくまでも両国通貨の相対的価値変動が生じた場合である。両国通貨の相対的価値変動は外国為替に対する需給関係と並ぶ為替相場変動の主要要因となる。

　貨幣の価値は国際的支払い差額に規定されて為替需給が変動しようとも長期的には為替相場が収斂されるべき水準を示すと考えられる。もっともこの貨幣価値が頻繁に変動すれば，為替相場は一定水準に収斂しなくなる。

　貨幣価値を算定することはむずかしい。これを近似的に求める方法として貨幣の購買力を求めることが考えられる。このようにして求めた貨幣の価値が購買力平価とされる。この貨幣の貨幣の購買力を物価と反対方向に動くと考えれば，両国の物価変動の動きから貨幣の相対的価値変動をとらえることができる。このように説明するのが購買力平価説である。この説は貨幣数量説に基づくという問題点を持っている。だが貨幣の相対的価値変動を統計的に把握するのが困難な状況のもとで，それを推定できるものとして実際的有用性をもっているといえよう。

　為替相場はまた心理的要因によっても変化する。為替心理説は経済の量的質的変化が外国為替を売ったり買ったりしようとする個人の心理に影響を及ぼして，ここから外国為替の需要と供給の変化が生じ，かくして為替相場が変動すると説明する。このような為替相場論は外国為替が自分にとって望ましいかそうではないかという外国為替に対する主観的価値に基づくという意味で客観的為替論としては難点をもっている。しかし為替相場が心理に影響を受けて変動することは事実であり，ことに，金本位制離脱下における為替相場の変動が国際収支説や購買力平価説のように単純に説明できないという

事情のもとでここから，為替心理説は一定の存在意義をもっている。

❹ 外国為替相場の変動幅

　金本位制下においては，為替相場には変動の中心点があった。これを為替平価という。この為替平価となったのが金平価である。金平価とは両国貨幣のなかに含まれる金の純分が等しくなるように定めた両国通貨の交換比率のことである。貨幣法に基づいて両国通貨の交換比率を計算して求めたものを法定平価という。金貨が貨幣法で定めたとおりの金を含有しておれば，金平価は法定平価と一致する。金本位制下において，為替相場は金平価を中心に，上下金現送点に挟まれた範囲内で変動した。金現送点は金平価に金現送費（金の運送費や保険料など金を送ることに伴う費用）を加え，あるいは金平価から金現送費を引いて求めた点である。これには金輸出現送点と金輸入現送点の2つがある。上下の金現送点のいずれが金輸出現送点となり，いずれが金輸入現送点となるかどうかは，外国為替相場が自国通貨建てと外貨建てのいずれの表示方法をとっているかによって決まるものであった。この2つの金現送点に挟まれた範囲を超えて為替相場が変動するとすれば，外国に支払いをする場合には外国への支払いには外国為替よりも金を用いる方が有利となり，金の現送（金に輸出または輸入）が開始され，したがってこの場合には外国為替が利用されなくなり，結局金現送点を超えて為替相場が変動することは金現送によって阻止されたのである。

　金本位制下において，銀行券は金貨と兌換され，金貨の価値を有することとなった。この金貨の中に含まれている金の量を減少させて貨幣の価値を低下させるという平価切下げが行えないわけではなかったが，これは一般的ではなかった。金本位制下においてインフレーションは発生せず，平価切り下げも行われず，貨幣の価値は安定していた。したがって，理論的には為替相場は貨幣価値の相対的変動によって変動しうるとはいえ，実際には貨幣価値の相対的変動によって変動することはなくなった。為替相場は金平価を中心点として，主として国際的支払い差額に基づく為替需給によって変動したが，この為替相場変動も上下金現送点の範囲内にとどめられ，この変動幅はきわめて狭かったから，為替相場の変動は小幅にとどまった。このような状態の

第4章 アジアの通貨・金融危機と直接投資

もとでは心理や為替投機が為替相場の変動に大きな影響を及ぼすということはなかった。

1930年代に銀行券の金兌換が停止され，金の自由輸出が禁止され，かくして各国が金本位制を離脱するようになると，為替相場の変動の中心点と限界点が失われることとなり，為替相場は大幅に変動することとなった。29年以来資本主義各国は世界恐慌下で自国の輸出を奨励し，景気を回復するために為替相場の低落を放任する政策を採用したりした。だが相手国も為替相場を引き下げれば，この効果は打ち消されることとならざるをえなかった。また，為替相場の低落が貿易や対外債務に悪影響を及ぼすようになると外国為替管理により，為替相場の安定化が図られた。この為替管理には法に基づく外国為替取引の制限と通貨当局が為替平衡勘定を有してここに保有れた自国通貨と外貨を用いて，為替市場に介入し（外国為替の買い出動あるいは売り出動），市場メカニズムを活用した管理との2つの方法があった。各国が自国優先の経済政策を採用し，また為替管理を強化し，自由な貿易・為替取引を制限した結果，世界経済は通貨別に分断され，ブロック内だけで取引を行うというブロック経済化が進行するようになった。ブロックの拡大は他のブロックとの対立を生み，これが第2次世界大戦の大きな原因となった。かくして第2次対戦中に英米は長期的に安定した統一的な国際通貨制度の樹立を構想するようになった。かくして第2次大戦後にIMF（国際通貨基金）という国際機関が設立されることとなった。各国間の決済はこのもとで行われることとなった。

ブレトンウッズ協定に基づいて設立されたIMFの特徴を指摘するならば，成立当初のIMFは，第1に，金とドルを中心とする通貨体制であった。金とドルが各国の対外支払い準備として保有された。世界共通の通貨単位は創設されず，国際通貨として機能したのはアメリカの通貨にほかならないドルであった。このドルは，アメリカの豊富な金準備を背景に，金1オンス＝35ドルという固定的な比率でアメリカの通貨当局が外国の通貨当局の要求に応じてドルと引き換えに金を支払うという政策に支えられてドルの相場が安定していたために，国際通貨として機能したのであった。第2に，IMF

加盟各国は調整可能な固定為替相場制を採用した。IMF 加盟国間で通貨の交換比率が定められたが，この比率は原則として固定された。この IMF 平価が為替相場変動の中心点である為替平価となった。為替相場は IMF 平価の上下 1 ％の範囲内での変動が認められたが，この範囲を超えて為替相場が変動する恐れがあるときは通貨当局がこの変動を抑える政策を実施しなければならなかった。この変動幅は狭かった。かくして，為替相場は固定的となったのである。第 3 に，IMF は国際収支が短期的に赤字に（原則的に経常収支が短期的赤字）に陥った国に短期融資を行った [5]。

1950 年代末から 60 年代にかけてアメリカの国際収支（経常収支）の悪化が進行した。このために IMF 体制の根幹をなしていた基軸通貨ドルの相場低落のおそれ，すなわちドル危機が発生し，進行した。かくして 71 年 8 月にニクソン大統領は金ドル交換停止を声明したのであった。またこれ以後為替相場制は暫定変動相場制に移行した。為替相場制は，同年 12 月のワシントンでの主要 10 ヵ国間でのスミソニアン合意により，一時的に固定相場制に復帰している。ただしドルの相場は切り下げられた水準で固定され，変動幅は対ドル為替平価の上下 1 ％から上下 2.25 ％へと拡大している。73 年 3 月以降には主要国はすべて変動相場に移行するに至ったのである [6]。かくしてブレトンウッズ協定に基づいて設立された IMF が有してきた特徴の 2 つが事実上失われることとなった。金ドル交換停止と変動相場制への以降という 2 つの段階を経て旧 IMF 体制は崩壊したのである。IMF はその後も存続しているが，その性格は当初とは大きく変わっているのである。

このようにして採用された変動為替相場制が今日まで続いているが，この変動相場制は完全な変動為替相場制ではなく，為替相場の大幅な変動が経済に悪影響を及ぼすようなおそれがあるような場合には通貨当局が為替市場へ介入することを求めた変動為替相場制，すなわち，管理フロートであった。

ASEAN 諸国の多くはドルとの関係で為替相場を安定的に保つ政策をとってきた。たとえばタイは 1984 年に通貨バスケット方式に基づくバーツ相場決定システムを採用した [7]。この制度において米ドルのウエイトが 8 割程度であったといわれており [8]，これは事実上バーツをドルに釘付けにする相場

第4章　アジアの通貨・金融危機と直接投資

制であった。ドルが1985年9月にニューヨークのプラザホテルで開催されたG5（主要5ヵ国蔵相中央銀行総裁会議）でのプラザ合意によりドルの相場が低落する場合にはドルに固定していたバーツの相場も低落し，タイの輸出が大し，これに引っ張られてタイの成長率も高くなった。アジアの発展途上国の多くは外資を取り入れてこれに依存して経済発展を図ろうとしたが，この場合，変動相場制を採用しておれば，為替相場の変動に伴う損失の可能性，すなわち，為替リスクが発生するから，自国相場が低落した場合，資本輸入国にとって外貨建債務が増大し，外資輸出国にとっては投資資金回収への不安が生じ，したがって発展途上国の外資導入が困難となる。だがタイではバーツが事実上ドルの相場に連動していたから，資本輸入国としてのタイは為替リスクを心配せずにドル・ローンを取り入れて重化学工業化を推進することができ，外国資本にとっても比較的安心してタイへの投資を行うことができ，しかも為替リスクを心配せずタイの高金利をすることができた[9]。

　多額の対外債務を抱えるインドネシアでは，ルピアは通貨危機以前に完全変動相場制ではなく管理変動相場制を採用していた[10]。

　また同じく多額の対外債務を抱える韓国では，通貨危機以前にウオンの変動幅を制限していた[11]。

2　アジア通貨・金融危機の発生

以上の説明をふまえて，いよいよアジア通貨・金融危機そのものを考察することとする。はじめにアジア通貨・金融危機の過程を概観しておきたい[12]。

❶　タイにおける通貨・金融危機の発生

　1980年代に東アジアは世界でも屈指の経済成長を遂げた。外国からの大量の短期資金の流入はバブル経済の発生をもたらした。これはやがてバブル経済の崩壊と短期資金の流出をもたらし，金融危機の深刻化を生じさせることとなる。95年以降の米ドル高と事実上の米ドルにリンクしてきたバーツ相場の割高化は経常収支の悪化をもたらした。97年2月頃からバーツの投機売りが展開された。タイ通貨当局は外貨準備を取り崩して外貨を売ること

によってバーツの相場を維持しようとしたが，資本の流出の規模が大きく激しかったために，ついに外貨準備を使い果たしてしまった。かくしてタイは97年7月2日，通貨バスケット方式を放棄し，変動相場制へ移行した。株価は低落した。タイでは民間債務750億ドルのうち，70％が為替リスクヘッジされておらず，このため250億ドルもの為替差損が発生した[13]。

❷ 通貨・金融危機のタイ周辺国への波及

タイで1997年に発生した通貨危機はフイリピン，インドネシア，マレーシアへの波及し，各国とも事実上の変動相場制へ移行した。フイリピンでは7月にペソが切り下げられた。また，インドネシアでは7月ルピア為替変動幅が拡大し，8月に完全変動相場制へ移行した。マレーシアでは7月にリンギの下落が容認された[14]。シンガポールでは7月に為替相場の下落が容認された。

短期資金は国外への流出し，株価は低落した。

❸ 香港への波及

10月後半に，香港ドル売り圧力が発生し，この結果，香港株価が大幅に下落し，これが世界同時株安をもたらした。

❹ 韓国への波及

11月には，韓国で財閥企業が相次いで破綻した。金融不安が高まり，ウォン売りが加速した。韓国は12月にはウォン相場の変動幅制限を撤廃し，完全変動相場制へ移行した。

❺ 第2波通貨・金融危機の発生

1998年1月には，インドネシアでルピアが大暴落した。その影響で周辺国の通貨，株式の大幅な売却が生じた。

❻ IMF等への支援要請

外貨の資金繰りに行き詰まったタイ，インドネシア，韓国などいくつかの国は万策尽きてはIMF等へ支援を要請した。だがマレーシアはIMF支援を受けなかった。IMFは金融支援の条件（コンデショナリティ）として4つの厳しい要求をつきつけた[15]。

❼ 経済構造改革，金融システム再建策

第4章　アジアの通貨・金融危機と直接投資

1998年2月，タイや韓国がIMFと合意した経済構造改革を遵守していることから市場の信認が高まった。インドネシアはIMFと対立したが，4月にIMFとの合意が成立した。5月にスハルト大統領が辞任した。アジアは，ルピア以外は底を打った感となった。

アジアの対ドル為替相場を97年6月30日の相場と98年6月25日の相場について比較すると，後者は前者に対して，インドネシア，韓国，タイ，マレーシア，フィリピンはそれぞれ，83.28％，35.22％，37.02％，36.32％，36.46％ときわめて大幅に低落しているのである[16]。

アジア通貨危機はアジア各国に等しくみられたわけではなかった。台湾は経常収支が黒字で，豊富な外貨準備を有し，堅調な輸出の伸びを示したから，台湾には通貨不安が本格的に波及する要素は非常に少なかった[17]。

3　アジア通貨・金融危機の要因

上述のアジア通貨・金融危機をもたらした要因は何であったのだろうか。それは以下のようなものであったといえるのである。

（1）為替の割高化と輸出競争力の低下，巨額の経常収支赤字

1995年にアメリカと日本が一緒になって為替市場で協調介入をして以降，ドル高が進行し，これに伴ってドルにペッグされている（pegged，釘付けされている）アジアの国の自国通貨の割高化が生じた。外国からの投資を呼び込むため，アジア各国は自国通貨の相場を米ドルに連動させていた。このため，ドル高が生じると自国通貨が実体経済に対して割高となり，この結果，その国の輸出競争力が低下したのであった。これが96年における輸出の伸びの急激な鈍化の1つの要因となった。

しかも1994年初めに中国の人民元が33％も切り下げられており，中国の輸出競争力が向上していたからASEAN諸国等の労働集約型産業の競争力が低下していた。さらには95年以降の円安転換の影響により，ASEAN諸国等の輸出競争力が低下した。96年には，世界的半導体不況の影響も受けた。

かくして ASEAN 諸国等の輸出競争力が低下し，輸出が落ち込み，国際収支は悪化した。

1995 年以降経常収支赤字がかなりの高水準で推移していたにもかかわらず，それまでの急速な経済成長のもとで，労働コストの上昇に対応した産業構造への転換が遅れたこと，資本財産業が未成熟であったこと等により，経常収支赤字を是正する見通しがたたなかった。経済成長率も 96 年以降低下し始め，悲観的な予想へとつながった[18]。

このようにバーツなどの相場は実体経済に対してあまりにも過大評価されていた。ファンダメンタルズから決まるべき水準からかけはなれた為替相場をいつまでも続けることは困難であった。

韓国においては 90 年代を通じて経常収支の赤字が累積していた。これが韓国の外貨資金不足を通ずる通貨危機の背景をなした。外貨資金は企業の外貨借入などによる資本収支の黒字によって補填されていたが，韓国の国際的信用度が低下すると外貨が海外に逃避し始めた。政府の外貨準備の放出によって為替相場の安定を図ろうとすると，外貨準備が枯渇した。国家破綻の危機まで生じた。結局経常収支赤字のもとで外貨危機を回避できなくなったのである[19]。

（2） 海外の短期資金への依存と急激な流出

1980 年代後半以降，アジア各国は高い経済成長率を達成した。インフラ建設資金や企業の設備投資資金を調達するため，アジア諸国は積極的に外国から資金を導入した[20]。これは増大する経常収支赤字への対策ともなった。直接投資だけでなく，株式や債券投資などの間接投資も促進するために，アジア諸国は金融・資本市場の育成，整備，自由化を進めた。タイは海外からの資金取入に積極的で，93 年 3 月に設立したオフショア市場を本来の機能である「外・外」の資金取引よりも「外・内」の資金取引を拡大させるような方策をとった。タイの金融機関や企業はこの市場から容易に資金を調達することが可能となり，短期間の内に膨大な海外資金が流入した。その大半が短期資金であった[21]。

内外金利差の存在と為替相場のドルへのペッグが短期資金の流入を促進した。資金の出し手であるアメリカの年金基金などの機関投資家，ミューチャルファン

第4章　アジアの通貨・金融危機と直接投資

ドなどは、少しでも有利な運用機会を求めて、アジア諸国などのエマージング・マーケット（新興市場）に積極的に投資した。さらに近年では、ヘッジファンドがアジア諸国に積極的に資金運用を行い、複雑な金融派生商品（デリバティブ）などを駆使して積極的に利鞘をかせごうとした。

こうして短期資金がASEAN諸国に流入した。ポートフォリオ株式投資が変化が大きかったが、その影響はさほど大きくなかった。だが、商業銀行の貸出の流入・流出は急激に発生しかつその規模が大きかった。その多くは短期資金であった。商業銀行の短期資金によるファイナンスは不安定であった。短期資金の急激な流出が金融危機を激しくしたのである[22]。

（3）為替投機

投機的な国際資金移動も行われた。世界には将来の相場変動への予測を利用して多額の投機的利益を得ようとする巨額の多額の資本が存在する。アジア危機発生に際しては、米ドルにペッグされていたためにアジア諸国の為替レートが割高になっていたことに目をつけた投機家がアジア諸国の通貨を売り、これが通貨危機発生の一因となったと思われる。

マレーシアのマハテイール首相は投機家を激しく批判した[23]。投機と投資を見極めることはなかなかむずかしい。また投機だけが通貨危機の原因であるわけではない。さらにアジアの通貨危機が発生したときに、アジアの国民や貿易業者なども米ドル買いに走ったものと推定される。単にヘッジファンドのみに通貨危機の責任を負わせることはできない[24]。だが投機は確かに通貨危機の大きな原因のひとつであろう。また、投機筋にアジアで最初に狙われたタイについては、ヘッジファンドが投機を行ったことをクォンタム・ファンドというヘッジファンドを率いたソロス自身が認めているのである[25]。アジアでは小国が多く、各国の通貨流通量が少ないので、資金が少し流入・流出しただけでも相場が大きく変動してしまうという事情も投機の影響を大きくした。

（4）バブルの発生と崩壊

自国通貨の相場が米ドル相場に連動し、国内金利が米ドル金利を相当上回る形

で高めに維持されたため，経常赤字を上回る資金を海外から取り入れた。これがバブル，特に不動産バブルの原因となった。とりわけタイでは，1993年に創設されたオフショア金融市場（BIBF）を通じて，膨大な海外資金が流入し，それが不動産市場などへ向かい，不動産市場バブルなどのバブルをもたらした[26]。
このバブル経済はいずれは崩壊せざるをえないものであった。この崩壊が大量の不良債権発生の大きな原因となったのである。

（5） 海外の投資家のアジア諸国への期待の低下

通貨危機の直接の原因となったアジアからの資本流出，とくに短期資本流出をもたらしたのは海外の投資家のアジア諸国への期待（expectation）の低下とアジアの経済体制・運営への信頼（confidence）の低下であった。後者については信認の低落として後述することとし，ここでは期待の低下について述べておこう。タイやインドネシアや韓国で外国の個人，企業，銀行が投資をするのは，そこの企業が儲かる，儲かれば金利を払ってくれるという期待があるからである。損失が発生するのではないか，資金の回収が難しくなるのではないかという不安が高まれば，つまり期待が低落すれば，外国資本が流出し，為替相場が低落する。アジアではまさにこれが起こったのである[27]。

韓国においては，国内において，産業構造および金融セクターをめぐる諸問題が通貨危機が発生する前に噴出していた。すなわち，財閥主導の過剰な投資，それを支えた銀行融資の不良債権化といった問題が表面化していた。

（6） 国際的信認の低落

通貨危機をもたらした大きな要因として市場，特に国際市場からの信認の失墜をあげることができる。国際的信認の失墜が国際的短期資本の流失を急激に引き起こして通貨危機を激しくしたのである。この信認は社会心理的影響を受けるものであり，国際資本の認識が必ずしも正しくなくても，国際資本，市場がその国，その国の経済を信認することがむずかしくなったと認識すれば信認の低落が生ずるのである。本書では通貨・金融危機発生の要因として国際的信認の低落を重視したい。このことを具体的に述べておこう。

第4章 アジアの通貨・金融危機と直接投資

　インドネシアでは1997年12月になり、ルピアの相場が周辺国の為替相場の低落よりも著しく低下し、翌月には暴落したが、これをもたらしたのはスハルト政権に対する信認の動揺とアメリカ・IMFとインドネシアとの対立であった。97年7月～11月にはルピアは経済的要因によって下落していたが、12月以降は政治的要因によって低落した。すなわち、同月にはスハルト大統領の健康不安説出てルピアが低落し、政府が98年1月に発表した拡大型予算案に見られたような、改革への消極的取組によって国際的信認を失って大暴落した。97年10月末にIMFでインドネシアに対する約400億米ドルに金融支援が決定したが、この支援の見返りとして、緊縮財政、金融部門の健全化、規制緩和などの経済構造改改革が合意されていた。翌年1月には2度目の改革合意がなされたが、クローニー・キャピタリズム（縁故資本主義）の基盤が揺らぐことを恐れたスハルト大統領はIMFと対決する姿勢を示し、インドネシアの国際的孤立感が高まり、ルピアが暴落した[28]。

　IMFの勧告の内容が必ずしも正しくなくても、アメリカやIMFの意向に沿った改革姿勢を示さないでそれと対抗するような国は国際金融市場からの信認をえることができず、通貨（為替相場）が暴落したのである。スハルト大統領は1998年5月21日に辞任した。次のような事実も指摘されている。インドネシアの企業はバーツ危機が始まってからすぐ資金をシンガポールに移し、その後これを売っていった。こういう企業はほとんど華僑系であり、スハルト政権に対する不安感、スハルト政権がIMFとの約束をしっかり実行していくかどうかに対する不信感があった。こうしたことからルピアの下落幅がバーツをはるかに超えたのである[29]。

　マレーシアにおいて通貨危機が本格化したのは、政府による危機対策運営の失敗による市場の信認の失墜が最も大きな原因であるということが指摘されている。通貨が下落した後も政府が大型プロジェクトの推進による高度成長路線を続けようとしたことから民間対外債務や輸入の増加がクローズアップされ、また、マハティール首相が投機活動を批判したこともあり、投資家がマレーシア市場に背を向け、この結果資金が流出し、これが通貨・株価の下落をもたらし、さらに下落が進むにつれて、マレーシア経済が抱える問題が浮き彫りにされていったのであ

財政緊縮も行き過ぎると信認の低落をもたらす。タイでは1998年度予算に関して，当初予算を20％削減する大幅な歳出補正減額が実施されることになった。これは市場の信認をつなぎ止める政策であったが，逆に外国銀行はタイ経済悪化の懸念を強め，外国銀行による融資の引揚げとバーツの下落に拍車をかけるという結果を招いたのである[31]。

（7）　通貨・金融危機の波及

　アジアの通貨・金融危機が次々と東アジア諸国に波及（contagion）していったのはなぜであろうか。その1つの理由として考えられるのは貿易のつながりによる伝播である。また東アジア諸国の日本，中国まで含めた域内貿易比率は1996年で49％と非常に大きく，これらの国が輸出主導の経済成長を行ってきた。輸出市場としての相互依存性が非常に強いという状況においては，東アジアの1国における機器は，他国の成長見通しに大きな影響を与えざるをえなかった。ある国の為替相場の切り下げが他国の産業の国際競争力の低下を引き起こして為替相場の連鎖的切り下げをもたらす。

　第2の理由として，期待の崩壊，信認の低落・信用不安の国際的波及をあげることができる。1990年代後半のアジア通貨危機に際しては，海外投資家を含む市場関係者はタイの通貨危機の発生まで東アジアの脆弱性とリスクにまったく目を向けていなかった（be asleep）。東アジアの経済発展に対する期待形成が投資家，市場に存在していたのである。タイの通貨危機がモーニングコール（wake-up call）となり，投資家の東アジア経済に対する期待が崩れ，目覚めた投資家が一斉に資金の回収に走ったのである[32]。期待の崩壊は通貨・金融面では信認の低落・信用不安となってあらわれた。このような社会心理的要素を伴う要因は波及性が強いといえよう。

　アジアで期待の崩壊，信認の低落・信用不安が連鎖的に生じたのは通貨危機に見舞われた国に次のような共通性があったからでもある。第1に，経済体質の類似性があった。すなわち，輸出・外国技術・外資・海外部品に依存しており，海外市場の変化に対し，脆弱であるという共通通性があった。第2に，政治の

不安定性という類似性があった。インドネシアなどでは開発独裁，経済面での特権，寡占体制が温存されており，内外からの批判があり，不安定であった。タイでは毎年のように政権交代がみられ，不安定な政局が続き，この結果，国の経済が悪化しているときに経済対策がないがしろにされた。1995年7月にチュアン政権に代わり，バンハーン政権が誕生したものの，歳出緩和が不評を買い，96年11月にはチャワリット政権に代わった[33]。国際資本は一国の政治を治められないような国が経済をうまく治められるわけはないとみる。カントリー・リスク評価において政治的安定性に対する評価のウエイトは高い。第3に，過剰流動性とバブル経済が発生していた。これは高貯蓄率とともに外国からの短資取入に基づくものであった[34]。第4の理由として，通貨危機に見舞われた国においては金融の自由化とグローバリゼーションが進展しており，少しの信認の変化によって巨額の資金移動が生ずる構造となっていたことをあげることができる[35]。金融の自由化とグローバリゼーションそのものが通貨危機をもたらしたとは直ちにいえないが，もしもこれがなければ深刻な通貨危機がアジアで発生することはなかったであろう。通貨危機がアジア各国で等しく発生したわけではなかったことがこれを物語る。

4 アジアの不良債権問題

(1) 不良債権問題の深刻化とその要因

通貨危機に見舞われた国々では，1998年中頃より，為替相場の安定，金利の低下など，金融環境が好転した。しかし，銀行貸出の伸び率が低下した。さらに銀行の抱える不良債権が増加した。通貨危機が起こる前の97年前半においてはアジアで銀行部門の不良債権問題は深刻化しておらず，不良債権比率（不良債権/総貸出残高）は，それが最も高かったインドネシアでも10％に過ぎず，他の7カ国・地域はすべて一桁であった（中国はデータ不公表）。ところが，97年後半以降,不良債権比率は急上昇した。政府発表数値によれば,不良債権比率はタイで50.1％（99年1月），インドネシアで25％（98年4月），マレーシアで14.6％（98年12月），韓国で7.4％（98年12月）に達している。民間金融機関はこれよ

り厳しい見方をしていた。たとえば，米系のゴールドマン・サックス証券が99年1月に明らかにしたところによると，不良債権比率はピーク時に，香港を除く国・地域で2桁に達した[36]。

不良債権の処理には，巨額の資金が必要である。必要とされる資金（＝予想される不良債権損失を自己資本および貸倒引当金で処理する際の不足額と，自己資本比率を達成するために必要な新規資本の和）は，中国1,921億米ドル（名目GDP比20％），インドネシア235億米ドル（同28％），タイ195億米ドル（同18％）と試算された[37]。

銀行部門は，海外からの短期資金の流入とともに，長期的な投資ブームの牽引役となった。それが非生産的な投資の増加や資産価格のブームの崩壊などに伴い，不良債権の急増につながった。これが銀行部門の不良債権急増のマクロ的な背景であった[38]。

これに加え，十分な銀行監督の整備が行われないまま，金融の自由化が進められたこと，国が金融機関を救済するだろうという期待によるモラル・ハザード（倫理の欠如，甘い経営），金融機関自体のリスク管理体制の弱さ，関連者貸付など，銀行自体のガバナンスの弱さが不良資産拡大のミクロ的要因となっていた[39]。金融機関の財務の健全性を維持するための対策がたてられずにアジア各国が1980年代後半からIMF，世界銀行などの要請により資本取引の自由化を急速に行ってきたことは時期尚早であったという評価もできる[40]。

この銀行危機が通貨危機と結びついていた。ASEAN諸国等の銀行が海外の金融機関から過度の外貨建て短期資金を借りていた。国内の不良債権の増加に伴い，自動的な借り換えが困難となった。銀行は外貨の返済に迫られ，自国通貨を売って外貨を得ようとする。こうした行動が通貨危機の引き金となったのである[41]。通貨危機の発生後，企業は，為替レートの急落による為替差損の発生，対外債務負担の激増，金利上昇による利払いの増加，需要の急減という四重苦を経験した。企業部門の債務超過ないし流動性不足は，銀行の不良債権の増加と資本の毀損に直結した。金融部門においては通貨危機発生以前から，不動産バブルの崩壊や景気の減速などにより不良債権が漸増していたが，為替相場の下落，金利の高騰，需要の停滞により，一気に不良債権が急増したのである。不良債権の急増はクレ

第4章　アジアの通貨・金融危機と直接投資

ジット・クランチ（銀行の貸し渋り）を招いた。これが企業の危機，経済危機を進化させることとなった[42]。

（2）　タイにおける不良債権問題とその処理

　先進国における低金利に対しタイの金利は高水準にあったことから，実質ドル金利の下，短期外貨資金がタイに大量に流入し，その一部がファイナンス・カンパニー等を通じて不動産等の資産投資に使われ，バブルの発生を将来した。1993年に創設されたバンコク・オフショア市場を通じて流入した短期資金の一部もバブル的資産投資に用いられたといわれている。

　タイではバーツ割高を背景として96年頃から成長が鈍化傾向を示し，株式市場の低迷や不動産バブルの崩壊が始まった。その崩壊とともに金融機関の不良債権問題が顕在化することとなる。96年春以降，一部金融機関の破綻も表面化しはじめていた。さらに，情報開示が不十分なことから市場の不信感が金融セクターへの懸念を増大していた。

　タイの金融機関が経営危機に陥ることとなったのは金融機関のミスマネジメントによりところが大きかった。タイの金融システムは構造的問題点をかかえていたのである[43]。通貨バスケット制度を続けていた時期には，多くのタイ企業が外貨建てで資金を調達する場合には為替ヘッジを行わなかった。97年7月にこの制度がタイで放棄されてからバーツ為替相場が急激に低落し，事業会社は多額の為替差損をこうむった。こうした状況のもとでタイの金融機関は多額の不良債権をかかえるようになったのである[44]。

　タイでは99年になっても，不良債権比率の上昇に歯止めがかからなかった。銀行システム改革は後手に回り，政府が包括的な再建策を発表したのは98年8月になってから，地場商業銀行が自己資本の増強に本格的に動きだしたのは99年にはいってからのことであった。

　タイの不良債権比率は，97年6月末から99年1月末にかけて，地場の商業銀行の不良債権は3,050億バーツ（12ヵ月以上の延滞債権）から2兆2,896億バーツ（3ヵ月以上の延滞債権）へと7.5倍に，不良債権比率は8.3％から50.1％へと増大した。不良債権比率が早い時期に急低下するとは考えにくい状況にあった。

政府は98年8月14日に，包括的な金融再建策である「金融システム再生トータルプラン」を発表した。その柱は，①自力再建が困難な商業銀行およびファイナンス・カンパニーの整理・統合と，②金融機関に資本増強（公的資金の注入）を促すことである。金融再建策の発表と金融環境の好転にもかかわらず，商業銀行の貸出残高の伸び率は，98年後半より急激に低下した。民間金融機関に不良再建処理を促すには，税制上のインセンティブに加えて，関連する法制度の整備や，債権者と債務者の利害を調整して債務再編を促す仲介機関の設立などが不可欠である。99年にはいってから，地場商業銀行が新たな資金調達方法を用いて自己資本を増強している。だがタイでは，韓国やマレーシアと比較して，商業銀行の優良資産と不良資産の分離，および不良資産の資産管理機関への移転が遅れていた。経済危機と金融システムの再建は，財政にも大きな影響を及ぼしている。タイの金融システムの再建には時間がかかった[45]。

（3） マレーシアにおける不良債権問題とその処理策

マレーシアの銀行貸出残高は，95年以降，年率25〜30％程度の高い伸び率を続けてきた。貸出先は不動産や株式市場などに傾斜していた。通貨危機前の97年6月時点では，不動産，消費者金融，証券購入の3分野への貸出が全体の45％以上を占め，建設業を加えると約55％にも達していた。

97年夏以降の通貨・株価の下落，金融引締政策などによる景気低迷や大型開発プロジェクトの凍結によって，それらの分野は大きな打撃を受けた。主要融資分野の不振により，銀行資産の劣化が進んだ。銀行部門の不良債権は，通貨危機前の97年6月の150億リンギ（不良債権比率3.7％）から，98年12月には605億リンギ（同14.6％）と，およそ4倍にふくれあがった。もっとも，不良債権の増加は著しいものの，その貸出総額に占める比率は，タイやインドネシアと比べて相対的に低い水準にとどまっていた。

98年に入り，マレーシアでは，深刻化する通貨・経済危機に対処すべく，中央銀行主導による金融再建が強力に推し進められた。最初に着手されたのは，タイと同じくファイナンス・カンパニーであった。ファイナンス・カンパニー再建のために打出された施策は，①整理・統合の推進と，②規制の強化である。39

社あったファイナンス・カンパニーは8社に集約されることとなった。一方，銀行部門貸出の約7割を占める商業銀行については，整理，統合の動きはさほどみられず，大型合併が2件発表されたにとどまる。

　金融機関の整理・統合と並んで進められたのが，不良債権の買取と自己資本増強のための公的資金注入である。バランス・シートから肥料再建の重荷を取り除くとともに，公的資金の注入によって銀行の体力を強化し，金融仲介機能の回復をめざす戦略である。そのための政府機関として，ダナハルタとダナモダルが設立された。マレーシアの金融再建策の特徴は，金融システム全体の強化よりもむしろ経済回復を重視した，極めて現実的な対応が採られたことである。当初は，タイや韓国と同様に，国際標準の採用や，各種規制の強化による再建を指向した。しかし，景気悪化に歯止めがかからなかったことから，政府は方針を転換し，98年9月には各種規制が相次いで緩和された。

　企業と金融機関との債務交渉を仲介して円滑に進めるために，負債再構築委員会が設立された。このように金融機関の整理・統合や，政府機関による不良債権処理，公的資金注入など，金融システム再建の枠組みが作られたにもかかわらず，信用収縮に歯止めがかかっていなかった[46]。不良債権問題はインドネシアでも発生しているが，本書ではASEAN諸国としては特にタイ，マレーシアを取り扱っているのでここでは紙面の都合上割愛する[47]。

（4）韓国における不良債権問題とその処理策

　アジアの金融危機は国によってその背景，その要因が異なるという特徴ももっていた。韓国では通貨危機発生以前に国内実体経済の不振が大きな問題となっていた。韓国では1995年前半の円高を契機に輸出産業が莫大な設備投資を行ったが，その後の円安傾向や半導体産業を中心とした輸出産業の不振により，経済が落ち込み始めた。このような景気後退の中で，財閥内において甘い審査基準の下で融資されていた資金が焦げつき，不良債権化していったのである[48]。韓国の不良債権問題は，通貨危機を直接的なきっかけとして発生したものではなかった。韓国では97年7月以前から，金融部門の問題が表面化しており，韓宝や真露，起亜といった財閥の相次ぐ破綻や，それらの主要取引銀行である第一銀行やソウ

ル銀行の経営悪化などが問題となっていた。韓国では，歴史的に，「官治金融」といわれるように，金融機関にたいする政府の介入が非常に大きい。政府は，金融機関に影響力を行使することにより，重点産業に資金を配分するとともに，財閥を利用して経済成長を遂げる戦略をとってきた。銀行貸出における資金配分や金利などの条件の決定のみならず，金融機関の人事にも政府の意向が反映された結果，金融機関の経営能力や審査能力の向上が妨げられたといわれている。また，政府による意志決定には「利潤」という視点欠けており，資金配分の効率性が阻害されたとの見方もある。

　他方，資金の借り手である企業の側をみると，財閥を中心に，採算性の向上よりも規模の拡大に重点をおく経営を続けてきた。とくに財閥は，グループ企業相互の債務保証を利用して資金を調達し，積極的な事業拡大を図った結果，高い負債比率などの問題を抱えていた。97年11月にウオン相場が急落して以来，金融機関の資産内容は急速に悪化した。金融監督委員会の発表によれば，商業銀行の不良債権は，96年末の12兆ウォン（与信総額の3.9％）から，97年末には21兆ウォン（同5.8％），98年6月末には29兆ウォン（同8.6％）に急増した。

　韓国の金融部門の再建は，98年4月に新設された金融監督委員会の指揮の下に進められた。銀行部門の再建については，①整理・統合，②不良債権の処理，③自己資本増強のための資金注入を柱に進められた。金融監督院が一元的金融検査を行うとともに，1962年に設立されていたKAMCO（Korea Asset Management Corporation：韓国成業社）が97年11月に改組され，「不良債権処理機構」として機能するようになった。韓国の不良債権処理は，他のアジア諸国よりも比較的進んでいる[49]。

第2節　アジア通貨・金融危機と直接投資

1　日本の東アジア向け直接投資への影響

　アジア通貨・金融危機，経済危機は日韓台の海外直接投資にどのような影響を及ぼしたのであろうか。まずこれを日本についてみてみよう。

　日系製造企業の中には1980年代後半から製造拠点を東南アジアに移転させていったが，東南アジアの通貨がドルに連動していたため，資金をドルで調達し，これを現地通貨に転換して設備資金や運転資金に充ててきて，為替予約などの為替リスク回避策を講じてこなかった企業がかなりあった。これらの企業の多くはアジア各国の為替相場の下落によって多額の為替差損をこうむった。とくに，外貨で資金と中間財を調達し，製品を現地で販売する企業にとって打撃が大きかった。三菱自動車工業のタイ生産子会社エムエムシー・シティポールは約5億ドルの借入金があり，バーツの急落によって100億円を超す為替差損が発生した。三菱電機のタイの子会社，関連会社8社は40～50億円，タイ，フィリピン，マレーシアに生産子会社を有するNECは30億円の為替差損をこうむることとなった[50]。

　通貨金融危機はこのように為替差損を日系企業に発生をさせただけでなく，直接投資の額にも影響を及ぼしている。

　日本の東アジア向け直接投資は97年度後半から停滞した。すなわち，97年度を上期（4～9月）と下期（10月～98年3月）に分けてこれをみると，金額，件数ともに下期において下落している国が目立つ。東アジア向け直接投資は97年度上半期の60億6,700万ドルから97年度下半期の50億6,000万ドルへと低下し，さらに98年度上半期には28億7,100万ドルにまで減少している[51]。

　さらに地域を限定してみると，日本のアジアNIES向け直接投資は，1997年度上期の15億ドルから1998年度上期の6億8,100万ドルへと減少している。

韓国向け投資は97年度下期に116.8％増となり，98年度上期にも，東アジア諸国の中で，唯一，前年度同期比35.7％増となっている。これは，98年3月の富士ゼロックスの現地合弁企業完全子会社化のケースに見られるように，通貨・経済危機により，経営が悪化した合弁会社，子会社への支援的増資を目的とした投資が増加したためである[52]。

日本の台湾への直接投資は，1997年度下期に前年度同期比で28.2％減少している。また，98年度上期に，対前年度同期比59.4％減となっている[53]。

日本の対ASEAN投資は対前年度同期比で1997年度下期に17.7％，98年度上期に48.5％減となっている。このうちマレーシアへの投資は97年度下期に20.3％増，98年度上期に10.6％減となっており，マレーシアへの直接投資には，通貨危機の影響はあまりみられないが，インドネシアへの直接投資は97年度下期に35.7％，98年度上期に62.1％と大幅に減少している。日本のタイへの直接投資は前年度同期比で97年度下期に3.1％，98年度上期に37.4％と，98年度上期に大幅に減少している。このように直接投資への影響には地域差があったのである。

日本貿易振興会編集・発行『進出企業実態調査　アジア編〜日系製造業の活動状況〜』（1999年）（1998年11月〜12月にアンケート調査）によれば，アジア通貨・金融危機により，在アジア日系製造業は次のような影響を受けた。①6割の企業が事業活動にマイナスの影響を受けた。プラスの影響を受けた企業は1割にとどまった。マイナスの影響を受けた企業の5割は「原材料調達コストの上昇」と「進出国内での販売低迷」を理由としており，韓国，タイ，マレーシアからの回答が多かった。②1999年の営業収益も大幅な改善はみられないとみられていた。③進出国の経済回復時期は2000年とみる企業がもっとも多かった。④今後3〜5年後の事業展開の方向性については，5割強の企業が規模拡大すると回答している。⑤人民元の切り下げがあった場合には，中国以外のアジアに進出した企業の75％が事業活動に影響が及ぶとし，対進出企業も46％が事業に支障をきたすとみていた[54]。

マレーシアにおける日系企業は，6割の企業が，通貨経済危機によってマイナスの影響をうけたと回答している。マイナスと回答した企業の割合が高い業種は，

鉄鋼，輸送機械，紙・パルプ，金属製品，一般機械，電気・電子部品，食料・農水産加工など国内市場での販売比率の高い業種が多かった。マイナスの影響の理由については，通貨の急落による原材料調達コストの上昇をあげた企業がもっとも多く，ついで不況による進出国内での販売低迷，アジア域内での販売低迷があげられていた。このほか，外貨建債務の負担増，他のアジア製品との価格競争激化があげられていた。高金利，金融機関による貸し渋りをあげる企業もあった。

タイにおける日系企業も6割が通貨・経済危機は事業経営にマイナスの影響を与えると回答している。マイナスと回答した企業の割合が高い業種は，輸送機械，非鉄金属，電気機械，輸送用機械部品，ゴム製品，一般機械，鉄鋼などで，内需志向型企業が多い業種である。マイナスの理由を回答の多かった順にあげれば，①原材料調達コストの上昇，②外貨建債務の負担増，③進出国内での販売低迷，④高金利，⑤アジア域内の販売低迷，⑥金融機関による貸し渋りによる資金難などとなる。

もっとも，在マレーシア日系企業の2割弱は通貨・経済危機は逆に事業経営にプラスと回答している。その理由としては通貨下落による輸出競争力の向上が圧倒的多数を占め，そのほかは，従業員確保が容易になった，為替差益の発生による借入金の減少などであった。

在タイ日系企業の1/4は，通貨・経済危機は事業経営にプラスの影響を及ぼすと回答している。このような企業は，精密機械，衣服・繊維製品，電気・電子部品，食品・農水産加工，など輸出志向型産業の業種に多かった。プラスの理由については，通貨下落による輸出競争力の向上が圧倒的多数を占めていた。その他は従業員確保が容易になった，などというものであった[55]。このようにプラスの影響を受ける日本企業も存在していたのである。

以上を要約すれば，アジア通貨危機が日本の東アジア直接投資にマイナスの影響を与えたが，その影響はそれほど深刻なものではなかったといえよう。日本輸出入銀行の手島茂樹氏が1998年5～7月に実施したアンケート調査においても，「現地法人の売上・収益への影響を通じて，日本企業のアジア地域向けの直接投資計画を下方修正させる。ただし，その下方修正の程度は売上・収益の落ち込みほどではない。また，アジア危機にもかかわらず，良好な事業性かを示す投資先

国，業種については，投資計画の下方修正は特に認められない。これが当てはまるのは，国としては中国，台湾，業種としては，電気・電子部品である」と結論づけられている[56]。輸出入銀行の98年度海外直接投資アンケート調査結果報告においても，98年度海外投融資見込み額が97年度実績比23.4％減と5年ぶりに減少を示し，ASEAN拠点については，売上高，収益性に関し，大幅な投資実績評価の低下が見られ，国別では，特にタイ，インドネシアでこの評価が落ち込んでいる。アジア危機のASEAN進出拠点への影響については，アンケート回答企業の約8割がマイナスの影響を受け，特に国内販売型の進出拠点では悪影響が大きかったが，我が国企業は依然としてASEANを重要投資先として認識しており，中長期的には重要投資先として現在の生産体制を維持していくとする回答が53％と過半を占めていると述べられているのである[57]。

　このようにアジア通貨・金融危機が日本の対東アジア，対ASEAN直接投資に深刻な影響を及ぼさなかったのは，ひとつにはアジア通貨危機が長期資本流出ではなく民間短期資金の東アジアからの大幅かつ急激な流出の伴う外貨資金不足という性格を強く持っていたからであろう。また構造的危機というよりも通貨・金融危機としての性格を強く持っていたからであろう。

　とするならば，わが国のASEAN進出企業は投資資金を引き上げないまでも信用収縮の影響を受けたはずであると考えられよう。たしかに日系企業の資金調達面にもアジア危機の影響は及んでおり，日本輸出入銀行の調査によれば，信用収縮の影響を被った企業は46％にものぼっており，信用収縮が問題となっていた[58]。

　とはいえ，日系企業は前章で述べたように本社から送金を受けており，1997年度におけるASEANに進出した日系企業の資金調達において43.3％は本社からの送金分であった。またNIES向けでは同年度に本社送金分が大幅に増加しているが，これは経済危機に見舞われた韓国向けに子会社支援のための大規模なてこ入れ増資が97年末にあったためである。また，日系企業は進出邦銀から借入を行うことができた。しかも97年度末にはASEAN諸国に事業展開する本邦企業を支援する目的で，日本政府の東南アジア緊急支援対策の下で輸銀融資（現法人向け直接貸付）が実施され，この結果ASEANの現地調達分が増加している[59]。このような資金調達が行われたこともアジア通貨金融危機が日本の対東アジア，

対ASEAN直接投資投資に深刻な影響を及ぼさなかった理由として指摘することができるのである。

2　韓国の東アジア向け直接投資への影響

アジア通貨危機後，金融機関の貸し渋り，実態経済の悪化により，韓国の対外直接投資は減少している。すなわち，韓国の1998年1～8月の対外直接投資（認可ベース）は，26億4,000万ドルと，前年同期比34.1％減となった。このうち44.2％を占めるアジア向けも，前年同期比37.4％の減となっている。タイ向けは前年同期比77.8％の減となっている。

韓国の多国籍企業の動きをみても，98年に入り，海外拠点を撤退・縮小，あるいは予定されていた投資を中止する動きが目立った。大韓貿易投資振興公社（KOTRA）が98年7月にまとめた調査によると，海外75ヵ国に進出している韓国企業4,054社のうち，97年末にIMFに支援を要請して以来，518社（全体の12.8％）が撤収，724社（同17％）が組織を縮小している[60]。

通貨，金融，経済危機に見舞われた韓国において，そして外国からの借入に依存して対外投資を行っていた韓国においては，アジア通貨金融危機は対東アジア，対ASEAN直接投資にかなりの打撃を与えたということができるのである。

3　台湾の東アジア向け直接投資への影響

台湾の海外直接投資は対前年比で1997年には中国向けが31.3％増，98年1～6月に40.2％増，中国向けを含まない額が97年に33.6％増，98年1～6月に18.1％増となっている。だがASEAN6ヵ国（シンガポール，フィリピン，インドネシア，タイ，マレーシア，ベトナム）向け投資は97年に前年に比べ9.2％の伸びに止まった。各国別に見ると，ベトナム（15.0％減），マレーシア（9.0％減），タイ（19.4％減），インドネシア（32.4％減）は減少したが，シンガポール（39.6％増），フィリピン（71.1％増）は増加した[61]。

台湾の対外直接投資はマレーシア，タイ，インドネシア向け投資の対前年比減

退という点ではアジア通貨・金融危機の影響を受けているといえる。もっとも，対外直接投資全体は増大している。したがって，台湾の対外投資は，韓国と異なり，打撃というほどの影響をアジア通貨・金融危機からは受けなかったといってよい。

4 アジア諸国，ASEAN 諸国向け直接投資への影響

アジアへの直接投資（民間資金流入）は 1997 年の 626 億ドルから 98 年の 488 億ドルへと減少しており（前年比 22.1 ％減），通貨・経済危機が直接投資を減退させたことが読み取れる。ことにインドネシアの直接投資バランスは 1997 年度第 3 四半期以降ネットの引揚げ超過となっている[62]。

それでもアジアへの直接投資が 488 億ドルというプラスの流入額を保っているということは，今回のアジア通貨・経済危機の直接投資への影響は間接的なものであったということができる。アジアへの証券投資は 1998 年にマイナス 23.2 億ドル，短期資金を含むアジアへのその他の投資は同年にマイナス 99.1 ％であった。だが，直接投資は短期資本のような急激な流出は引き起こさなかったのである[63]。

アジア通貨・金融危機，経済危機のアジア向け直接投資への影響は地域的に異なっている。インドネシアでは特に直接投資の減少が目立ったが，タイでは通貨危機発生以降，直接投資の流入はむしろ高水準を続けたのである[64]。

マレーシアにおいては，1997 年の投資受入は，96 年に電気・電子製品などの分野でみられた大型認可案件が減少した影響などで前年を下回った。だが通貨危機の影響は薄かった。98 年に入ると，危機対策としてとった緊縮経済政策が，機器の影響を受け始めていた企業活動をさらに萎縮させるなど，実体経済の悪化を招いた。このため，98 年 1 ～ 8 月の直接投資受入は，前年同期に比べ，11.7 ％減と低下した。98 年以降に危機の影響が顕在化したのである。マレーシアの直接投資受入においては 97 年に欧米が躍進した。すなわち投資国として，マレーシアとの政治的対立などから投資マインドが冷却したシンガポールにかわり，米国が 1 位となった。米国は 98 年 1 月～ 8 月に投資額をさらに増加させ，

第4章 アジアの通貨・金融危機と直接投資

1位の地位を保持した。ドイツが前年の9位から3位に躍進した。もっともドイツは98年1月～8月に投資額を激減させている。日本の投資額は97年に前年の半額以下となり，日本は対マレーシア投資国として2位から3位に低落した。98年1月～8月には2位となっている。通貨・金融危機にみまわれた韓国は，98年1～8月になって対マレーシア直接投資を激減させた。一方，台湾は，97年に対マレーシア投資額を激増させ，さらに98年1～8月には前年同期と比べて投資額が88.6％増となり，6位から3位に躍進した[65]。

　通貨・経済危機の震源地となったタイでは，投資委員会（Board of Investment：BOI）による97年の海外投資受け入れ額（認可ベース）は，為替レート下落の影響もあり，年央からの急激な景気悪化にもかかわらず，前年の水準を維持した。98年1～9月の投資受け入れ額は，前年同期比26.6％減と大幅な減少に転じている。だがM＆Aおよび増資による運転資金の注入（BOIの統計には含まれない）を考慮して，国際収支ベースでタイへの外国直接投資流入額をみると，欧米企業は，98年に入り，新規・拡張投資は減少させているものの，危機により通貨価値や株価などが割安となった現状をむしろ好機ととらえ，地場企業の買収，株式取得の動きを加速させた。日本からの投資も，98年に入りBOI認可による新規・拡張投資は大幅に減少する一方，資金繰りに苦しむ現地合弁企業支援のための増資が急増している。この結果，国際収支ベースでみたタイへの外国直接投資の流入額（バーツベース）は，97年に前年比約2倍，98年上期には前年同期比約2.8倍と急激に拡大しているのである[66]。

　タイの外国直接投資受入状況をBOIの統計でみると，97年には日本が前年比4.1％の伸びを示し，94年以来のトップの座を保持したが，98年1月～9月には日本からの直接投資額は大きく落ち込んだ。韓国・台湾からの資本流入は97年に激減した[67]。

　外国直接投資投資の動向を国際収支ベースでみると，97年に日本からの投資は大幅に増え，米国やEUからの投資も高い伸びを示した。98年1～6月の直接投資流入額は前年同期比177.9％増を記録している。このような急増の背景としては，欧米企業などによるタイ企業の買収，資本参加が増えていることや，経済危機による現地子会社・合弁会社の資金繰り悪化に対応するため，日本企業が

親会社から現地企業への貸付や増資が増加したことがあげられる[68]。

UNCTADがまとめた資料によれば，通貨危機影響国（韓国，タイ，インドネシア，マレーシア，フィリピン）の直接投資の受入に関しては，経済状態の悪化による内需の縮小や，地場銀行の貸し渋りによる資金の不足がマイナスの影響を及ぼすものの，為替の減価による輸出競争力の増加，資産価値の下落によるアジアの資産の値ごろ感，通貨危機を契機に実施された規制緩和などがプラスの影響を及ぼすとしていた[69]。

今回の経済危機を契機に，通貨危機影響国をはじめ発展途上国全体に，金額が大きくかつ不安定な短期資本を受け入れることに対する警戒感が大きく高まったが，直接投資は経済発展に対する重要な資本であるとの認識は途上国に改めて浸透したのである[70]。

【注】
1) 日下部元雄・堀本義雄『アジアの金融危機は終わったのか――経済再生への道』日本評論社，1999年，47〜50ページ。
2) 平塚大佑「タイの通貨・金融・経済危機」千葉商科大学経済研究所『CUC[View & Vision]』No.7，1999年3月，17ページ。
3) 白鳥正喜氏は「アジア通貨危機とはアジア諸国通貨の大幅かつ急激な下落，切下げだ」，「アジア諸国の通貨が大幅に，かつ急激に下落し，経済活動に大変な支障を起こし」た，これが狭い意味でのアジア通貨の危機であると述べられている。白鳥正喜「東アジア通貨危機と今後の課題」慶應義塾大学地域研究センター編『アジアの金融・資本市場――危機の内層――』慶應義塾大学出版会，2000年，77，79ページ。
4) 国際収支については，日本銀行国際収支統計研究会『入門 国際収支』東洋経済新報社，2000年，を参照されたい。
5) 小野朝男・西村閑也編『国際金融論』第3版，有斐閣，1989年，162〜166ページ。
6) 同上書，168〜171，220〜246ページ。
7) さくら総合研究所環太平洋研究センター『[図説]アジア経済早わかり1999』PHP研究所，1998年，61ページ。
8) 高橋琢磨・関志雄・佐野鉄司『アジア金融危機』東洋経済新報社，1998年，

129ページ。
 9) 滝井光夫・福島光編著『アジア通貨危機――東アジアの動向と展望』日本貿易振興会（ジェトロ），61ページ。内海孚「アジア通貨危機と今後の展望」慶應義塾大学地域研究センター編『アジアの金融・資本市場――危機の内層――』慶應義塾大学出版会，2000年，6ページ。
10) インドネシアの対外債務は1995年に総額で1,078億ドルに達していた。滝井光夫・福島光編著，前掲書，73ページ。さくら総合研究所環太平洋研究センター，前掲書，127ページ。
11) 韓国の対外債務は1997年9月末に1197億ドルもあった（滝井光夫・福島光編著，前掲書，183ページ）。韓国は1980年に対米ドル固定相場制から複数バスケット方式に移行し，さらに1990年3月には前日の実勢レートをもとに当日の中心レートを決定する，実勢追随型の「市場平均為替レート制度」に移行した。対ドルレートは当日の取引レートを加重平均したものを基準レートとし，翌日の取引レートはその基準レートの上下一定の範囲内で自由に決定されることとなった。変動幅は，この方式が採用された当初は上下0.4％であったが，1991年9月から0.6％に拡大されることとなった。その後上下2.25％に拡大している。97年11月20日には韓国政府は1日の為替変動幅を2.25％から10％へと拡大し，同年12月16日に変動幅制限を撤廃し，完全変動相場制へ移行した（大蔵省財政金融研究所内金融・資本市場研究会『21世紀へのビジョン　アジアの金融・資本市場』金融財政事情研究会，1991年，104ページ。大場智満・増永峯監修，国際金融情報センター編著『変動する世界の金融・資本市場［下巻］アジア・中南米・中東編』金融財政事情研究会，1999年，20ページ。
12) さくら総合研究所環太平洋研究センター，前掲書，1998年，56～77，86～87，92～95ページ，飯島健「アジア通貨危機の背景とその影響」同センター『環太平洋ビジネス情報　RIM』Vol.4 No.39，1997年10月，4～11日，その他『RIM』所載の向山英彦氏らの論文等参照。
13) 国宗浩三『アジア通貨危機と金融危機から学ぶ』アジア経済研究所，2001年，30～31ページ。近藤健彦・中島精也・林康史／ワイス為替研究会『アジア通貨危機の経済学』東洋経済新報社，31ページ等を参照。
14) マレーシアは1973年6月に変動相場制に移行し，1975年から主要貿易相手国別通貨のバスケット方式を採用していた。なお，1998年9月に資本取引再規制と固定相場制の採用を発表した。この内容については，高橋貞巳監修，三菱総合

研究所アジア市場研究部編著『全予測　アジア［1999］』ダイヤモンド社，1998年，79〜80ページを参照。

15) ワイス為替究会，前掲書，31ページ。IMF支援プログラムについては白井早由里『検証　IMF経済政策——東アジア危機を超えて——』東洋経済新報社，1999年。伊藤隆敏「アジアの通貨危機とIMF」大蔵省財政金融研究所編『ASEAN4の財政と金融の歩み』大蔵省印刷局，1998年。荒巻健二『アジアの通貨危機とIMF』日本経済評論社，1999年。平田潤監修・児玉茂・平塚宏和・重並朋生著『21世紀型金融危機とIMF』東洋経済新報社，1999年，郭洋春『韓国経済の実相—— IMF支配と新世界経済秩序——』つげ書房新社，1999年。等を参照。原洋之助『アジア型経済システム』中央口論新社，2000年，はアジアにおいてはIMFの処方箋は間違っていたと論じている（103ページ）。

16) 應義塾大学地域研究センター編，前掲書，78ページ。

17) 滝井光夫・福島光編著，前掲書，167ページ。

18) 外国為替等審議会アジア金融市場専門部会『アジア通貨危機に学ぶ——短期資本移動リスクと21世紀型通貨危機——』2ページ。

19) 祖父江利衛「韓国の経済構造・国際収支状況と外貨危機」『国際金融』第1033号，1999年10月，76〜86ページ，郭洋春，77ページ等参照。

20) 国際的資本移動についてはロバート・ソロモン著，佐久間潮訳『マネーは世界を駆け巡る』東洋経済新報社，1995年，参照。

21) 財団法人国際金融情報センター『新興市場国を巡る国際資金フローの安定——東南アジア4国の現状——』同センター，1998年。

22) 外国為替等審議会アジア金融市場専門部会，前掲書，8〜9ページ，参考資料16ページ。

23) マハテイール「金融テロと断固闘おう」『This is 読売』1998年12月号。

24) ヘッジファンドについては宮島秀直『ヘッジファンドの興亡』東洋経済新報社，1999年。IMF編『ヘッジファンドの素顔』シグマベイスキャピタル株式会社，1999年。浜田和幸『ヘッジファンド——世紀末の妖怪』文藝春秋社，1999年，等を参照。

25) ジョージ・ソロス著，大原進訳『グローバル資本主義の危機』日本経済新聞社，1999年，218ページ。

26) ワイス為替研究会等，前掲書，26〜27ページ。

27) 白鳥正喜，前掲論文，80〜81ページ。

28) 日下部元雄・堀本義雄, 前掲書, 23～24 ページ。さくら総合研究所環太平洋研究センター, 前掲書, 120～121 ページ。
29) 内海孚「アジア通貨危機と今後の展望」慶應義塾大学地域研究センター編『アジアの金融・資本市場——危機の内層——』慶應義塾大学出版会, 2000 年, 12 ページ。
30) 国際金融情報センター, 前掲書, 81～83 ページ。
31) 平塚大佑, 前掲論文, 17～18 ページ。
32) 日下部元雄・堀本義雄, 前掲書, 91 ページ。Morris Goldstein, "The Financial Crisis: Cause, Cure, and Systematic Implication," *Policy Analyses in International Economics*, No.55, 1998.
33) さくら総合研究所環太平洋研究センター, 前掲書, 93～94 ページ。
34) 同上書, 92～95 ページ。
35) 日下部元雄・堀本義雄, 前掲書, 91 ページ。
36) 高安健一・横江芳恵「アジア経済再生の鍵を握る不良債権問題」『環太平洋ビジネス情報「RIM」』No.45, 1999 年 4 月, 3 ページ。
37) 同上, 5 ページ。
38)～39) 日下部元雄・堀本義雄, 前掲書, 68～79 ページ。
40) 白鳥正喜「東アジア危機と今後の課題」慶應義塾大学地域研究センター編, 前掲書, 218～219 ページ。
41) 日下部元雄・堀本義雄, 前掲書, 68 ページ。
42) これらについては同上書, 93～104 ページを参照。また国宗浩三, 前掲書, 第V～第VII章も参照。
43) さくら総合研究所環太平洋研究センター, 前掲書, 84, 88 ページ。高橋琢磨・関志雄・佐野鉄司, 前掲書, 126～145 ページ。
44) 奥田英信「金融システムのどこに問題があったか」慶應義塾大学地域研究センター編, 前掲『アジアの金融・資本市場』45～69 ページ。
45) 以上については高安健一・横江芳恵, 前掲論文, 8～14 ページ参照。また高安健一「タイの金融システム改革」『環太平洋ビジネス情報「RIM」』No.41, 1998 年 4 月, 根岸靖「タイの IMF プログラムと金融部門再建策について」国際通貨研究所『タイの金融問題』同所, 2000 年, 第 8 章, も参照。
46) 以上については高安健一・横江芳恵, 前掲論文, 21～26 ページ参照。またマレーシアの経済事情については谷岡文城「マレーシア経済事情」『ファイナンス』

1998 年 6 月号を参照。
47) インドネシアの不良債権問題については高安健一・横江芳恵,前掲論文,26～31 ページを参照されたい。
48) 高橋貞巳監修,三菱総研アジア市場研究部編著,前掲書,27～28 ページ。
49) 以上については高安健一・横江芳恵,前掲論文,14～21 ページ参照。また萩原綾子「韓国における不良債権処理について」日本輸出入銀行『海外投資研究所報』第 25 巻第 1 号,1999 年 1 月,東京三菱銀行調査部『アジア経済・金融の再生』東洋経済新報社,1999 年,77～94 ページ,高安健一「アジアにおける不良債権問題と資産管理会社(AMC)」『環太平洋ビジネス情報「RIM」』No. 2,2001 年 7 月,6～16 ページ,も参照されたい。
50) 『日本経済新聞』1997 年 10 月 10 日付。高橋琢磨・関志雄・佐野鉄司『アジア通貨危機』東洋経済新報社,1998 年,36～37 ページ。
51) 以上は日本貿易振興会(ジェトロ)編集・発行『1999 年版 ジェトロ投資白書 世界と日本の海外直接投資』1999 年,53～54 ページ。
52) 同上書,54～55 ページ。
53) 同上書,54 ページ。
54) 日本貿易振興会編集・発行『進出企業実態調査 アジア編〜日系製造業の活動状況〜』1999 年,3～5 ページ。
55) 同上書,121～122 ページ。
56) 同上書,78～79 ページ。
56) 手島茂樹「アジア危機が日本企業の直接投資に与える影響――製造業 259 社(回答 157 社)へのアンケート調査を踏まえて」日本輸出入銀行『海外投資研究所報』第 24 巻第 9 号,1998 年 9 月,56 ページ。
57) 西山洋平・串馬輝保。野田秀彦「1998 年度海外直接投資アンケート調査結果報告――アジア危機と我が国企業の今後の投資動向」『海外投資研究所報』第 25 巻第 1 号,1999 年 1 月,4～6 ページ。
58) 同上論文,5～6 ページ。
59) 同上論文,15～17 ページ。
60) 前掲『ジェトロ投資白書』39～40 ページ。
61) 同上書,169～170 ページ。
62) 同上書,31～32 ページ。
63) 同上書,31～33 ページ。

64) 同上書，32 ページ。
65) 同上書，190 〜 192 ページ。
66) 同上書，184 ページ。
67) 同上書，185 ページ。
68) 同上書，186 ページ。
69) 同上書，32 ページ。
70) 同上書，48 〜 49 ページ。

第5章　日韓台の対 ASEAN 進出企業の競争と協調
　　　──パソコン用ディスプレイを中心とした概観──

　ディスプレイはデスクトップ型パソコンの周辺機器として必要不可欠である。パソコンの動向に左右されやすく，パソコンの普及にともない生産量が伸びた反面，1990年代に始まった世界的なパソコンの低価格競争により価格が大きく下落した。ディスプレイは画面を至近距離から見るため高解析度が要求され，テレビよりも高い技術が必要である。にもかかわらず，ディスプレイはテレビよりも低価格化が進んでおり，技術と価格との関係において逆転現象が起きている。ディスプレイはテレビの類似品である。技術的に似通っていることやテレビの生産ラインをそのままディスプレイの生産ラインに切り替えることが可能であることなど，テレビとディスプレイには継続性がみられる。

　ディスプレイをめぐり ASEAN において日本・韓国・台湾の競争と協調関係がみられる。こうした関係がみられるのは，ディスプレイが，①世界的に普及していること，②低価格化が著しいことが主な要因である。こうした直接投資先での3カ国間の関係は，他の品目では現在のところあまり見受けることはできないと考えられる。つまり台湾の直接投資が本格化するのは1987年，韓国は遅れて93年とまだ10年ぐらいしか経過していないこと。また，97年にはアジア通貨危機が生じ，韓国の直接投資は停滞しているからである。しかしながら，アジア経済が回復軌道に乗るとともに，ディスプレイにみらられる関係は今後徐々に他の品目にも広がってくるであろう。

第1節　ディスプレイとディスプレイ用ブラウン管の生産動向

1　ディスプレイ（最終組立工程）

　98年のディスプレイの世界生産台数は約8,600万台にのぼった（**図5-1**）。デスクトップ型パソコンのディスプレーとして，近年LCD（液晶表示装置）が脚光を浴びているが，パソコンセットとして低価格に設定するためにはディスプレイは重要であり，当分の間ディスプレイの生産量は増加していくであろう。ディスプレイからLCDへの本格的なシフトはLCDの価格動向によるが，もう少し先になると考えられる。インチ別需要の割合は，97年で14インチが29.7％，15インチが38.3％，17インチが27.4％，19インチが3.7％，20/21インチが

図5-1　世界市場におけるディスプレイ需要台数

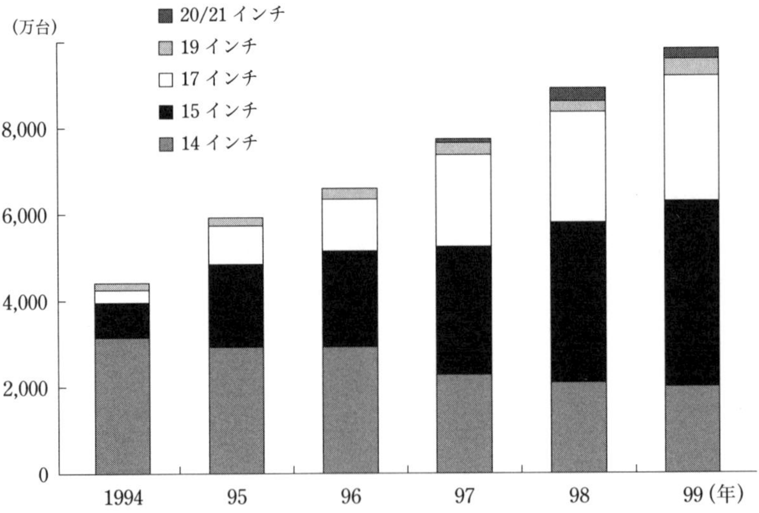

出所：中華映管資料．
注：1998年以降は予測値．

0.9％と17インチ以下が95.4％を占める。このところ需要が伸びているのは15インチと17インチである。これまで主流だった14インチは生産量・インチ別シェアともに減少傾向にある。

ディスプレイは主に台湾・韓国・日本企業によって生産され，世界市場はこの3カ国の企業によるほぼ寡占状況になっている。他にはオランダのフィリップスが約10％のシェアを握っている。図5-2は台湾・韓国・日本のディスプレイ生産量とインチ別に分けたグラフである。なかでも台湾は98年の生産実績において，6,080万台で世界シェアの58％（台湾企業の海外生産子会社も含む）を占め，世界のディスプレイの半分以上を生産している[1]。台湾の生産量が多いのは，台湾企業が低インチディスプレイを中心として積極的にOEM生産をしているためであり，主なバイヤーはアメリカ・日本企業である。ディスプレイ生産量において，台湾と韓国との間に差が生じているのはこのためである。

図5-2 1996年における台湾企業・韓国企業・日本企業のディスプレイ生産台数

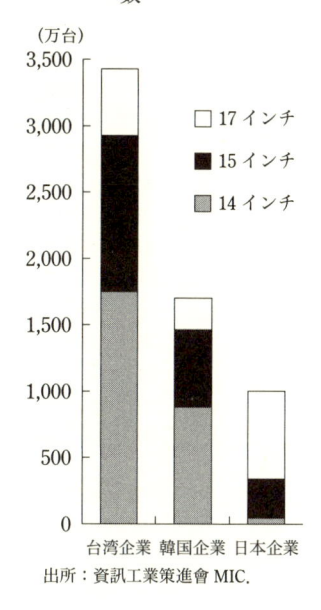

出所：資訊工業策進會MIC．

インチ別ディスプレイ生産状況では，台湾・韓国企業が14から17インチ，日本企業が主に17インチ以上を生産する構図となっている。台湾・韓国企業ともに19インチ以上も生産しているが，少量にとどまっている。近年の動きとしては，台湾・韓国企業の技術力向上と低価格化により，以前日本企業が独占的に生産していた17インチ市場を侵食しつつあるという状況にある。

それでは具体的にどういった企業がディスプレイを生産しているのか，表5-1は97年におけるディスプレイ上位20社である。韓国企業では三星電子がトップ，LG電子が4位と上位にランクされている。いずれも財閥系企業であり，大規模な設備投資により大量生産の可能な体制を整えている。台湾企業は20社のうち9社を占めている（台湾外資を除く）。台湾企業のほとんどはブラウン管を外

表 5-1　1997 年のディスプレイメーカー上位 20 社

(単位：万台，%)

順位	メーカー		生産台数	シェア
1	三星電子	韓　国	820	11.14
2	フィリップス	オランダ	704	9.56
3	ソニー	日　本	619	8.41
4	LG 電子	韓　国	490	6.66
5	明碁電脳	台　湾	380	5.16
6	源興科技	台　湾	331	4.50
7	松下電器産業	日　本	300	4.08
8	誠州	台　湾	291	3.95
9	大同	台　湾	263	3.58
10	中強電子	台　湾	217	2.95
11	大宇電子	韓　国	213	2.89
12	美斉科技	台　湾	208	2.82
13	美格科技	台　湾	194	2.63
14	NEC	日　本	180	2.45
15	高雄凱音電子	台湾（外資）	180	2.44
16	艾徳蒙海外	台湾（外資）	174	2.36
17	台達電子	台　湾	167	2.27
18	KDS	韓　国	131	1.78
19	皇旗資訊	台　湾	129	1.75
20	ノキア	フィンランド	119	1.62

出所：松下電器産業藤沢工場資料．
注：生産台数は世界生産台数（7360 万台）とシェアから算出した．なお，5 位の明碁電脳は今後ディスプレイ生産から LCD 生産にシフトさせることから，2000 年 7 月に明碁光電と社名を変更している．

部調達するディスプレイ最終組立の専業メーカーである（大同は子会社の中華映管から調達）。台湾企業は韓国企業と比べて規模が小さく生産量は少ないが，ディスプレイ生産には数多くの企業が参入している。日本企業は 19 インチ以上のディスプレイを中心に生産量を伸ばしているが，日本企業は上位 20 社中 3 社と少ない。需要の多い 17 インチ以下のディスプレイ生産については台湾・韓国企業が台頭しているためである。

　図 5-3 は生産インチと生産台数からみた各ディスプレイメーカーの業界におけるポジションである。この資料では，A から E の 5 つのグループに分けられ

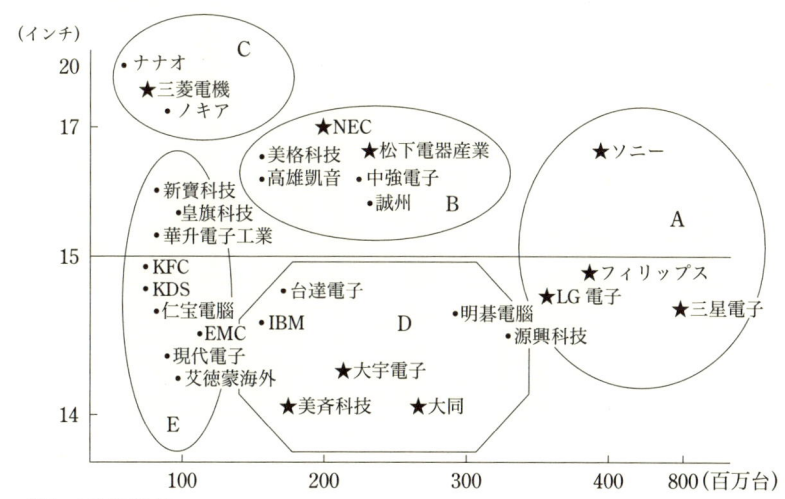

図5-3 96年における各ディスプレイメーカーのポジション

(インチ)

[図：縦軸14〜20インチ、横軸100〜800(百万台)の散布図]

- Cグループ：ナナオ、★三菱電機、ノキア（19〜20インチ帯）
- Bグループ：★NEC、★松下電器産業、美格科技、高雄凱音、中強電子、誠州、新寶科技、皇旗科技、華升電子工業（15〜17インチ帯）
- Aグループ：★ソニー、★フィリップス、★LG電子、★三星電子（15〜17インチ、台数400〜800）
- Dグループ：台達電子、IBM、明碁電腦、源興科技、大宇電子、★美斉科技、★大同（14〜15インチ帯）
- Eグループ：KFC、KDS、仁宝電腦、EMC、現代電子、艾徳蒙海外（14〜15インチ帯、台数少）

出所：中強電子資料．
注：★はブラウン管も生産しているメーカー．

ている。まず，Aグループはいずれのメーカーともブラウン管を自社生産し，生産台数の多い企業群である。ディスプレイを生産するうえで，ブラウン管の調達が容易であり，思い切った生産計画が立てやすい。96年段階では，ソニーだけが高インチのところに位置しているが，近年フィリップス，三星電子，LG電子も17インチの生産比率が高まっており，これら3社の位置は上昇しているであろう。Bグループは15・17インチのディスプレイを中心に生産しており，生産台数は業界では中ランクに属する。今後，松下電器産業とNECはいかに高付加価値化を図るか，他の台湾企業はすでに需要の多いインチ帯の生産にシフトしており，いかに生産台数を伸ばすかというところであろう。Cグループは19インチ以上のディスプレイ生産がメインとなっており，需要が少ない関係で生産台数はあまり多くない。高付加価値である大型ディスプレイにおいて競争力を発揮している。Dグループは生産台数において業界のなかでは中ランクであるが，14・15インチディスプレイの生産比率が高いメーカーである。15・17インチの需要がシフトする状況のなかで，今後高付加価値化が求められているメーカーである。

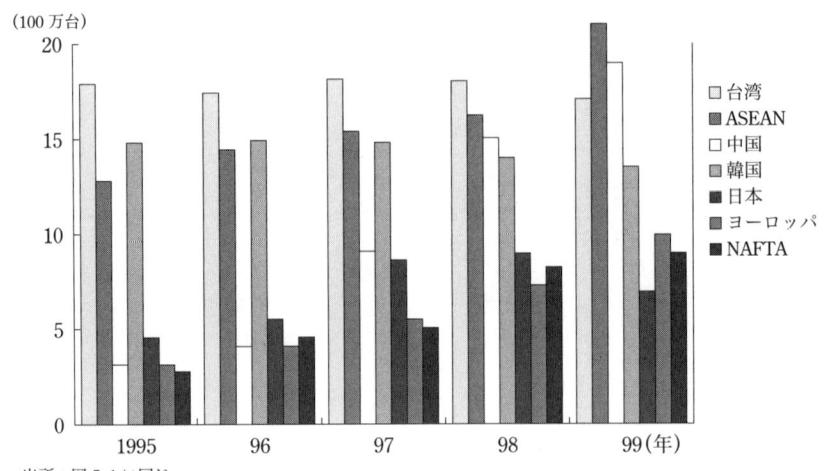

図 5-4 ディスプレイの地域別生産量の推移

出所：図 5-1 に同じ．
注：1998 年以降は予測．

高付加価値化が進められないと生産量が減少していくことになる。最後に E グループは 14・15 インチディスプレイの生産がメインであり、また生産量もあまり多くないメーカーである。今後の課題が最も多い企業群である。

図 5-4 はディスプレイの地域別生産量の推移である。生産量の多い台湾企業と韓国企業によるそれぞれの国内生産は横ばい状態になっている。近年、特に注目すべき点は、中国での生産の伸びは著しいことである。台湾企業が低インチディスプレイの生産を中国に移転しているためである。主要な需要地域であるヨーロッパ、NAFTA（合わせて世界の約 7 割）の生産量も伸びている。現地生産を行っているのは主に日本・韓国企業である。台湾企業は OEM 供給が多いという関係もあり、欧米地域での生産は少なく、アジア地域がメインである。インチ別生産地域では、14, 15 インチと 17 インチの一部は、台湾企業がタイ、マレーシア、中国などで、韓国企業がマレーシアなど生産している。17 インチ以上については、台湾・韓国・日本企業それぞれ本国で生産している。よって、アジアがディスプレイの世界最大の供給地域（97 年は 65.6 ％）ということになる。

ディスプレイの価格はパソコンの周辺機器という性格から、90 年代初頭より

始まった世界的なパソコン低価格競争の影響を大きく受けた。ディスプレイの価格は90年代以降下落傾向にあり，95年には供給過剰により値崩れに拍車がかかった。図5-5は17インチディスプレイ標準モデル国際価格の推移である。93年から98年の5年間に520米ドルから220米ドルと93年の4割程度に大きく下落している。特に価格下落の著しかった96年から97年（96年3月と97年3月の比較）における17インチ以外の価格変動についてみると，14インチは140ドルから100ドルと29％，15インチは200ドルから124ドルと38％，19インチは600ドルから400ドルと33％，21インチは840ドルから614ドルと27％，それぞれ下落している。また，生産量の最も多い台湾企業が生産しているディスプレイの1台当りの価格（全インチ）は，96年の226ドルから98年には151ドルに下落した[2]。長期にわたってディスプレイ価格の下落が続いていたが，99年初め頃から在庫整理が進み，ようやく価格の安定がみられるようになった。今後，ディスプレイ価格は当分の間，このまま横ばいの状態が続くであろう。

　ディスプレイ生産量は86年まで日本が1位であった。台湾・韓国はテレビ生産の経験があることから技術を有し（技術的には日本に劣るが），ディスプレイ生産量において当初から日本との差はなく，87年には両者とも日本を追い抜くこととなった。70年代後半からアメリカへのテレビの輸出規制が強まり，84年3月には韓国・台湾製テレビに反ダンピング関税が課された。台湾のテレビメーカーの多くは，いち早くテレビ生産からディスプレイ生産にシフトさせた。韓国企業はダンピング課税後もテレビに引き続き力を注いでおり，ディスプレイ生産では当初台湾にやや遅れをとっていた。しかし，87年にはほぼ台湾に追いつき，90年には一時韓国が台湾を逆転するが，翌91年には台湾が韓国を再逆転する[3]。90年代に入り，パソコンの低価格競争が始まるとともにディスプレイのOEMオーダーが入り，台湾からのOEM供給量が増大した。92年にはOEMとODM合わせて72％にのぼった。台湾企業は韓国企業よりも早く海外生産を開始し，価格競争力を維持した。韓国メーカーは自社ブランドに対するこだわりがあり，韓国の生産量は790万台（1992年），1,070万台（93年），1,150万台（94年），1,240万台（95年，予測）と93年こそ大きく増加したが，それ以降は小幅な伸びにとどまっている。台湾は980万台（91年），1,280万台（92年），1,750万台（93

図5-5 17インチディスプレイ標準モデル国際価格の推移

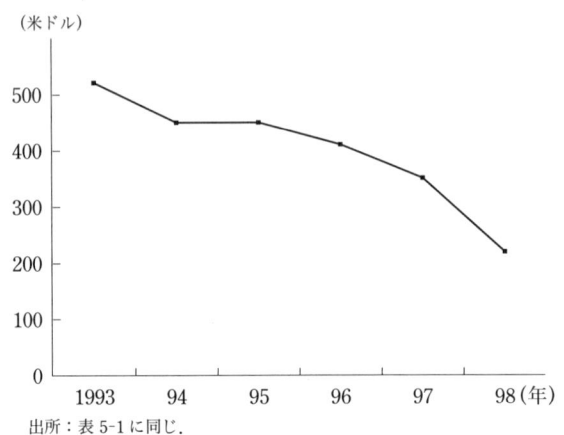

(米ドル)

出所:表5-1に同じ.
注:1997年と1998年は3月末時点の価格である.

年), 2,400万台 (94年), 3,130万台 (95年) と台湾と韓国の生産量の差は徐々に広がっていった[4]。

2 ディスプレイ用ブラウン管（ディスプレイ部品）

次にディスプレイの重要部品であるブラウン管の動向をみてみたい。ブラウン管（以下、ディスプレイ用ブラウン管をブラウン管と述べる、テレビ用は含まれていない）はディスプレイの約5割のコストを占め、また技術的にも最も重要な部品である。ブラウン管はディスプレイと同様に日本・韓国・台湾企業によって生産されている。しかし、ディスプレイ生産（最終組立）は先に述べたように台湾企業が大きなシェアを占めていたが、ブラウン管の生産量では日本、韓国、台湾の順になっている（**表5-3**）。また、技術レベルにおいても同じ順である。主なブラウン管メーカーは**表5-2**にある12社である。

ブラウン管生産をインチ別にみてみると、日本企業は14から20インチまですべてのサイズのブラウン管を、韓国・台湾企業は主に14から17インチを供

表 5-2 ディスプレイ用ブラウン管メーカーの生産動向

メーカー		総生産台数	日本	韓国	台湾	中国	ASEAN	北米
三菱電機	1996	130	⑰⑳					
	2000	406	⑰⑲⑳					⑰⑲
フィリップス	1996	620			⑭⑮⑰			
	2000	1,090			⑭⑮⑰⑲			
NEC	1996	193	⑭⑮⑰					
	2000	165	⑮⑰⑲					
東芝	1996	290	⑭⑮⑰				⑭	
	2000	570	⑰⑲⑳				⑮⑰	⑰⑲
三星電管	1996	1,212		⑭⑮⑰			⑭	
	2000	1,708		⑭⑮⑰⑲			⑭⑮	⑮⑰
LG 電子	1996	634		⑭⑮⑰				
	2000	1,048		⑭⑮⑰⑲				
オリオン電気	1996	320		⑭⑮				
	2000	750		⑭⑮⑰				⑭⑮⑰
日立	1996	1,033	⑰⑲⑳				⑭⑮⑰	
	2000	1,044	⑰⑲⑳				⑮⑰	
中華映管	1996	1,500			⑭⑮		⑭	
	2000	2,340			⑭⑮⑰		⑭⑮⑰	
ソニー	1996	490	⑮⑰⑳				⑮⑰	⑮⑰
	2000	980	⑮⑰⑲⑳				⑮⑰	⑮⑰⑲⑳
松下電器産業	1996	610	⑭⑮⑰⑳			⑭	⑭⑮	
	2000	650	⑲⑳			⑮⑰	⑰	

出所:表 5-1 に同じ.
注:○内の数字はインチである.2000 年は予測である.なお,NEC と三菱電機は 2000 年 1 月,ブラウン管生産で合弁会社「NEC三菱電機ビジュアルシステムズ」を設立した.2001 年 7 月には日立がディスプレイ用ブラウン管生産からの撤退を表明した.

表5-3　日本・韓国・台湾のディスプレイ用ブラウン管生産比較

(単位：万台，％)

	1996		2000（予測）	
	生産量	シェア	生産量	シェア
日　本	2,746	39.1	3,815	35.5
韓　国	2,166	30.8	3,506	32.6
台　湾	1,500	21.3	2,340	21.8
合　計	7,032	100.0	10,751	100.0

出所：松下電器産業藤沢工場資料（表5-1）から作成した．
注：合計は日本・韓国・台湾の他にオランダのフィリップスを加えている．

給している．日本・韓国・台湾企業ともにASEANで主に14・15インチを，国内では主に17インチ以上を生産している．そのほか，日本企業は主に15・17インチを北米でも生産している．中国はディスプレイの生産が急増しているが，ブラウン管の生産は少ない．**図5-6**は近年需要が大きく伸びている17インチブラウン管地域別生産量の推移である．94年までは全量を日本で生産しており，他の地域で生産が始まったのは95年以降である．よって，韓国企業が17インチブラウン管の生産を開始したのは95年ということになる．全般的には17インチ以上のブラウン管を中心に日本が強く，韓国が17インチのブラウン管市場を浸食しつつ日本を追う展開となっている．台湾のブラウン管メーカーは中華映管1社であり，台湾の生産量としては日本・韓国と比べて少ない．また，中華映管は17インチブラウン管への本格参入が韓国企業よりも後であり，技術面の遅れもある．台湾企業は低価格化が最も進んでいる小型ブラウン管の出荷台数を増やすことにより，シェアを確保するという戦略をとっている．

　総じて，ディスプレイの低価格化はディスプレイ関連企業の収益を圧迫した．特に生産量の多い台湾企業は利益を確保するのが非常に難しい状況であった．ちなみに，98年における台湾ディスプレイ専業メーカーの業績をみてみると，軒並み赤字の企業が多かった．明碁電脳は純利益14億7,800万ドルと黒字を確保したが，誠州は同3億8,800万ドル，源興科技は同4億9,800万ドル，中強電子

図 5-6　17 インチブラウン管地域別生産量の推移

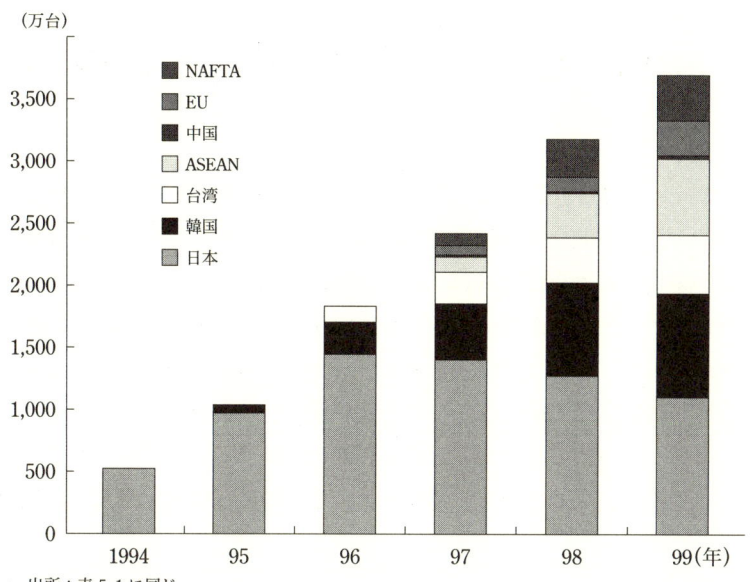

出所：表 5-1 に同じ．
注：1998 年以降は予測値である．

は同 38 億 7700 万ドル，美格科技は同 10 億 8,000 万ドルとそれぞれ赤字を計上した[5]。ブラウン管メーカーの中華映管は同 200 万ドルとかろうじて黒字であった[6]。韓国のブラウン管メーカーの三星電管は 12 億 3,900 万ドルの純利益を上げている[7]。三星電管はテレビ用ブラウン管も生産しており，ディスプレイ用ブラウン管のみの業績ではないが，17 インチブラウン管の生産量が増加しており，収益に貢献していると考えられる。このところ，在庫調整が進むとともに一時ほどの低価格化はおさまり，ようやく価格の安定がみられるようになってきた。99年においては，業績の回復したメーカーが多く見受けられた。今後，各メーカーがこの業界で生き残っていくためには，高付加価値化や海外生産比率を高めるなど，いかに収益のあがる体制を築くことができるかにかかっている。

第2節 ASEANの域内ネットワークの再編

　85年以降の円高進行により，日本の電機メーカーはこぞってテレビ生産の海外移転を進めた。ASEANも重要な移転先の1つである。本書の第6章第1節で指摘しているように，90年前後にASEANに多くのブラウン管メーカー，ブラウン管用ガラスメーカーが進出し，現地で部品生産から最終組立まで一貫生産できる体制が整った。テレビ同様，ディスプレイの生産も行われることとなる。その後の台湾・韓国企業の進出は，日本企業が構築した既存のネットワークを活用することによって可能になった。台湾・韓国企業はこのネットワークを通じて日本企業から重要部品を調達しているからである。特に，台湾企業はその傾向が強く，依存度が高い。

　ASEANの域内ネットワークにおける日本・韓国・台湾企業のそれぞれの役割について，日本企業は主にブラウン管生産，ブラウン管の重要部品（偏向ヨーク，ガラスバルブ，シャドーマスク等）を生産している。ディスプレイ生産（最終組立）については一部の企業にとどまっている。日本企業は川上部門になればなるほど，強さを発揮している。韓国企業はディスプレイ生産，ブラウン管生産およびその関連部品生産まで川上から川下部門までを担っている。韓国企業内での一貫生産は可能であるが，リスク分散や品質保持（日本企業からの高品質部品の調達）のため，他国企業とも取引している（本書第7章を参照）。台湾企業は主にディスプレイ生産，ブラウン管生産を行っており，川下部門を担っている。台湾企業はブラウン管の重要部品に弱く，他国企業から調達してきた部品を組み立てている。ASEANにおけるディスプレイ生産は，大まかには日本企業が部品を台湾・韓国企業に供給，韓国企業が台湾企業への部品供給および最終組立，台湾企業が最終組立の役割を果たしており，3カ国の企業の間で分業体制が構築されている。

　日韓台の主なディスプレイ関連メーカー一覧（表5-4）をみると，日本と韓国はすべてに企業が参入しているのに対し，台湾はガラスバルブ，シャドーマスク

表 5-4　日韓台の主なディスプレイ関連メーカー一覧

	日　本	台　湾	韓　国
ディスプレイ (最終組立)	NEC，三菱電機，松下電器産業，ソニー，ナナオ	明碁電脳，大同，源興科技，誠州，中強電子，美格，仁宝，皇旗，	三星電管，LG 電子，大宇電子
ブラウン管 (ディスプレイ部品)	NEC，日立製作所，東芝，三菱電機，松下電器産業，ソニー	中華映管	三星電管，LG 電子，オリオン電気
偏向ヨーク (以下、ブラウン管部品)	JVC，九州松下電器	中華映管，巨銘	三星電機，DUGO
ガラスバルブ	旭硝子，日本電気硝子	なし	三星コーニング，韓国電気硝子
シャドーマスク	大日本印刷，凸版印刷	なし	LG ミクロン
電子銃	日・韓・台メーカーとも，自社生産している場合が多い		

出所：ディスプレイ・ディスプレイ用ブラウン管関連メーカーに対する聞き取り調査によりまとめた．
注：韓国のガラスバルブメーカーである韓国電気硝子は，1999 年 11 月，旭硝子が発行済み株式の過半数を取得し，買収した．

のメーカーがない．偏向ヨークについても中華映管はテレビ用には自社生産したものを使用しているが，高い技術の必要なディスプレイ用については外部調達の割合が高い．台湾は重要部品に弱いということになる．また韓国はすべて揃っているものの，部品によっては技術的には日本に劣るものもある．こうした事情から日本・韓国・台湾企業の役割分担が各々異なっているわけである．

　この域内ネットワークは当初，日本企業中心に構築されていたが，台湾・韓国企業の進出やディスプレイ価格の下落により，ネットワーク内において再編が起きている．90 年代前半，まず台湾企業が 14 インチディスプレイや白黒ディスプレイの生産拠点を ASEAN に移転し始めた．遅れて韓国企業が進出し，一層の低価格化に拍車をかけることとなった．ほとんどの日本企業は現地において利益の上がらないディスプレイの生産を取りやめ，類似品であるテレビ生産に特化する

ようになった。日本企業に代わり，14・15インチディスプレイ，14インチブラウン管の生産を台湾・韓国企業が担うようになった。さらには，台湾・韓国企業(特に台湾企業)のディスプレイ生産量増大にともない，部品を供給するため新たに現地に進出したり，また新たな部品の研究開発を行う日本企業が出てくるなど国際連携が活発化している。偏向ヨークを生産する日本ビクターのタイへの進出や東芝CRTタイの低コスト化を図った小型電子銃の開発は，そうした一例である。

　国際間の連携がみられる一方で，韓国・台湾企業に対する障壁も存在する。域内ネットワークにおいて，日本以外の企業が新たに日本企業に部品を供給することは大変困難である。なぜなら，日本の組み立てメーカーの要請・納入保証により，日本の部品メーカーが進出してきたわけで，簡単には他の企業に調達先を変更するわけにはいかないからである。技術力の必要な部品であるために日本企業が供給するケースが多いとはいえ，たとえ日本以外のメーカーにその技術力があり，製造が可能であっても参入する余地はない。日本企業から部品を調達することは可能であるが，新たに日本企業に部品を供給することは困難である。

　一方，地場企業のプレゼンスはどうなのか。タイを例にあげると，代表的な地場企業はブラウン管メーカーのタイCRTである。しかしながら，タイCRTはテレビ用のみの生産で，テレビ用より技術力の必要なディスプレイ用は生産していない。タイCRTは国策会社としてサイアムセメントが中心となり，86年に設立された。98年の生産品目は主に14インチが55％，20インチが30％と小型テレビ用がメインである[8]。ディスプレイ用ブラウン管については，サイアムセメントとタイCRTの合弁会社を設立する計画が進行中である。

　現地において，ディスプレイ生産が開始されるまで，当然のことながら，ディスプレイメーカーはもちろんのこと，ディスプレイ関連の部品メーカーも存在するはずがない。既存の地場企業と進出してきた外資系のディスプレイ関連メーカーとの接点は皆無に等しく，ネットワークに組み込まれることはほとんどない。既存の地場企業がこれまで行ってきた業務内容を生かしながら，ディスプレイ産業に則した形での業務転換は非常に困難であるといってよい。よって，域内ネットワークは進出してきた外資系企業により形成されることとなる。

そうしたなかで，タイ CRT はテレビ用ブラウン管を生産するにあたって，ネットワーク内の日本企業から部品供給を受け，国内の日本企業にタイ政府の保護のもとほぼ独占的に供給している。域内ネットワークにおける地場企業のプレゼンスは，ディスプレイでは全く見受けられず，テレビでも一部の範囲にとどまっている。

第3節　ま　と　め

　先にみてきたように，ディスプレイ部門における日本・韓国・台湾の対 ASEAN 進出企業の間で競争と協調関係がある。競争関係では，ディスプレイは台湾・韓国企業による低価格攻勢で，日本企業に代わり生産する状況となった。ブラウン管は日本・韓国・台湾企業とも生産している。日本企業が強く，次いで韓国企業が追うという状況で，日本企業と韓国企業とは競合関係にある。台湾企業は主に 14 インチを低価格で供給することにより競争力を発揮している。協調関係では，技術力のある日本企業は部品を韓国・台湾企業に供給している。韓国企業は部品を台湾企業に供給し，最終組立も行っている。台湾企業はブラウン管も生産しているが，主に最終組立の役割を果たしている。日本企業は技術力に優れている。韓国企業は部品からディスプレイまで，各々積極的な研究開発を行っており，一貫生産が可能な企業グループと日本企業にほぼ肩を並べる技術力を有している。台湾企業は OEM 生産を積極的に展開し，先進国企業への製品供給ルートをもっている。日本・韓国・台湾の互いの長所を生かした提携関係がみられる。

　こうしたディスプレイにみられる直接投資先での競争と協調関係は，世界的に普及し，低価格が進んでいる状況から生まれる。今後，ディスプレイのように他の品目でも同様のケースが増加してくるであろう。

【注】
1) 資訊工業策進会 MIC 資料。
2) 同上。
3) 水橋佑介『電子立国台湾―強さの源泉をたどる』，ダブリュネット，1999 年。
4) 台湾経済研究院『中華民国資訊電子工業年鑑民国 84 年版』。
5) 中華徴信所『中華民国企業排名 TOP500』1999 年版。売上高と純利益率から純利益を算出した。
6) 中華映管財務報告書。
7) 東洋経済日報社『韓国会社情報 99 上半期版』。
8) タイ CRT インタビューによる。

第6章　日本の電子機器メーカーの対ASEAN進出
── マレーシア，タイを中心に ──

第1節　日本の電子機器メーカーのASEAN諸国への進出

1　ASEAN諸国への進出の背景

（1）国内の要因

　わが国の電子機器メーカーによるASEAN諸国への進出が目立つようになったのは90年代に入ってからである。その要因には，次の節で述べているように，アメリカのコンピュータ産業の不況とその後のパソコン価格の急落，急激な円高によるAV機器など民生用電子・電気機器などの海外生産，とりわけアジアのASEAN諸国で生産を強化する必要が高まっていること，ASEAN諸国の投資インセンティブの増大などがあげられよう。しかし，ここではまずこうした企業活動を促した国内の要因を確認しておこう。

　それは先にみた92年の生産の落ち込みが売上高の低下を招いたことと関係している。すなわち86年のプラザ合意後の円高不況を抜け出し，バブル期の繁栄を謳歌してきた主要メーカーの経常損益や営業損益が，バブルの反動を受け，前回の円高不況期以上に大きく落ち込んだことである。このうち92年度の経常損益は主要10社で91年度の1兆3,000億円余りから一挙に約1兆円も減り，続く93年度も横ばいと，両年度にわたり，最悪の業績を経験することになった。

　このような内外の要因が作用すれば，国内にある生産や営業拠点・研究施設などは付加価値を生み出すうえでは相対的に過剰な存在となってくる。そこで考えられたのが国内本社への海外法人があげた利益の還流であり，雇用調整や研究施

設などの再編成という企業組織のスリム化であった。前者の場合，立ち上げたばかりの海外法人からの配当収入が望めず，ロイヤリティ・ライセンス料を送金すれば国内での課税がさけられない。そこで編み出された苦肉の策が，海外法人の輸出に本社が書類の上でかかわり，商社のように手数料をとる仲介貿易である。しかし，このような方法は価格操作の疑いはまぬかれず，税法上の問題もかかえることになる。2001年からの法人企業への連結決算報告の義務づけの背後には，このような企業側の事情も反映していたといえよう。また後者のスリム化の場合は，雇用では新規採用の手控えや退職者の非補充，配置転換・出向などの措置がとられ，研究面では基礎や応用研究などは国内に残して設計機能などの海外移転をすすめるほか，他社との技術提携や共同研究などに積極的に取り組むという対応がなされることになる。

（2） 進出要因の複合化と一体化

こうした国内におけるメーカーの対応は，ASEAN諸国へ大がかりに進出していった系列海外法人の経営にも大きな影響を及ぼしたばかりか，少なからぬジレンマをも引き起こすことになる。それは90年代前半に，これら諸国での生産が軌道にのり，需要拡大に対応するため，工場の増設やスペース拡大による生産力の大幅な増強を本社に打診したときのことである。国内の雇用調整とのかねあいからか，あるいは移転できる品目が限られてきたためか，海外法人の生産力の増大は了承されず，機械設備の増設でカバーするケースが多かったのである。しかし，これら進出先の系列工場では，よりハイグレードで付加価値の高い製品をつくるインセンティブも働くことになる。それは，1つは，本社サイドが進出先の従業員の作業能力に不安をもっていたためにASEAN諸国に最新鋭の生産設備を持ち込んだこと，もう1つは，進出先で人件費が高くなり，ひんぱんな転職がごくあたりまえの地で職場モラルを向上させるためにもハイグレード製品を手がける必要があったことである[1]。

このようなジレンマとは別に，わが国の部品メーカーや素材メーカーなど，いわゆるサポーティングインダストリィのこの地域への進出はほぼ終わっており，わが国の電子機器メーカーをセンターとした統合的なシステムは，キイパーツを

考えに入れなければ,欧米やアジアの国々の企業,あるいは進出国の同じような企業もまじえ,これはこれでほぼ自立的な生産ゾーンを形成しているといえる。したがって,これまでのようにハイグレードな製品はわが国でつくり,普及品はアジアでつくるといった構図は,文字どおり相対的なものになろうとしている。

また「失われた10年」を含む,長引く不況とハイテク技術の急速な進歩は,わが国の企業に外国企業との技術提携や共同研究にとどまらない動きを強いている。アジアの企業との関係においてもこの傾向は強まっている。その1つが,わが国のメーカーが競って手がけてきたノートパソコンや液晶パネル,液晶ドライバー,追記型コンパクトディスク(CD-R),システムLSI(large scale integration:大規模集積回路)やその他の半導体製品などの生産を,台湾や韓国の企業に依託するケースが増えつづけていることである[2]。ここでも,アジアの国々の企業との相対的な平準化は明らかである。

さらにわが国企業の為替対策にもふれておこう。わが国のASEAN諸国に進出した企業が製品を日本に輸出する場合(逆輸入),本社が受けとる収入は円である。海外の系列企業が,わが国から鉄鋼製品や鋼材,あるいは,テレビでいえばブラウン管,VTRならばドラムやシリンダーヘッド,CD装置であれば光ピックアップなどのキイパーツを買い入れれば,支払いはドルでも,その購入額は円レートに連動している。国内の生産工場であれ,海外生産法人であれ,アメリカやヨーロッパに製品を分散して輸出できれば,為替変動はほぼ相殺できよう。しかし,一般部品をはじめ部品全体の進出地域での調達がすすめば,ドルやその他の国の通貨での支払いとなる。いずれにせよ,円の国際化が進展しないのなら,アジア進出法人の円ばなれはますます避けられず,円とドルの取引のバランスを保ちながら,激しい円の変動にも応じていかなければならない。

こうして99年下半期には,マクロ不況にもかかわらず,アジアからのハイテク製品(IT関連財)の輸入が増加するという新しい事態が生じた。しかも,このなかには,かなりの量の中間財がふくまれている。これは,わが国内で操業するメーカーがIT関連製品を増産し始めたことに呼応した動きである。また,おなじ期間に,これまでどおり,アジア諸国への中間財の輸出も増加している。それは,アジア諸国ではハイテクブームに湧くアメリカへの輸出が好調だからであ

る[3]。ここでは前者のような新しいマクロ経済のパターンと後者のこれまでのようなパターンが複合化し、わが国のアジア通貨危機後に落ち込んだ貿易をようやく活性化させている。つまり平準化しつつあるアジア諸国との分業システムが作用しているのである。そのことを裏づけるデータがある。それはわが国の輸入価格の変化に対する輸入数量の調整がより速やかに、かつスムーズに行われるようになったことである。つまり、95年のときには輸入価格の変動に対し、数量調整が効果を現わすまでには2年半もかかっていたのが、99年のときには、輸入価格の変動をより小さくおさえながら1年半で調整の効果が見えてきたのである[4]。いまや、わが国と東・東南アジアの国々との経済活動はこうして一体化のピッチを速めているのである。その1つの例としてキイパーツが本格的な海外進出を果したディスプレイ産業を検討しよう。

2 ディスプレイをめぐる競争の激化

(1) 競争激化の背景

こうしたディスプレイ装置をめぐる日・韓・台の企業による対立の直接の要因を2つあげることができる。1つはパソコン用ディスプレイに関するものである。いうまでもなくパソコンの最大の市場はアメリカである。80年代初めに、それまでのマニアの領域からビジネスの世界に入り込んできたパソコンは、またたくまにコンピュータの代名詞となった。アメリカでは、すでに87年に、その出荷額においてパソコンは汎用コンピュータを上まわっていた。しかし、91・92年と連続してアメリカのコンピュータ業界は深刻な不況を経験する。この理由は、いわゆる冷戦の終了によって軍需が落ち込んだところに92年のリセッションがかさなったためと思われる。こうしたアメリカの需要の落ち込みはパソコン生産でようやく独自の道をつかみかけていた台湾のメーカーにとっても大きな打撃をあたえる。

ところが、現在ではパソコンの供給で世界のトップの地位にあるコンパックが、そこへすさまじい低価格攻勢をかけてきたのである。この結果、パソコンの市場価格は急落し、その普及に拍車をかけることになった。しばらくすると、台湾の

メーカーにアメリカのメーカーからの OEM 注文が殺到しはじめることになる。さらに 1992 年 9 月にコンパックが日本市場に参入してきて，日本語環境に対応する基本ソフト（OS：operating system DOS-V）と Windows をそなえたパソコンを手に，わが国にも低価格攻勢をかけてくる。そのため，パソコンの国内市場価格が急落するとともに，内外のメーカーごとの売上げ高シェアにも大きな変動があらわれた。そしてわが国のメーカーも台湾メーカーが行う OEM 生産への依存度を高めていったのである。その後のインターネットの急成長とともあいまって，いまや台湾のメーカーは世界のパソコン生産のカギをにぎる存在となっている。コンパックやデル，ゲートウェイなど，世界のパソコンを供給するメーカーは，いまやトップ 5 までが 10％前後でそのシェア争いを演じているのである。

　2 つめはブラウン管に関するものである。それは戦後の電子機械産業をリードしてきた AV（audio visual：オーディオ・ビジュアル）機器をはじめとするわが国の民生用機器の国内生産額が 91 年の 2 兆 6,964 億円をピークに急減しはじめ，94 年にはついに 1 兆 5,415 億円と，電子部品の一分野である IC の 1 兆 8,675 億円を下まわったことである。つまり，それだけ AV 製品の海外生産は，その比重を急激にましていったのであり，ブラウン管の需要もこの動きにしたがうことになった。そこに韓国や台湾のメーカーが激しい競争を仕かけてきたのである。

　さらに，3 つめとしてディスプレイに限らない要因をあげることができる。それは，90 年代の初めにタイやインドネシア，フィリピンなど，ASEAN 各国の海外投資委員会が，それまで以上に積極的な外国資本導入政策を実行したことである。マレーシアでも，91 年 11 月に発表した新外資政策でハイテク産業と国内のこれまで経済発展が遅れていた地域への優遇策を打ち出している[5]。また先進国から特恵関税の適用をうけることもこれらの国々へ進出するメリットであった。

　このうち，マレーシアは電子機器の生産拠点として格好の位置にあり，企業が立地するうえで有利な条件をそなえている。たとえば，地理的な位置関係からは，アメリカにもヨーロッパにもほぼひとしい距離にあり，シンガポールがもつ政治経済両面の国際的な機能とあわせ，多様な輸出手法を選択できる。また，同国の電気・電子製品の生産分野は国際的にも比較優位が高いとされ，サポーティングインダストリーも育っている[6]。わが国の電子機器の生産にかかわる企業も 500

社が進出している。さらに金融面では，同国の銀行からの借入れの金利は，一定のマージンを乗せられても，8〜9％と，ASEAN諸国ではシンガポールについで安い。ギアリングレシオという借入額の規制（外資系企業の場合，資本金の3倍まで）はあるものの，長期にわたる腰をすえた生産活動をする企業にとっては，必ずしも制約とはならないといわれる。南シナ海のラブアンにはオフショア市場もある。

こうして日・韓・台の企業がASEAN諸国にディスプレイ分野を大がかりに移し，競合する条件が整ったのである。

(2) ディスプレイ生産の特性

まず国内の生産状況を見ておこう。CPT（テレビ用ブラウン管）は，91年にはブラウン管の生産額の53.9％，3,151億円を占めていた。このとき，CDT（パソコンディスプレイー用ブラウン管）の生産額は全体の41.3％，2417億円にとどまっている。しかし，翌92年には，この比率はCPTが42.0％，CDTが54.7％と逆転してしまう。この傾向はその後も続き，97年には，総生産額6,392億円のうち，前者が32.6％，後者が65.9％というように，しだいにその差はひらいていった。ここにも民生用機器の海外生産への移行が反映されている。

また，LCD（液晶表示装置）の国内生産額は96年に6,990億円と，はじめてCRT（ブラウン管）の生産額（6434億円）を抜き，現在ではディスプレイを代表する存在となっている。また高い技術力に支えられて国際競争力も強い。

次にブラウン管の輸出入実績をみておこう。輸出金額は90年の3292億円から94年の3,672億円まで落ち込んだ後，翌95年には4,530億円と回復し，97年の4,892億円まで増勢が続いている。これはテレビやパソコンの大型画面にたいする需要に応えたものである。このため，輸出比率も94年までのほぼ50％のレベルから，95年以降はほぼ60％前後を保っている。しかし，ここでも国内の生産状況を反映してか，テレビ用とパソコン用の比率はパソコン用が圧倒している。テレビ用は95年の871億円から97年は600億円まで低下した。またパソコン用はすでに93年で2,417億円と，テレビ用の約3倍であり，97年には3,800億円にまでふえている（ただし，96年から分類変更になり，パソコン用は，こ

れ以前の"その他の陰極線管"から"データグラフィックディスプレイ管"にかわっている)。

一方,輸入は90年の365億円のあと,91年から4年間,400億円台が続いた。しかし,円高がもっともすすんだ95年には310億円まで下がってしまう。そして96年の381億円,97年の544億円と輸入は再びふえてくる。これは低価格テレビの買替え需要に対応したものであり,97年の分では421億円がそれにあたる。この年のパソコン用の輸入は18億円にすぎない。このように輸出に比べれば,輸入はスポット的な面をのぞき,それほど大きな変化はなかったといえよう。

これらのことがらをふまえ,わが国のディスプレイ産業のASEAN進出を検討していこう。

3 ASEAN諸国におけるディスプレイ産業の展開

(1) ディスプレイ産業と電子機器の生産の集中

わが国の主要なディスプレイメーカーは,東芝と日立製作所,松下電器,三菱電機,ソニー,NECの6社であるが,NECは海外生産を行っていない。これらのうちの5社がASEAN諸国に進出した時期は,日立の78年を別にすれば,90

表6-1 ASEAN諸国に進出した主要なディスプレイメーカー

企業名		国名	進出年	資本比率	資本金	従業員数	品目用途
ソニー	Sony Display Device	S	90.2	100	1.2億S$	n.a.	TVPC
東芝	Toshiba Display Device	T	88.8	93	20.0億B	3,030(33)	TV
日立	Hitachi Electronic Device	S	78.6	85	0.7億S$	2,120(19)	TV
松下電	Matsushita Television	M	88.5	100	1.2億RM	1,620(41)	TVPC
三菱電	Mitsubishi Electric	M	89.9	100	0.5億RM	1,910(17)	PC
(参考) 同じくディスプレイ用ガラス管メーカー							
旭硝子	Bangkok Float Glass	T	89.5	63	16億RM	1,141(29)	TV
日電硝	Nippon Electric Glass	M	91.1	100	3.48億RM	670(15)	TV

出所:東洋経済『海外進出企業要覧 1988』より作成。
注:国名は,S:シンガポール T:タイ M:マレーシア,従業員数のカッコ内は日本人スタッフの数。

年前後に集中しているということがわかる（**表6-1**）。そしてほぼ100％子会社ということも共通している。東芝の残りの7％は日系企業の所有であり，日立の残りの15％だけが進出先のシンガポール政府の所有である。当時のアジアに進出したわが国の企業が事業を起こすさいには，まだまだ合弁形式が主流であり，むしろ日立の所有比率は高い方であった。また従業員数も，その数が不明なソニー以外は，2,000～3,000人をかかえる大きな製造拠点ばかりである。進出国は，マレーシアとタイ，シンガポールであり，マレー半島に位置する。これらの国々は，現在，バンコックからクアラルンプール，シンガポールまで高速道路でつながっている。さらに，これらの企業の多くはアメリカやヨーロッパにも大きな製造拠点をもっており，エレクトロニクス関連の装置産業が多国籍企業化した典型的なケースでもある。

　また，ブラウン管の価格に占めるコストが50～60％にも達するというガラス管製造メーカーも，これらディスプレイメーカーと行動をともにするかのようにASEAN諸国に進出している。三菱グループの旭硝子とNEC系の日本電気硝子である。世界のガラス管メーカーは，この2社のほかにはアメリカ系が2，韓国系が2，ドイツとオランダ系が1社ずつと，全部で8社しかなかった。しかも，95年で日系2社の世界市場におけるシェアは約60％にも達していた。（なお，99年11月に，旭硝子が大宇財閥系の韓国電気硝子（HG）を買収し，日系2社のこのシェアは約70％となった。）

　日本電子機械工業会の推計調査による国別にみた97年の世界の主な電子機器の生産状況（台数ベース）から，テレビとパソコンについて確認しておこう。

　まず，カラーテレビの生産では，マレーシアの8.8％はじめ，ASEAN5カ国で3,060万台，22.7％，わが国の4.5％をのぞくアジア全体では51.0％にもなる（**表6-2**）。関連するVTRでは，マレーシアが18.4％，ASEAN4カ国だけで2510万台，39.1％となり，わが国の11.1％を除くアジア全体では67.6％にも達する。ちなみに，96年のわが国企業の国際的な生産の配置を同工業会のデータで確かめると，カラーテレビでは，全世界での5,111万台のうち，ASEAN5カ国で2,161万台（42％）を生産しており，わが国では609万台（12％）を組み立てていたにすぎない。VTRは，同様に4,735万台のうち，2823万台（60％）を

第6章 日本の電子機器メーカーの対 ASEAN 進出

表 6-2 カラーテレビの地域別生産推移

(単位：1,000 台，%)

年度 地域	1995		1996		1997	
	台数	構成比	台数	構成比	台数	構成比
日本	7,060	5.9	6,130	4.8	6,120	4.5
香港＋中国	19,800	16.5	21,040	16.5	22,280	16.5
韓国	13,340	11.1	13,610	10.9	14,400	10.6
台湾	1,810	1.4	1,710	1.3	1,650	1.2
シンガポール	2,970	2.5	3,230	2.5	3,060	2.3
マレーシア	10,950	9.1	11,160	8.7	11,950	8.8
タイ	7,800	6.5	8,360	6.5	9,140	6.8
インドネシア	3,384	2.8	4,416	3.5	5,300	3.9
フィリピン	750	0.6	880	0.7	1,150	0.9
北米	22,990	19.2	24,700	19.3	25,180	18.6
南米	6,034	5.0	8,930	7.0	11,440	8.5
ヨーロッパ	22,950	19.2	23,550	18.4	23,570	17.4
世界計	119,838	100.0	127,716	100.0	135,240	100.0

出所：日本電子機械工業会資料．

表 6-3 ディスクトップパソコンの地域別生産推移

(単位：1,000 台，%)

年度 地域	1995		1996		1997	
	台数	構成比	台数	構成比	台数	構成比
日本	3,560	7.7	3,830	7.6	4,480	7.8
香港＋中国	1,100	2.4	1,510	3.0	2,010	3.5
韓国	1,370	3.0	1,490	3.0	1,740	3.0
台湾	5,357	11.7	6,360	12.6	7,610	13.3
シンガポール	4,208	9.2	3,700	7.3	4,400	7.7
マレーシア	318	0.7	120	0.2	120	0.2
タイ	0	0	0	0	0	0
インドネシア	0	0	0	0	0	0
フィリピン	0	0	0	0	0	0
北米	15,810	34.4	18,210	36.2	20,940	36.5
南米	0	0	0	0	0	0
ヨーロッパ	14,230	31.0	15,130	30.0	16,030	28.0
世界計	45,953	100.0	50,350	100.0	57,330	100.0

出所：表 6-2 に同じ．

ASEAN4カ国で生産し，わが国では943万台（20％）を製造していたことになる。

97年のデータに戻ろう。ディスクトップパソコンは，欧米諸国が64.5％，アジアは台湾の13.3％（741万台），シンガポールの7.7％（440万台），わが国の7.8％を加えて35.5％となる（**表6-3**）。ノート型など，ポータブルパソコンでは，台湾が441万台，26.9％，シンガポールが140万台，9.2％，わが国の33.0％を別にしたアジアでは40.5％で，アメリカが23.6％である。さらにパソコンの心臓部ともいえるハートディスクの生産はシンガポールだけで6,260万台，52.8％にものぼり，マレーシアの12.6％，タイの9.9％と合わせ，まさに世界的なトライアングルを形成している（なお，フィリピンも2.3％である）。

（2） わが国企業の活動の特徴

ASEAN諸国で活動しているわが国の電子機器メーカー企業の多くは，ディスプレイ産業でも指摘したように多国籍企業として活動している。つまり，生産や流通分野ばかりでなく，地域統括法人や研究開発法人，金融法人などを設立し，進出先の情勢にあわせ，きわめて組織的な活動をしていることはすでに述べている。

このなかで進出企業は，すでに述べたように，親企業の戦略と相手国への浸透度に応じて多様な資金調達活動をおこなっている。電子機器メーカーの完全子会社などは地域統括法人（OHQ：Operational Headquarters）に財務機能を集約し，企業グループ内の資金の調達や運用，為替リスク管理などをしている。

もちろん，地域統括法人の役割はそれだけではない。財務面で持株会社としての機能を果すほかに，部品や資材の調達センター（IPO），物流の集中，研究・開発の機能など，まさにヘッドクウォーターである。しかし，このうち，金融面で有利であったシンガポールのIPOの利用にも変化がでてきた。マレーシアや香港にもIPOの機能があって競合するばかりでなく，96年ごろをさかいに調達を分散化する傾向がでてきたのである[7]。進出国の状況にあわせた調達がしだいに比重を増しているといえよう。これは進出先における活動が定着し始めたことを意味する。そして同時に研究・開発の機能にもかかわる問題である。つまり研

究・開発部門が行っていることは，日系企業からの部品供給の削減や，部品数そのものの削減の具体化であり，部品をグレードで区分（品質や信頼性基準を見直したあと）して製品のグレードや仕様に応じた使いわけの可能性をさぐることである。つまり，このことは変動の激しい円への対応策でもあり，先進国向けの高級品からアジアむけの普及品までをはばひろくカバーすることにもなる。

　つぎに通産省の『27回我が国企業の海外事業活動』から電子機械産業（報告書では電気機械）のアジアでの活動をフォローしておこう。まずアジアに進出した現地法人の96年度の売上高を眺めると，6兆7,416億円であり，この産業の海外進出法人の売上高に占める割合は44.3％となる。アジア域内ではNIESが3兆4,219億円で5年前の2.0倍，ここに進出した全製造業の売上高に占める比率は45.9％である。ASEAN 4カ国では2兆8,455億円で同じく2.6倍，比率は36.7％である。売上高は，ASEAN 4カ国で輸送機械（32.3％）をわずかにリードし，NIESではひとり飛びぬけている。そして97年度予測ではASEAN 4カ国の売上高は3.4兆円と，NIESの3.7兆円に迫る勢いである。また96年度の株主資本利益率は，日本国内が4.52％に対し，アジアは5.88％と高率となっている。しかし，製造業全体のアジアの利益率は輸送機械の11.37％をはじめ，精密機械（8.42％）や一般機械（7.71％）よりも値が低くなっている。しかし，この数値は，以下の指標で明らかなように，むしろアジア地域に根をおろしていることを示すものである。

　96年度の売上高に対する全製造業の主なコスト構成をみよう。項目は，給与と運搬費，賃貸料，減価償却費，研究開発費である。アジア地域は全体で10.9％であり，給与の5.3％と，3.6％である減価償却費の比率がたかい。北アメリカは全体で14.8％，国内法人は同じく24.4％とアジアよりもコスト高となっている。もちろん，給与はこれら先進地域が上まわる。しかし，減価償却費は北アメリカが2.9％，国内法人は3.7％なので，アジア地域の減価償却費は相対的に大きくなる。

　このような結果，全製造業の海外法人の利益も94年度の5兆円から96年度7.8兆円まで上昇している。96年度の利益（税引後当期利益）のうち，4.2兆円（53.7％）がアジアからのものである。好業績を反映してか，アジアでは内部留

保率も66.0％と全地域でもっとも低くなっている。したがって配当などの形で市場に還元される額は，電気機械がもっとも高く，95年度が450億円，96年度は637億円となった。こうした成果の多くがアジアでもたらされたことは明らかであろう。

さらに海外法人による電気機械の設備投資は，91年度の5,089億円でひとつのピークを迎えた後，94年度からふたたび増加に転じ，96年度は6,914億円と輸送機械の6,679億円をわずかに超えている。

またアジアでは，進出法人による直接投資，つまり再投資も活発に行われてきた。96年度は製造業全体で9,428億円と，この年度にわが国からアジアにむけられた7,466億円にのぼる直接投資を引き離すまでになった。しかし，過剰投資を警戒する声もあがっていたことも事実である。

（3）ディスプレイ産業の競争と協調

こうしたさなか，97年末から98年末にかけてディスプレイの国際価格は，液晶ディスプレイ（LCD）やブラウン管（CPT/CDT），あるいは普及型の14/15インチからハイエンドの21インチサイズまで，その性能や分野をとわず，いっせいに急落することになった。

以下価格低落について述べることとするが，以下の数値はわが国のメーカーサイドのデータである。OEM生産であっても，ブランド名をつけた製品は，日本製として分類していると考えられる。この点，OEMも含めた台湾のデータとの差があるので留意されたい。

価格低落のきっかけはパソコン用ディスプレイにあった。もともと，この分野は94年までは日立だけで約60％のシェアをもつなど，わが国メーカーが市場を文字どおり独占していた。ところが96年になると，ディスプレイ市場で急速に力をつけてきた台湾と韓国のメーカーが，それぞれ20％と10％のシェア（本数）を奪い，15インチ以下の市場ではわが国のメーカーが撤退せざるをえなくなった。したがって，わが国のメーカーは17インチ以上の分野に移行せざるをえなくなったのである。

このような状況のもと，その17インチディスプレイの価格が97年末からの1

年間で45％も下落し，約100ドルとなったのである。またメーカーの主力商品である12.1インチ液晶（薄膜トランジスタ TFT：Thin Film Transistor）ディスプレイも約40％さがり，230～240ドルになる。TFT は，わが国のメーカーによっては1年半の間に約60％も落ちこんでいる。このためメーカー各社は収益を圧迫され，98年度は，前年の増益決算から一転して，営業損益で赤字を折り込まざるをえなくなったり，収支とんとんを余儀なくされるなど，業績の下方修正があいついだのである[8]。

　価格が急落した理由のひとつは97年末から韓国と台湾のメーカーの生産が本格化し，供給が過剰になったばかりでなく，通貨危機にみまわれウォン安となり，韓国のメーカーが投げ売りに近い価格でモニターを出荷してきたからである。もうひとつの理由はパソコンベンダー（vendor：供給企業，アメリカや日本の企業は製品をほとんど OEM で調達するので，メーカーとは呼ばなくなっている）の対応にあった。それは，パソコンの標準 OS となる Windows 98 の発表以前には，メーカーへの発注を控えていたベンダーが，発表後に大量のオーダーをだしたばかりでなく，世界最大の市場であるアメリカで，500ドルのネットワークパソコンをはじめ，機能を絞りこんだ低価格パソコンが急激に普及し始め，パソコンそのものの価格がずるずると下がり続けたからである。

　しかし，じつはディスプレイの価格は，90年代に入っても，市場拡大のもとで製品の技術進歩を織りこみ，下がりつづけていた。それは半導体などの量産効果ばかりでなく，設計変更や部品の見直し，代替材料の採用などのコストダウン効果が相乗的に結びついたからである。業界のデータによれば，ディスプレイは17インチの標準モデルで93～96年の4年間に33％さがっている。ところが，97年のはじめから翌98年の初めまで，1年間で37％も急落したのである。1年間で4年分以上の下落である。そしてこの急落はすべてのサイズにおよんだ。すなわち，同じ期間に21インチが27％，19インチが33％，15インチは38％，14インチまでもが29％と，まるで雪崩れうつような状況であった。

　このようなディスプレイ価格崩落のもともとの要因は，コストのうえで50～60％を占めるガラス管の95年ごろの供給過剰にあったとされる。つまり，中国の国内市場の拡大を当てにした過剰生産である。中国では人口の約30％が集ま

る都市部と，残りの70％が住む農村部とでは消費構造が極端に違っている。93年で都市の1人当りの平均年間収入は2,330元であり，農村部のそれは922元である[9]。ほぼそのままこれを反映しているのか，95年のカラーテレビの100世帯当り普及率は都市の90台に比べ，農村は16台にとどまっている。中国の電子機器メーカー産業は北京から天津，上海，山東，蘇州，浙江，福建までの沿岸都市に集中しており，5大カラーテレビメーカーの立地も，ほとんどが沿岸地域にそったものである。しかし，年間で1,000万台を生産するというシェア1位の長虹グループ（国有企業）は，内陸の四川省・成都に工場をかまえ，その巧みな販売戦略を生かしながら農村市場を握っている。わが国のメーカーは，この潜在的に大きな可能性をひめた農村市場の消費状況をつかめず，どうやら参入に失敗したようである[10]。あるいは，90年代初めからの積極的な外国資本の導入とはうってかわり，中国政府が外国企業の投資を抑制し始めた95年以降，わが国の中国への直接投資が急に冷えこんだことも影響しているのかもしれない。

　こうして，中国市場の見積もりを誤ったガラス管メーカーの生産過剰がガラス管の国際価格の下落をよび，それがディスプレイメーカーどおしの激しい競争のなかで増幅されたのである。しかも，この競争は企業や製品ごとの棲みわけといった市場のクラスター構成に揺さぶりをかけながら進行していった。その構図は次のように描ける。

　まず，韓国系のメーカーと台湾系のメーカーが，低価格を競いながら，14/15クラスで文字どおりグローバルに激しい競争を演じる。これに，ウォン安や台湾元安が作用していたことは言うまでもない。そのため，このクラスのディスプレイの国際価格が急落する。そしてこの価格急落が，わが国企業の主力であった21インチなどの上位クラスの製品にまで及び，CPT・CDTをとわず，また画面表示の原理が異なるCDT・LCDの区別もなく，まさに総崩れの様相を呈しながら，広がっていったといえよう。もちろん，価格の急落が14/15インチクラスから21インチクラスまで，あるいはLCD（液晶表示装置）にまで及んだときのタイムラグはほとんどなく，ほぼ同時進行であったといえよう。こうした状況に陥ったわが国の企業からは，'白紙見積もりも辞さない受注合戦'や，'（韓国や台湾の企業は）追い上げの強みがあり，駆け引きに敏感'，'（われわれとは）量産

品に対する感覚が違う'，'同じ型での価格競争は苦しい'，などの声も聞かれた。しかし，こうした需給ギャップも，99年の第2四半期に価格が底値を打って，ほぼ解消されたのである。

　しかし，このような激しい競争をくりひろげながらも，わが国と韓国や台湾企業の間の部品供給関係が杜絶えているわけではない。電子銃やシャドーマスク，偏向ヨークなどの主要部品から，金型やシャシー用の素材まで，進出先での操業が長期にわたればわたるほど，調達先は多様化している。すでに述べたようにIPOの存在そのものが，使える部品や資材をもとめ，取引先企業の出身国ではなく，グローバル化とローカルリゼイションにかなう経済的合理性に基づいた研究開発と調達を追求しているからである。わが国内で形成されてきた系列下請け関係は，部品取引きをみるかぎり，ASEAN諸国でも基本的にはあてはまらない。これはアメリカに進出したセットメーカーや部品メーカーと同じである。英語のSub-Contractingを下請けという用語に対応させることはアジアでも不可能である。部品調達先を進出先であるASEAN地域にもとめる傾向は定着しており[11]，その企業のホームカントリーをことさら問題にすることは，どの国の企業にも感じられなかった。それが多国籍企業の姿であるからだといえよう。

　そして，このようなディスプレイをめぐる価格競争は，わが国の企業ばかりでなく，韓国や台湾の企業が，市場の動向を見守りながら成長を続けるかぎり，競争の位相や相手を替えながら，こんごともグローバルなスケールで続けられるにちがいない。

第2節　マレーシア松下精密

　松下グループのマレーシア生産拠点は，元々マレーシア国内市場向け製品を製造していたクアラルンプール近郊のセランゴール州の拠点が古くからあるが，シンガポールに隣接した，ジョホール州に1978年より進出しているマレーシア松下精密は当初からマレーシア国内向け製品ではなく輸出向け製品を生産していた。

以下において98年9月に実施したインタビュー調査に基づいて同社の状況を述べておきたい。

同社の沿革は次のとおりである。同社は1978年9月30日に設立された。仮操業開始は翌79年9月1日で，正式操業開始が翌80年6月24日であった。資本金は7,000万リンギ（97年3月において，1リンギ＝40円で28億円）であった。98年夏における累計投資額は3億4,300万リンギ（137億円）に達していた。土地面積は6万6,000m²であり，建物はセナイ工場が34,294m²，マラッカ州のタンカ工場（後述）は3,360m²であった。

資本金は，1978年の設立時は800万リンギ（1RM＝80円）を全額日本から持ち込んだ。建屋向けがその30％を占めていた。ついで89年に建屋増強と生産設備増強を図り，3,500万リンギを増資した。92年には2階建ての工場を建設するために3,500万リンギを増資した。工場の経営には実際には資本金の3倍程度の資金が必要であり，ピーク時に一時期現地金融を利用した時期を除くと，ラブアン・オフショア市場を利用した。

98年7月現在で現地従業員1,894人を雇用していた。人種別構成はブミプトラ政策（マレー人優遇政策）に基づいている。男女比率は男子が30％，女子が70％であった。労働時間は1日につき8.8時間であった。通常勤務は26％。2交替勤務が54％，3交替勤務が20％である。工場は政府から保税工場の指定を受け輸入税・売上税を免除されている。退職率は月平均3％，年率30％になるが，いわゆる中核労働者の形成は実現している。賃金は月500リンギとその他各種手当が15％となっていた。78年当時マラッカやペナン地域はセナイより15％位賃金が安かった。タンカ工場立地はこのような点も考慮されて決定したのである。

生産品目は偏向ヨーク（生産開始は79年，月産能力55万台），フライバックトランス（ブラウン管用昇圧トランス，生産開始は79年，月産能力55万台，以下FBTと略称），ファックス（生産開始は94年，月産能力10万台［完成品］），半導体用リードフレーム（生産開始95年，生産能力2億3000万個）である。

販売地域は東南アジアが46％，北米30％，中南米15％，東欧他9％であるが，ファックス以外はあくまで部品である点に留意する必要がある。

企業の母体は九州松下熊本電子事業部であった。1998年夏当時，タイ・マレーシア＝ジョホールバル，メキシコ＝ティファナに拠点を有していた。ジョホールバルへの進出は，松下グループが，すでにシンガポールに進出した事を契機としていた。シンガポールの工場は，アメリカ向けテレビ用シャシー（以下TVシャシー）を生産していた。また日本国内で取引のあったシャープ社がシンガポール進出の際に，九州松下側に進出を要請してきたことからジョホールバルに進出することを決定した。立地については，シンガポールはすでに飽和状態にあり，隣接地に立地した。

　1998年夏当時の偏向ヨークやFBT（ブラウン管用昇圧トランス）の販路は95％が東南アジアであった。14・21インチ向けが90％であった。タイ・マレーシア・シンガポール・インドネシアでのシェアは30％超（テレビ向けのみ）であった。

　テレビは完成品であり，価格においてコストを考慮した市場価格が形成されていた。しかし，パソコン用ディスプレイはシステムを構成する部品として流通するのが基本である。これは供給過剰が値崩れに直結しやすい性質をもつことになる。またテレビは使用環境が劣悪な状況下で使用される。寿命もディスプレイの3年程度と比較すると倍以上の7年から10年を要求される。長時間つけっ放しになることも品質保証の面からは厳しい。先進国市場で流通するためには，アメリカの保険協会（UL）等の認証を受けなければならないが，完成部品はその素材が，全てULの認証を受けなければならない。そのためテレビにおいては，日本本国でかけてきたこれまでの認証コスト等を考えると，FBTや偏向ヨークについては，日本で取引実績のあるメーカーからの調達に依存せざるをえない。商品の歴史が長いので業界の自主基準や自社基準などが厳しくなっていることも調達先の選定に慎重にならざるをえないもうひとつの理由である。逆にいえば，中国市場のように，規制がない市場では，比較的自由に部品調達を行うことができるが，それは商品の公信力とトレードオフの関係になってしまう。

　生産設備はコイル巻線機以外はマレーシア現地で調達していた。ただしマレーシア調達は，マレーシアローカル企業からの調達ということを必ずしも意味していない。偏向ヨーク・FBTの製造装置は基本的に規模の小さなものであり，工

程間をつなぐガイドなどで現地調達率が高くなっていると思われる。金型は精密なものは日本へ，やや難しいものはシンガポール，簡便なものはマレーシアで調達する。調整は全てマレーシアで行っていた。

　生産方式はこれまでの流れ生産方式から1人完成ラインへの移行を図っていた。これは労働者間の競争意識の向上と，品質意識の育成を目的としていた。

　これに対しパソコンディスプレイは基本的に事務機器であり，使用環境はより緩やかであり，サイズ等も相対的に小さいことから部品に対する負荷は少なかった。安全保障も不要輻射等についてのみである。製品寿命も，パソコンがリースで企業に納入されるケースが多いこと，技術革新のスピードがこれまでは速く，本体の陳腐化が，ディプレイの更新を伴いやすかったことなどから2～3年で十分である。特に寿命についてはテレビ用偏向ヨーク・FBTの品質水準でつくるとオーバースペックになる。

　マレーシア拠点のこれまでの経過は四時期に大別することが可能である。第1期は1978～83年，第2期は1985～92年，第3期は1993～96年，第4期は1996年以降である。

　第1期は，松下・シャープとの取引が順調に拡大した。当時すでにある程度の円高を見込みドル圏下での生産・販売を決定した。松下グループはアメリカ向けTVシャシーをメキシコとシンガポールの2拠点で生産していたが，シンガポール工場はオーディオ工場になった。そのため，かなり出荷数が落ち込んだ。

　第2期は日系メーカーの進出増により規模拡大が可能となった。中国・ベトナム・インドネシア市場の伸びとロシア市場の急速な拡大が規模拡大を加速した。

　第3期には円高の進展により日本で生産していた製品の移転が加速。また，テレビの隣接製品であるパソコンディスプレイの伸びが著しくブラウン管供給がタイトになった。

　第4期には第3期に計画されたブラウン管・半導体等の大型投資による生産設備の稼動による供給過剰となった。加えて中国市場では国内産業保護を理由とする輸入規制の強化により大幅に市場が縮小し，ロシアへの輸出も，代金回収をめぐる問題が頻出した為停止した。このような市場状況のもと，通貨危機発生もありモニタ価格，ひいては部品価格が，大幅に下落する状況になった。

1998年現在タンカ工場においてパソコンディスプレイ用偏向ヨーク・FBT製造ラインを建設中である。精度が10倍求められることもあり、管理者はジョホールバルから派遣するものの、現場の労働者はタンカ現地にてあらためて養成することになっていた。

第3節　マレーシア三菱電機

　本節では三菱電機マレーシアについて考察したい。三菱電機のジョホールバル工場は、マレーシア松下精密と同様ジョホール州政府の開発公社の造成した工業団地に立地している。土地は60年または99年の賃貸であった。建物は会社の所有となる。
　投資奨励政策としてFree Trade Zone（自由貿易地域）とLicensed Manufacturing Warehouse（保税工場）の認証を受けており、敷地内が保税倉庫とみなされ、輸出製品の部品については関税・消費税・輸出税が免除され、認可分をマレーシア国内市場で販売することも認められ、課税はその分も免除されていた。また輸出関連の製造設備の輸入も税金を免除された。またPioneer Status（創始産業資格）を受けると、5年間は法人税についても免除された。
　三菱電機にとってのマレーシア進出の重要な契機は、何よりもビデオカセットレコーダー（以下VCR）事業の戦略であった。1980年代の円高進展の中、VCRの対米輸出基地を建設するものとして三菱電機マレーシアの設立が計画された。89年に会社を設立し、それまで、72年に操業を開始したシンガポール工場のモニター組立工場から、90年にまずモニター用基板ラインを移し、92年にはアッセンブリーラインを14・15インチについて移設した。98年には17インチがモニターの主生産品となっている。他に自動車用オーディオを生産していたが、これはAICOスキームの活用により、タイを軸とした日系自動車工場への直納体制展開をにらんだものであった。98年当時は自動車用オーディオ製品は国内でも生産を行っており、マレーシアではヨーロッパ向け自動車工場向け輸出を行っ

ていた。三菱電機マレーシアの主生産品目は VCR であった。三菱電機では国内では VCR 生産を既に行っておらず，対日市場・対米市場向け VCR の全量をマレーシア工場で生産したのである。モニターは日本市場向け製品以外の生産を行っていた。

マレーシア拠点の沿革を振返る時，シンガポールに 1972 年に既に設立され操業していた拠点を取り巻く環境の変化をみなければならない。80 年代までに基本的にテレビ生産の海外展開は終了していた。90 年代初頭の日本の家電メーカーの課題は VCR における円高への対応であった。一部メーカーはカメラ一体型小型 VCR に活路を見出したが，多くのメーカーはは据置き型 VCR の海外展開を高級機にまで拡張する行動をとった。

シンガポールを VCR の生産拠点に選定せず，隣接するマレーシアのジョホール州にしたのは，当時すでにシンガポールの労働コストが高騰し，新規の土地取得コストも高騰していたためである。特にこの問題は 1984 年以降深刻になった。そこで，シンガポール拠点を IPO 拠点（部品や資材の調達センター）とモニター開発の拠点として再編成し，ジョホール工場をコントロールすることを前提に，ジョホール進出を決定したのである。

現在生産は完全にジョホールに集約されている。この様に三菱電機マレーシア拠点はシンガポール拠点が前提となって決定された。ジョホールはシンガポールの後背地として労働力を供給しており，シンガポールの賃金がおよそ 2 倍であることから労働力の確保はいつも重要な問題である。しかし一方で，マレーシア拠点をシンガポール拠点との密接な関連の下におくことは，情報量の多さと，現地部品調達コストが日本と比較し 20 ％安い環境を利用できること，電子産業に必要とされる一定の労働者の質が確保できることが，生産・サービスコストの点で重要である。抵抗・IC 等の電子部品についてはシンガポールを中心としたサプライヤーについて，絶えず購買担当セクションがその工場の技術水準・生産設備・品質等について調査を行い，データベースを作成している。それらのメーカーの生産拠点はすでにベトナムや中国であるともいう。そしてこれらのデータを頻繁に更新していくことで，開発に際して低コストの汎用部品の使用を可能にしている。

ついで資金調達についてみると，資本金については1989年に1,200万リンギの株式を発行し，93年には優先株による増資により2,400万リンギとした。94年には4,400万リンギ，95年に5,000万リンギに増資した。95年以降はオフショアの利用と再投資が中心となった。運転資金については国内資金とマレー資本銀行から6割の支払いを保証されている銀行引受手形制度（Bank Acceptanceスキーム）と日系金融機関からの調達によっていた。現地金融機関の設定する貸し出し限度額が少ないことと金利が高いことから，現地金融機関の利用は運転資金に限定されていた。従業員は1,600人，売上げは7億5,000万リンギ（300億円）にのぼっている。

　ディスプレイ生産は，三菱電機マレーシア拠点のメインではなかったが，98年当時の部品調達等についてみると，ブラウン管については15インチについては日立・東芝・松下から調達し，17インチについては基本的に三菱電機の京都工場から調達していた。98年10月からは17インチブラウン管の一部は三菱のメキシコ拠点で生産された製品を使用する予定であった。偏向ヨークがすでに組みつけられたITC形態での納入となっていた。

　外装部品は大きく分けてフロントパネル，バックカバー，スイーベル（台）に分類されるが，スイーベル以外は，マレーシアの日系メーカーから調達していた。スイーベルはシンガポール資本の在マレーシア企業から調達している。金型については日本から生産移管したものは日本から持ち込んでいた。VCRもモニターもシンガポールで設計していた。自主開発機については金型もシンガポールで調達していた。この背景にはシンガポールが70年代からテレビ生産拠点として発展し，一定の産業集積があり，仕様を提示することで金型の調達が可能であったことがある。金型の改修・改造は簡単なものはジョホールで行うが，複雑なものはシンガポールで行っていた。

　ディスプレイ製品のOEM（取引先商標製品生産）比率はおよそ30％である。これはスケールメリットを追求するためには重要であった。理想的には半々ということである。ディスプレイはアメリカのOEM先の価格決定力が強く，メーカーとしては質と共に量を確保することで価格交渉力を獲得するためである。労働についてみると，現場労働者の離職率は毎月3〜4％であった。給与は諸手当

込みで 600RM と残業代であった。シフトは繁忙期にはやむをえず 4 勤 2 休を行ったこともあったが，マネージメント上の問題もあり 2 シフトと残業により対応していた。管理・事務労働者については，いわゆるジョブホッピングもあり，他の企業では国営メーカーに，管理者を体系的に引き抜かれたこともあったという。

韓国・台湾ディスプレイ組立メーカーについては，韓国メーカーは量と質を追求し，台湾メーカーは量を追求するため価格指向の展開との印象があるという。

通貨危機で改めて明らかになったのは，韓国・台湾メーカーの生産基盤の脆弱性である。高付加価値製品への転換も容易に進まないために，不毛な価格競争から脱却できない。今回の通貨危機を契機にマレーシアにおいて，より継続的な人材の育成，産業基盤の整備が進むことを期待しているという。三菱電機としても有力・優良部品メーカーの選定と傾斜発注と長期取引によってグループ形成を図っていくという。

第 4 節　タイ松下（ナショナル・タイ）グループ

1　松下電器グループのタイ進出

松下電器グループのタイ進出の最初は 40 年前の 1961 年である。ナショナル・タイ（NTC）は，松下電器産業株式会社と現地の Siew & Co., Ltd. とのジョイントベンチャーとして創立され，最初の製品は乾電池であった。そしてその後各種製品を National / Panasonic のブランドで供給してきている。タイの経済成長に伴って急増するテレビ，オーディオ機器への民間需要に応えることによって成長してきたのである。

タイのテレビの普及率は農村部で低く，全国的には 65 ％という水準であり，そのうちの 30 ％強を「ナショナル・タイ」グループが占有している。2003 年 AFTA（アジア自由貿易地域）に向けた貿易自由化と関税引き下げ促進のなかで，

テレビの関税率は次々に引き下げられ，タイ政府による輸出振興策の加速，外国資本規制の緩和という状況のなかで輸出指向を強め，とくに97年の経済危機対応の手段として輸出指向を強めつつある。

1996年に行われた製造関係各社の「分社化」による体制整備は大きな特徴である。ナショナル・タイを「出資及び業務支援」だけを行うホールディング・カンパニーとし，実際に製造業務を行う会社を新しく設立する形をとり，しかもその際，各分社とも，日本の関係本社と現地海外法人としてのナショナル・タイとの両者が，全株式を所有するということになったのである。

98年9月，われわれは主としてカラーテレビを生産しているタイ松下AVC，およびブラウン管用フライバックトランスと偏向ヨークを生産しているタイ九州松下電器の工場を訪問し，それぞれの役員と技術者から説明を受けた。

2 「ナショナル・タイ」グループ

ナショナル・タイ（NTC）は，松下電器産業株式会社と現地のSiew & Co.,Ltd.とのジョイントベンチャーとして1961年に創立された。最初の製品は乾電池であり，その後各種製品をNational/Panasonicのブランドで供給してきている。ナショナル・タイはその傘下に数多くの会社をもっている。これら各社のほとんどは，タイ政府によって当初工業誘致地区として開発されたバンコク東南のサムートプラカン（Samutprakarn）県に本社と工場をおいている。

以下，設立順にみると，

1961年	ナショナル・タイ	National Thai Co.,Ltd.
66年	タイ松下電子部品	Matsushita Electronic Components (Thailand) Co.,Ltd.
	タイ松下通信工業	Matsushita Communication Industrial (Thailand) Co.,Ltd.
	タイ松下バッテリー	Matsushita Battery (Thailand) Co.,Ltd.
	タイ松下精工	Matsushita Seiko (Thailad) Co.,Ltd.
97年	タイ松下産業機器	Matsushita Industrial Equipment (Thailand) Co.,Ltd.
	タイ九州松下電器	Kyushu Matsushita Electric (Thailand) Co.,Ltd
98年	タイ松下AVC	Matsushita Electronic (Thailand) Co.,Ltd.

1985年から97年までに、グループの販売高は15億バーツから約100億バーツへ約7倍となり、従業員数は約1,000人から3,000人へ約3倍となった。したがって従業員1人当り売り上げは150万バーツから323万バーツに増加している。その間、販売高は87年から90年までは各年とも2桁の20～30％の伸び

表6-4 「ナショナル・タイ」グループの売上高と従業員の推移

(単位：100万バーツ、人、％)

	実数		対前年増減率		1人当り売り上げ		輸出比率
	販売高	従業員数	販売高	従業員数	実数	対前年増減	
1985	1,500	1,000	…	…	1.50	…	…
86	1,500	1,000	0.0	0.0	1.50	0.0	…
87	1,943	1,500	33.3	0.0	1.30	-13.6	…
88	2,554	1,675	25.0	25.0	1.52	17.7	…
89	2,772	1,728	20.0	20.0	1.60	5.2	…
90	3,733	2,212	25.0	13.3	1.69	5.2	…
91	3,868	2,186	6.7	0.0	1.77	4.8	…
92	4,375	2,239	12.5	17.6	1.95	10.4	…
93	4,723	2,280	5.6	0.0	2.07	6.0	…
94	5,735	2,468	22.1	0.0	2.32	12.2	…
95	6,645	2,546	12.1	12.5	2.61	12.3	20
96	7,514	2,903	15.4	11.1	2.59	-0.8	28
97	6,993	2,852	-7.3	14.0	2.45	-5.3	36
98	9,924	3,071	41.9	7.7	3.23	31.8	48

出所：ナショナル・タイグループ資料。
注：1985、86年は概数、98年は計画。

表6-5 「ナショナル・タイ」グループ会社別販売構成（1997年度）

(単位：100万バーツ、％)

TAVC	タイ松下AVC	3,203	45.8	カラーテレビ、ホームステレオ、
TCOM	タイ松下電子部品	1,622	23.2	プリント基盤、チューナー、コイル、リモコン、スピーカー、スイッチ、トランス
TMB	タイ松下バッテリー	1,371	19.6	乾電池、蓄電池、懐中電灯
THAMS	タイ松下精工	357	5.1	扇風機、換気扇、送風機
TKME	タイ九州松下電器	245	3.5	フライバックトランス、偏向ヨーク
MCT	タイ松下通信工業	196	2.8	カーオーディオ（ヨーロッパ輸出）
	計	6,993	100.0	

出所：表6-4に同じ。

を示し，91～93年に伸び率は低下したが，その後は順調に伸び，経済危機発生後の97年には前年比7～8％の減少を記録した（**表6-4**）。

97年度のグループの販売額をみると，テレビ製造のタイ松下AVCが半分近くを占め，ついでプリント基板，チューナなどを製造するタイ松下電子部品，乾電池製造のタイ松下バッテリーの順になっている（**表6-5**）。輸出比率は最近の数字で20％からしだいに上昇し，1998年度計画では48％が目標とされている（**表6-5**）。

表6-6 販路別販売金額（1997年）
（単位：100万バーツ，％）

	実数	構成比
販社	3,657	52.3
輸出	2,545	36.4
国内	427	6.1
代理店	364	5.2
計	6,993	100.0

出所：表6-4に同じ．

販売経路別では，販社経由が総額中の過半数を占めており，輸出を除けばほとんど全部が販社経由である（**表6-6**）。

以上の事実から見て，同グループは，

——タイの経済成長に伴うテレビ，オーディオ機器への民間需要の急増に応えることによって成長してきた。

——2003年AFTAに向けた貿易自由化と関税引き下げ促進のなかで，テレビの関税率は1994年の40％から95～96年には30％，97年には20％と引き下げられ，タイ政府による輸出振興策の加速，外国資本規制の緩和という状況のなかで輸出指向を強め，

——さらに最近にいたり，とくに97年の経済危機対応の手段として輸出指向を強めつつある

ということができよう。

3 テレビ生産の推移

これを「ナショナル・タイ」グループのテレビ生産の推移からみよう。

タイでテレビ放送が始まったのは1955年であり（日本では53年），カラーテレビ放送が始まったのは67年（日本では61年）である。タイでカラーテレビ放

表 6-7 「ナショナル・タイ」グループのカラーテレビ生産台数

(単位:台,%)

	国内向け		再輸出		合計		累計
	実数	増加率	実数	増加率	実数	増加率	
1970〜89	—	—	—	—	—	—	1,246,473
同上年平均	—	—	—	—	—	—	62,324
90	297,780	31	—	—	297,780	31	1,544,253
91	255,687	−14	—	—	255,687	−14	1,799,940
92	289,643	13	—	—	289,643	13	2,089,583
93	289,327	0	—	—	289,327	0	2,378,910
94	314,431	9	—	—	314,431	9	2,693,341
95	344,788	10	…	—	344,788	10	3,038,129
96	384,076	11	93,529	…	477,605	39	3,515,734
97	250,963	−35	52,608	−44	303,571	−36	3,819,305
98 計画	276,103	10	37,312	−29	313,415	3	4,132,720

出所:表 6-4 に同じ.

表 6-8 タイのテレビ市場とナショナル・タイの占有率(1997年)

(単位:%)

カラーテレビ年間需要		90(万台)
カラーテレビ普及率		65.0
市場占有率	PANASONIC	30.7
	SONY	20.0
	SHARP	13.0
	その他	36.3

出所:表 6-4 に同じ.

送が始まったこの 67 年から「ナショナル・タイ」グループは白黒テレビの生産を開始し,さらに 70 年にはカラーテレビの生産を始めた。カラーテレビの生産は 84 年には月産 13,500 台の新記録を達成した。87 年にはカラーテレビ用 CRT(ブラウン管)の国産化を決定し,同時に月産 2 万台の体制が確立された。白黒テレビの生産は 92 年に打ち切られ,現在はカラーテレビ月産 2 万 5,000 台の生産体制となっている。90 年には 14 インチ,20 インチの CRT の現地製の採用を開始し,97 年には 33 インチ,21 インチ,29 インチの製造販売を開始している。90 年に入ってから,93 年 9 月の反政府運動の激化が工場の稼働に影響し,販売

が一時停止するることなどがあって，93年0％，94年8％という低い伸びだったが，その後順調に増加して，90年の年産約30万台から96年には対前年比39％増の48万台にまで到達した。しかしその後経済危機の影響は大きく，97年には前年比マイナス36％という大幅な落ち込みをみた（**表6-7**）。

市場はもちろんタイ国内が主であるが，これまでに周辺アジア諸国への輸出も行っており（例えば1985年には一時中断していたスリランカ向けの14インチ，17インチ白黒テレビの輸出を再開している），96年にはCIS向け輸出も開始している。年間輸出額の最高は，総生産がピークに達した96年で，総生産台数478,000台のうちの20％に当る94,000台を輸出している。

タイのカラーテレビ普及率は65％であるが，これは農村での普及率が低いからである。そのなかで年間需要は90万台，そのうちの30％をナショナル・タイが占有している（**表6-8**）。

4 分社化で「日系資本の支配が確立した」

「ナショナル・タイ」グループ15社の現状は，**表6-9**および**表6-10**のとおりである。表6-9は「ナショナル・タイ」本社の資料に系列会社として明記されている9社であり，表6-10は東洋経済『海外進出企業総覧'99』から採ったものである。後の方の表6-10を見ると，タイ松下冷機を除いていずれも日本本国の松下電器の出資比率が50％以下で，現地法人の色彩の強い各社であり，そのうちにはシューナショナルやA.P.ナショナル販売のように販売専業の会社が含まれる。これにたいして表6-9の9社をみると，出資を主な事業とするNTC（ナショナル・タイ）を中心として，いずれも日本国内の松下グループ各社と現地法人としてのNTCの両者があわせて100％の出資者となっていて，現地法人の出資はない。例外的にタイ松下精工に現地法人A.P.Nationalが7％の出資をしているだけである。ナショナル・タイの資本には現地法人Siew & Co.,Ltdが51.35％の出資をしているから，その他の各社も間接的には現地資本の出資を受けているといえないこともないが，実質的には日本の松下本社との直接的な関係が主軸となっている。

表6-9　「ナショナル・タイ」グループの総括表―1998年4月現在（I）

略称 日本名	NTC ナショナルタイ	TCOM タイ松下電子部品	MCT タイ松下通信工業	TMB タイ松下バッテリー	THMS タイ松下精工
所在地	サムットプラカン県	同左	同左	同左	同左
設立時	1961.12	1996.5	1996.6	1996.12	1996.12
資本	2.22億バーツ	9億バーツ	1.43億バーツ	5.05億バーツ	2.5億バーツ
日本側 同出資率（%）	松下電器産業 48.65	松下電子部品 60	松下通信工業 60	松下電池工業 60	松下精工 60
現地法人（1） 同出資率（%）	Siew & Company 51.35	National Thai 40	National Thai 40	National Thai 40	National Thai 33
現地法人（2） 同出資率（%）					A.P.National 7
役員　日本人 　　　タイ人	6 6	4 3	4 3	4 3	4 4
従業員 うち日本人	653 10	880 18	70 2	566 5	187 5
97年販売額	31.55億バーツ	16.02億バーツ	1.9億バーツ	14.48億バーツ	3.54億バーツ
事　業	出資及び業務支援	電子部品（プリント基板，チューナ，スピーカ，リモコン，コイル，トランス）の製造販売	カーオーディオの製造販売（主としてヨーロッパに輸出）	乾電池（アルカリ電池を増やす方向），カーバッテリー，トーチの製造	扇風機，換気扇，送風機の製造

略称 日本名	TKME タイ九州松下電器	MIEKOT タイ松下産業機器	TMTEC タイ松下テクノロジー（タイランド）	TAVC タイ松下AVC
所在地	サムットプラカン県	同左	同左	同左
設立時		1997.10	1998.1	1998.6
資本	1.5億バーツ	8000万バーツ	5000万バーツ	3億バーツ
日本側 同出資率（%）	九州松下電器 60	松下産機器 60		松下電器産業 60
現地法人（1） 同出資率（%）	National Thai 40	National Thai 40	National Thai 100	National Thai 40
現地法人（2） 同出資率（%）				
役員　日本人 　　　タイ人	4 3	4 3	0 4	4 3
従業員 うち日本人	212 3	73 2	131 1	372 6
97年販売額	2.44億バーツ			
事　業	フライバックトランス，偏向ヨークの製造	機器用コンデンサーの製造・販売	樹脂成形部品，メタルプレス部品の製造販売	TV，オーディオの製造

出所：ナショナル・タイグループ資料等から作成．

注：NTC：National Thai
　　TCOM：Matsushita Electronic Component (Thailand)
　　MCT：Matsushita Communication Industria (Thailand)
　　TMB：Matsushita Battery (Thailand)
　　THMS：Matsushita Seiko (Thailand)
　　TKME：Kyushu Matsushita Electric (Thailand)
　　MIEKOT：Matsushita Industrial Equipment (Thailand)
　　TMTEC：Matsushita Technology (Thailand)
　　TAVC：Matsushita Electric AVC (Thailand)

このようなグループの整備は「分社化」によって行われた。

表6-9に掲載されている各社の設立時と，先に示した各社の設立時とを比較すると，一致しているのはNTCだけである。NTCの場合は，設立が1961年であって，冒頭にかかげた進出時期と合致する。かつては同社はカラーテレビとホームステレオを主要製品としてもっていたが，現在では製造業務はなくなり，「出資及び業務支援」を業務とする会社となっている。そしてカラーテレビ，ホームステレオなどの製造は98年6月に新しく設立されたタイ松下AVCの業務となっている。その他のタイ松下電子部品，タイ松下通信工業，タイ松下バッテリー，タイ松下精工は66年に設立されたのであるが，表では96～97年設立ということになっている。

つまり，「分社化」の結果，96年以後，各社とも新しく設立された会社となったのである。要するに，①ナショナル・タイを「出資及び業務支援」だけを行うホールディング・カンパニーとし，②実際に製造業務を行う会社を新しく設立する形をとり，③しかもその際，各分社とも日本の関係本社と，現地海外法人としてのナショナル・タイとが全株式を所有するということになったのである。

これがナショナル・タイの「分社化」の内容である。

表に見られるように，タイ松下電子部品は本国の松下電子部品とナショナル・タイ，タイ松下バッテリーは本国の松下電池工業とナショナル・タイ，タイ松下AVCは本国の松下電器産業とナショナル・タイがすべての資本を所有するというぐあいである。これによって，タイ進出当時のジョイントの相手である現地資本であるSiew & Co.,Ltdは，ホールディング・カンパニーであるナショナル・タイの資本の所有者とはなっているが，実際に生産活動を行うすべての関連会社が，実質上松下資本の直接支配下におかれるようになった。「分社化により日系資本支配が確立した」というわけである。

このような「分社化」によって各社と松下電器が「直通」の形となり，集中的な管理運営がスムーズにいくようになり，「日本の親会社の援助が受けやすくなった」のである。実際，現地スタッフによれば，こういう形態になったことにより，今回の経済危機に当たっても対処が容易になった。「タイ全体では売り上げは30％減ったが，分社化によりマイナス10％ですんだ」という。

表6-10　「ナショナル・タイ」グループの総括表—1998年

略　　称 日 本 名	SN シューナショナル	APN A.P.ナショナル	APNS A.P.ナショナル販売	MARCOT タイ松下冷機
所 在 地	バンコク市	チャフンサオ県	サムットプラカン県	パトゥムタニ県
設 立 時	1970.4	1979.1	1984.9	1988.6
資　　本	1.2億バーツ	4000万バーツ	3000万バーツ	2.8億バーツ
日 本 側 同出資率(%)	松下電器産業 49	松下電器産業 45	松下電器産業 49	松下冷機 100
現地法人(1) 同出資率(%)	A.P.Holdings 27.5	A.P.Holdings 55	A.P.Holdings 51	
現地法人(2) 同出資率(%)	Siew & Co.,Ltd 23.5			
役員　日本人 　　　タイ人	4 4	4 4	4 4	7 0
従業員 うち日本人	658 8	753 9	299 6	447 7
97年販売額	97.12億バーツ	14.32億バーツ	29.93億バーツ	9.91億バーツ
事　　業	AV，OA機器，電池その他の商品の販売	冷蔵庫，炊飯器，洗濯機，ジャー，ポットなど家電の製造	家庭用電器の販売	空調機器用熱交換器，冷凍冷蔵機器用熱交換器等の製造販売

出所：東洋経済『海外進出企業総覧'99』から作成．

表6-11　再編された現地企業の株式所有関係

(単位：%)

	日本本国の会社	現地法人(1)	現地法人(2)
ナショナル・タイ	松下電器産業　48.65	Siew & Co.,Ltd　51.35	
タイ松下電子部品	松下電子部品　60	ナショナル・タイ　40	
タイ松下通信工業	松下通信工業　60	ナショナル・タイ　40	
タイ松下バッテリー	松下電池　60	ナショナル・タイ　40	
タイ松下精工	松下精工　60	ナショナル・タイ　33	A.P.National 17
タイ九州松下電器	九州松下電器　60	ナショナル・タイ　40	
タイ松下産業機器	松下産業機器　60	ナショナル・タイ　40	
タイ松下テクノロジー	0	ナショナル・タイ　100	
タイ松下AVC	松下電器産業　60	ナショナル・タイ　40	

出所：日本電子機械工業会資料．

4月現在（II）

PWIT	PICT
タイパナソニック溶接機器	タイパナソニックインダストリー
チャチュンサオ県 1990.1 3500万バーツ	バンコク市 1997.4 7500万バーツ
松下電器産業 44	松下電器産業 49
Siew National 5	National Thai 51
Tigt 51	
3 5	4 4
64 3	108 12
0.99億バーツ	13.00億バーツ
溶接機，切断機の製造販売	電子部品，家電部材，カーエレクトロニクス，FA

5 「分社化」＝新会社設立による新たな外資特権の享受

しかし「分社化」の本当の目的は，1995年以来のタイ政府の外国資本規制緩和と関連して，新社として登録することにより，新たに与えられた特権を享受できるという利点であった。「新ライセンスを受け，新しく制定された特権が得られた」のである。

実際，タイのBOI（Board of Investment＝投資委員会）の数字によれば，政府の投資促進策により，タイへの総投資規模は1995年の3,272億バーツから97年には4,123億バーツに増加し，そのうち日本企業の投資は50％を超え，第1位を占めた。新会社設立という方式で行われた松下グループの「分社化」もこの一部である。

「分社化」によって再編された系列の基幹部分が**表6-9**の各社である。それ以外の各社を示したのが**表6-10**であり，そのうちのタイ松下冷機，タイパナソニックインダストリー以外は，現地資本のシューグループが出資し，松下の出資比率が50％未満であり，また販売専業のシューナショナルと，A.P.ナショナルの2社がある。現地スタッフは「タイ資本優位の系列会社は現在ローン会社2社だけである」と言っていたが，これはこの2社を指すものと思われる。これを例外として，松下グループは表6-10の機関系列会社を中心に，製造部門は日系資本の支配下に確保しているということであろう。

第5節　東芝 CRT タイ

　東芝のブラウン管生産は，日本，アメリカ，タイ，マレーシア，インドネシアで行われている。日本では研究開発とフラット超大型，ハイエンドディスプレイ用を生産し，アメリカでは大型・超大型用を生産し，マレーシアでは中・小型ディスプレイ用を生産し，インドネシアでは中・小型テレビ用を生産し，タイでは中・小型のディスプレイ用とテレビ用の両方のブラウン管を生産している。95年にディスプレイ用（14，15インチ）の生産を日本から移転させた。現在，数量的には世界の工場のなかで，タイ工場での生産量が一番多くなっている。

　タイに進出にした理由は，主に次の3点である。① 進出を考えた10年前，ASEANのなかでタイのインフラ整備が進んでいた（シンガポール，タイ，マレーシア，インドネシアの順で）。② 多くの日本のセットメーカーがASEANに進出している。③ 労働力において，人口が多く，質も比較的良い。

　設備投資額は約100億円，生産ラインは日本からもってきた。生産ラインは2本あり，月間生産能力はそれぞれ約15万本，約12万本である。テレビ用は国内向けで50％，海外向け50％であり，ITC化する場合としない場合があり，ケースバイケースである。ディスプレイ用向けは80％がアジア向けであり，すべてITC化して出荷している。ブラウン管のコストについて，ガラスバルブ25％，偏向ヨーク20％，シャドーマスク10％，電子銃15％である。よって，材料費は75％を占めていることになる。ディスプレイ用のコストはテレビ用と比べて，1.5倍かかるにもかかわらず，売値は同じくらいである。

　タイ工場の生産シフトは，月曜から土曜までの3交代制になっている。① 6時から14時，② 14時から22時，③ 22時から6時に分かれている。1日8時間，週48時間労働で，深夜労働も含んでいる。労働条件は男女同じである。また，給与体系は月給制になっている。

　部品の調達先について，ガラスバルブは日本電気硝子と旭硝子であり，ガラス

は輸送コストがかかるため現地調達が基本である。偏向ヨークはJVCと三星電機から調達している。シャドーマスクと電子銃は自社生産しており，日本から輸入している。なお，テレビ用ブラウン管に用いるシャドーマスクは中国での合弁会社の新芝から調達している。電子銃生産は，人手がかかり労働集約的であることからタイで生産している。

タイ工場で生産したディスプレイ用ブラウン管は主に台湾メーカーに納入している。このところ，韓国・日本メーカーの比率が徐々に高まる傾向にある。ディスプレイ用ブラウン管の生産を始めた95年には台湾メーカーへの納入が90％に達していた。しかし，97年には台湾メーカー80％，韓国・日本メーカー20％，98年には台湾メーカー65％，韓国メーカー20％，日本メーカー15％となっている。

東芝は低価格化，省エネ化を進めるため，MNNブラウン管（小型電子銃の低コスト型ブラウン管）を開発した。東芝は電子銃を小型化し，偏向ヨークメーカーに小型化した電子銃にあった小型の偏向ヨークをつくるよう協力してもらっている。電子銃，偏向ヨークが小型化されているので，その分低価格になる。これはブラウン管の低価格化に伴い価格競争力を強化するために開発した。多くの日系ブラウン管メーカーは大型ブラウン管生産の生産比率を高めることにより，低価格化に対処しようとしたが，東芝は他のメーカーとは異なり中・小型ブラウン管生産において部品を小型化しコストを削減することで対処した。

韓国と台湾のブラウン管メーカーの評価について，東芝は韓国メーカーの方が技術的に高いとみている。東芝は韓国メーカーのなかでも，特に急速に力をつけてきている三星電管に脅威を感じている。また，LG電子，オリオン電気は三星電管と中華映管の中間くらいの実力とみている。ちなみに，オリオン電気は東芝の技術を用いている。

ブラウン管の価格動向について，96年に特に15インチブラウン管が不足し，価格が20％上昇した。97年には下落に転じ，ピーク時の半分以下にまで落ち込んだ。98年に入っても依然として供給過剰の状態は続いたが，下半期に入りようやく需給のバランスがとれてきたのではないかとみている。

第6節　タイ日本ビクター

　本節では，ブラウン管の中核部品であるDY（偏向ヨーク）をタイで生産している日本ビクター（以下，JVCと表記）の状況を紹介する。このJVC事例は，日本企業と韓国および台湾の企業との競争という側面ではなく，韓国と台湾の企業，特に台湾企業との協調という側面の格好の事例であろう。後に詳しく述べるが，そもそものJVCの進出動機がASEAN諸国へ進出している日本企業へ部品供給ではなく，台湾企業の要請によるものであった。その意味においても，日本企業の進出を前提とした韓国，台湾企業のASEAN展開，あるいは韓国，台湾企業のASEAN進出による日本企業の事業機会拡大と位置づけることもできる。なお，企業規模等の数字は，バンコクから東北へ300km離れた古都ナコンラッチャマー（コラート）に進出したタイ現地法人の状況を示す。

　もともと，JVCは，1960年代以来，DY，FBT（フライバックトランス＝高電圧変成器）生産メーカーとして地位を確立してきた。今日では，DYに関して世界的に業界で名声を得ている。このタイ現地法人JVC Components（Thailand Co, Ltd）の設立は95年8月で，操業は，DYが95年10月，その他モーター類が96年4月，OC（Optical pick-up＝光ピックアップ：CDやDVDの再生や書き込みに使用される部品）が同年10月となっている。従業員は，合計で約4,300人，このうちでDY部門に1,800人が従事している。日本人は13名。資本金は11億5,000万バーツでJVCの100％出資である。初期投資額はこの約2倍を費やした。進出動機は，中華映管がマレーシアに進出し，中華映管から依頼があった。もともと，冒頭でも述べたように，JVCは，DYで技術力や品質の評価が高く，東芝の紹介で中華映管との取引が存在していた（台湾国内でも，JVCは中華映管向けの現地生産を実施している）。

　中華映管がマレーシアに進出し，中華映管から，90年代初頭，具体的にマレーシアの中華映管生産拠点近くの，この敷地で操業してほしい，という申し出が

あり，調査にも出向いた。しかしながら，台湾からの経験で，あまり近接すぎると殺生与奪を完全に中華映管に握られ，会社としての独自経営が危うくなるので，一線を画するためにも近からず遠からず，ということでタイに進出しすることにした。さらに，バンコクにJVCのテレビ組立工場が既に89年に進出，90年に生産を開始していたので（ただし，別法人），ここからのサポートを得られることも考慮した。その結果，非常に早く操業を開始することが出来た。

DYの生産能力は月産で90万個に達するが，実際の稼働率は平均で7割程度と思う。パソコンの需要は，年末に上昇し春先に低下する。ディスプレイも同様で，特に今年98年の6月までは非常に悪い状況にあった。ところが，この7月以降に状況が好転し，今月（98年9月）は，当社のDYラインはフル操業になる見込みだ。DYの価格は，国際価格がほぼ成立していて，1個当り約9〜10ドルの価格となっている。

DYの生産は，最後の調整部分に最も人手が必要である。この点が技能集約的といえるかもしれない。ただし，調整検査それ自体は機械が行い，その指示に基づき人間が調整作業を行う。品質にかかわる工程は機械化されている。そうでなければ，品質は保持できない。生産工程で，日本では機械設備によって担われているが，タイでは人間に置き換わっている，そのような工程はない。せいぜい，部品や製品の構内移動運搬を，日本では無人車などのロボットを利用するが，こちらでは人間が担っている，というような製品の品質や性能に無関係な場所で人間が代替しているくらいだ。機械設備は，日本国内で使用していた設備ではなく，新品を導入した。JVCは，生産設備をかなり独自につくる。

DYを構成する部品で，電子回路基盤のうち，基盤はタイ松下から供給を受けているが，その他の電子部品は約8割を日本から輸入している。酸化第二鉄でできているフェライトコアは，TDK大連，富士電気化学タイ，日立金属から調達している。コイル用の電線は，三菱系の第一電工（現在は調達を削減している），鐘淵化学マレーシア，この鐘淵化学は，こちらの依頼で進出してもらった。鐘淵化学は，大阪で松下に納入していたので実績がある。ほかに，住友電工タイ。電線は，融着材のコーティングが難しい[12]。したがって，日本企業からの調達になる。プラスッチク成形部品は，日本企業に進出してもらった。コネクタ（ビニー

ルを被覆した電線）は，日本およびタイ以外に進出している日本企業から。コネクタとビニール線は，はんだ付で固定しているのではない。圧着という方式で固定しているが，タイの地元企業にコネクタ部分の圧着技術がない。ステンレスバンドも日本企業で，この企業も進出してもらった。ステンレスバンドは，従来と異なる工夫がこの部分にされており（技術的すぎて，素人の筆者には理解できなかった），やはり日本企業しかできない。中小企業の海外進出においては，我々のような企業がある程度ロットを引き受ければ，進出しやすいと思う。中小企業には，営業力がないから，販路の見通しが皆無の状況では進出しにくいであろう。コストに占める部材費は，タイでは8〜9割，日本国内だと6〜7割となっている。

販売先は，通常は中華映管に7〜8割程度，その他に韓国のサムソン電管や韓国大宇系のオリオン電気，松下にも納入している。しかしながら，今月（98年9月）は95％を中華映管に納入することになりそうだ。中華映管から，「他に回す余力があるなら，我が社へ納入しろ」といわれるほどの状況だ。

先に見たタイ東芝でもそうであるが，品質や製品にかかわる工程は，労働力コストが安いことを理由に機械設備から人間の置き換わっていない。今日の世界市場で嘱望・許容される電機・電子製品の品質や性能は，機械に置き替わって労働力が投入されることを許す状況になっていないのである。まさしく，「人間を介在させない」という発想が貫徹しているように思われる。これら電機・電子関係の企業では，異口同音に「労賃が安いからといって，機械設備の替わりに人間にやらせる工程はない。生産ラインは，日本もタイも同様の設備を稼働させている。そうでなければ，製品の品質や性能が保てない」と担当者は力説された。

ヘクシャー＆オーリンの理論を嚆矢とする通常の新古典派国際貿易論では，当該国における最も潤沢な生産資源を利用して生産される製品（比較優位を具現化している）が輸出財としての地位を得る，とされる。つまり，後発国における要素賦存条件を考えれば，後発国では安価な労働力が最も潤沢な生産資源であり，この生産資源を利用して輸出財が生産される，というような一般的理解になる。しかしながら，今日の生産技術が要求している品質や市場が嘱望する製品の水準は，安価な労働力の多量投入を単純に容認する状況になってはいない。輸出財生

産が，潤沢な生産資源である安価な労働力，この潤沢な労働力の活用を促す原動力になるとはかぎらない，このような現実も横たわっているのである。我々は，後発国の置かれている現状として，この点を理解しなければならない。

以上のように考えることが許されるなら，プロダクト・サイクル論を画一的に適用し，標準化された技術が後発国に移転され，さらに技術の模倣努力を通じて，あるいは，高度な生産ラインを導入することによりワーカーの技能形成が進展し，後発国の産業が高度化の道をたどる，このように考えるのは全くの虚構といわざるをえない。このような過程を通じて，後発国が技術的にキャッチ・アップしていくのではない。事実，生産ラインは日本国内工場と遜色のない新鋭の資本・技術集約的な工程が設置されているのである。現地工場で生産ラインを見学させていただく機会を得たが，生産ラインで働くワーカーは，いわゆる「工員さん」という印象ではない。ワーカーというよりもオペレート・アシストというような作業内容である。つまり，稼働している機械を見守り，機械の稼働が終了すると加工済み品を取り出し，次の未加工品を装着する，というような作業内容となっている。結局，加工それ自体は機械設備に依拠し，人間は其のアシスト，というのが現在の生産ラインの現状である。つまり，日本企業のASEAN進出動機の1つとして，その動機は「安価な労働力を求めて」ということも重要かもしれないが，もっと別の理由，たとえば工場建設に必要な土地の所得などを含めた「日本国内よりも初期投資額が安くすむ。減価償却を短期に済ませることができる」，という観点も重要な論点として浮上してくるであろう。

さらに，DY生産に必要な部材の供給，銅線やコネクタ，ステンレスバンドなど，一見して単純そうな部材は，純粋な現地企業（日系企業ではないタイの地場企業，という意味）から調達されている，と予想していた。ところが，いざ回答を聞いてみると，既述したごとく，その部材の多くが，日本もしくは進出日本企業（タイ以外に進出している日本企業も含めて）からの調達であった。意外に思ったので，一見単純そうな部材のどこが難しくて，タイ地場企業で生産できないか，この点をさらに伺った結果が，先述のような説明がなされた。フェライトコアや銅線などの調達先は大手メーカーであるが，その他の部材・部品は，日本の中小部品メーカーであった。これら中小メーカーが供給している部材・部品は，たぶん

DYの本質的性能上，つまり理論的な機能を構築する際には直接かかわりをもたない部分であろう。ところが，いざ製品として商品化する際には重要な意味を内包し，この部材や部品のできが商品としてのDYの評価にもかかわってくる，このことを我々素人に知らしめているように思われた。一般に，日本企業は日本企業からの部材・部品調達の依存が高い，といわれるが，それは単純に納期が確実とか品質がよいという一般論でなく，一見単純な部品に既存とは異なる一工夫がなされている，このことが日本の中小メーカーに進出を要請する1つの動機になっているのではないであろうか。

また，進出する側である中小企業部品メーカーにとっては，海外進出が可能となる条件としての部品納入先が進出時点である程度確保されている，ということは大きな要因となるであろう。この点は，韓国企業の事例でも確認できる。

【注】
1) この経緯については，「電子・電機産業の国際競争力を巡る課題について」開銀『調査』1995年3月号による。
2) わが国のメーカーがハイテク製品の生産を韓国や台湾の企業に依託するこのような傾向はますます強まっている。ブラウン管の国内生産を海外に移す企業も現れている。その一方で，ブランドを持たない受託専門メーカーともいえるEMS (Electronics Manufacturing Services：電子機器受託サービスメーカー) の出現は，ビジネスモデルとしてもわが国の企業に大きなインパクトを与えている。また，97年から毎年つづいている商法改正の動きは，ここ数年のあいだのメーカーによる経営統合・分割や事業統合，分社・事業分割など，国際的で大がかりな産業再編成を後押ししている。このようなわが国企業にたいする内外の最新の情勢については，稿を改めて論じたいと思う。
3) 「回復が続くアジア経済への期待と課題」東京三菱銀行『調査月報』2000年8月号。
4) 「工程間分業の経済効果を検証する」興銀『IBJ』2000年9月号，19〜21ページ。
5) これらについては，櫻谷勝美「マレーシア電機産業とイントラ・アジア貿易」中川信編『イントラ・アジア貿易と新工業化』東京大学出版会，1997年，を参照。

6) 竹内順子「重工業化の進展と中小企業」さくら総合研究所環太平洋研究センター編『アジアの経済発展と中小企業』日本評論社，1999 年，第 4 章，81 ページ以下。
7) 日本電子機械工業会『'97 東南アジア電子工業の動向調査報告書』45 〜 53 ページ，同工業会，1997 年。
8) データは，『朝日新聞』98 年 10 月 3 日付けによる。
9) 胡春力「産業構造と産業政策」松崎義編『中国の電子・鉄鋼産業』第 1 章所収，30 ページ以下，法政大学出版局，1996 年。
10) 莫邦富「日本家電メーカー神話の崩壊」『中央公論』99 年 4 月号。
11) 例えば，石筒覚「産業集積と日系企業——マレーシア・エレクトロニクス産業の事例——」森澤・植田編『グローバル競争とローカライゼーション』IV 所収，東京大学出版会，2000 年を参照。
12) 日本のワイヤーケーブル（巻線）メーカーの方が，この点を詳細に説明して下さった。この DY コイル製造に於けるワイヤ（巻線）は，正確には自己融着巻線と呼ばれている。通常の巻線は銅線に絶縁体としてのエナメルがコーティングされているだけであるが，DY 用巻線はさらに融着層がコーティングされている。通電することとにより融着層が溶融し，冷却後に巻線同士が固定化される。融着層の必要性は，DY 製造工程において，DY の独特の形状から，巻線を直に芯（コア）に巻き付けるのではなく，コイルにしていく際に，巻線それ自体でコアの型を形作っていく。その後に，コアとコイルを合体させている。このために，巻線を固定化させる融着層が必要となり，自己融着巻線が使用される。DY 用自己融着巻線の技術的な難しさは，DY という部品特性に由来する。DY は，電子銃から発射された電子線が所定の位置の蛍光板に当たるようコントロールする部品だ。DY コイルの形状のバラツキが大きいと，テレビやディスプレイ製造の最終工程における調整が非常に困難，または調整不能になるため，可能なかぎり均一なコイル形状を保ち，それによって電気性能を均一化する必要ある。この目的を達成するためには，導体，絶縁層，融着層の各サイズをミクロン単位の高精度にて均一化する必要があり，また，その製造工程から巻線の表面の滑り性確保の必要もある（技術的すぎて，よくわからなかった）。つまり，製造ロットごとのバラツキがあってはならない，ということだ。また，融着層を融着させた後，少しの力でコイル形状が崩れたりせぬよう，融着力が必要となる。これらの諸点で，日本企業は韓国企業に勝っていると思う。

第7章　韓国の電子機器メーカーの対 ASEAN 進出
　　　——三星グループを事例として——

第1節　韓国企業調査の概況と問題関心

　本節は，98年2月から99年2月までの計4回にわたる訪問調査に基づく。調査先は，韓国の三星（サムソン）本社サイドとマレーシアの進出先現地法人である。また，本社の回答者は，原則として，実際の実務に携わっておられる海外事業担当者（中堅幹部）にお願いした。以下の記述は，サムソン電子，サムソン電管，サムソン電機，サムソンコーニング，という最終消費財生産企業から部品生産企業へと川上をさかのぼる。なお，調査は，パソコン用ディスプレイ（以下，PC ディスプレイ，PC モニタとも表記する）とカラーテレビ，およびそれらを製造するに必要な基幹コンポーネントであるブラウン管，ブラウン管を構成する部品・部材に限定した。また，生産能力や部品調達の現況などは，断りのないかぎり，あくまで ASEAN 現地法人についてであり，いつ現在のデータかの記載のない場合は，調査時期に提示された直近のデータ，である。したがって，98年時点で把握されている数字，と考えていただきたい。さらに当該企業が自社を呼称する場合，本社あるいは当社と表記するが，この表現の相違は，厳密ではない。強いて述べれば，本社とは韓国国内親企業を，当社とは現地法人を含む当該企業全体という意味になる。
　簡単に各企業の生産品目を記述しておく。サムソン電子は，サムソングループの中核企業で，マレーシアでパソコン用ディスプレイをタイでカラーテレビを生産している。ディスプレイやテレビに必要なブラウン管を生産しているのが，サムソン電管でマレーシアに進出している。ブラウン管製造に必要な基幹部品が

DY (Deflection Yoke：偏向ヨーク) と呼ばれる円錐台形をした中空のコイルである。電子銃から発射された電子線は，このDYでつくりだされる磁界を通過することにより，ブラウン管のスクリーン上を走査する。このDYを生産しているのがタイに進出しているサムソン電機である。また，サムソンコーニングは，ブラウン管用ガラスをマレーシアで生産している。さらに，サムソンではグループ企業ぐるみの進出，「複合団地」(サムソン電子・サムソン電管・サムソンコーニング) をマレーシアの進出先セランゴール州セレンバンで形成している。

　本節の課題と結論を先取りしてやや単純化して述べておきたい。本調査の目的，およびそこから得られた結論は，サムソングループの，マレーシアひいてはASEANへの進出を，「複合団地」に代表されるグループ戦略が具現化した形態，という観点で論証したいのではない。たとえ，統一したグループの戦略が存在し，その戦略が「複合団地」として形成されたとしても，個別企業の事業経営を超越してグループ戦略が貫徹しているわけではなく，また，個別企業が直面しているそれぞれの次元での事業競争（ライバルとしての日本企業や台湾企業の存在）が近年より激化しており，グループ戦略よりも個別企業戦略を優先している実態が明瞭になるであろう。特に，日本・韓国・台湾の各企業が最も熾烈に競い合っているのがブラウン管生産である。

第2節　韓国電子機器メーカーのASEAN諸国への進出
——三星グループ事例を中心に——

　韓国の代表的企業グループである三星（サムソン）の対外直接投資に関する研究では，既述した「複合団地」形成が特徴として指摘される。しかしながら，本節での主張は，繰り返すが，そのことを実証しようというものではない。逆に，この「複合団地」に象徴されるグループ内完結型の生産体系にはなっていないことが明らかになる。

　しかも，この自己完結型が貫徹しなくなった要因は，97年のアジア通貨危機

が契機となっているのではない。日本および台湾企業間におけるパソコン用ディスプレイ生産競争の激化が，95 から 96 年にいっそう激化し，その結果としての価格下落に端を発している。やや結論を単純化し，極論すればサムソン電管の進出それ自体が競争激化の一要因であり，「複合団地」は，工場の地域的広がりを効率化するという意味が強く，生産体系それ自体の次元で論じられるべき産物ではなかった，というのが実態であろう。

1 サムソン電子

サムソン電子のマレーシア，タイでの事業展開は，合計 3 社の現地法人がある。マレーシアは，パソコンモニターの SDMA (95 年設立) と電子レンジを生産する SEMA (89 年設立) の 2 つの現地生産法人が存在する。タイには，カラーテレビ，洗濯機，冷蔵庫を生産している TSE (88 年設立) がある。マレーシアの SDMA は，本社の 100 ％出資で資本金 3,730 万ドル，操業開始は 95 年 10 月だった[1]。従業員数は約 1,300 人，生産能力は PC モニター 180 万台/年，インチ別の生産比率は，14 インチ：30 ％，15 インチ：50 ％，17 インチ：20 ％となっている。タイの TSE は資本金 800 万ドル，本社の出資が 49 ％，操業開始も 88 年で，カラーテレビの他，白物家電も生産している。従業員数は約 750 人，カラーテレビの生産能力は，年間 30 万台である。その他のサムソングループ関連は，サムソン電管，サムソン電機，サムソンコーニング，のそれぞれがマレーシアとタイに進出している。

東南アジアへの進出理由は，第 3 国輸出・現地販売・逆輸入が主な理由となる。短期的には人件費の安い地域ということも考えられるが，長期的に考えれば第 3 国輸出が容易なところが最も重要である。加えて重要なのは，投資資金調達コストが安くすむ地域という点になる。短期的な利益である人件費の安さだけで進出先を決めることは，当社（グループ各社も同様，というニュアンスを含んでいた）ではない。

投資資金は，SDMA の場合，当初の払い込み資本金は 2,500 万ドルで，初期投資総額は 7,190 万ドルだった。資金調達は現地進出外国銀行引き受けによる起

債も実施した。サムソングループの投資資金調達は，東南アジアと北米，あるいはサムソン電子のような労働集約的部門とサムソン電管，サムソンコーニングのような資本集約的部門では異なる。サムソン電子は，合弁よりも100％出資が多い。東南アジアへのサムソン電子の投資額は，労働集約的な部門でラインを設置するだけであるので投資額が低くてすむ。サムソンの事例ではないが，一般的には設備をもっていき，運転資金などは韓国国内銀行の借入でまかなう。電管やコーニングは投資額が大きくなる。北米では，現地銀行からの借入が多くなる。サムソンは，資金の現地調達に弱いと思う。現地調達に長けているのは，大宇（デイウ）グループであろう。大宇は，ウズベキスタンで銀行を設立してしまった。

　最終製品として組み立てるのに必要なプラスチック射出成形部品は，当初，ロット数が少ないので現地企業もやってくれなかった（韓国国内からの輸入）。ロットが増加したので，タイでは同伴進出が可能となった（補論の事例を参照）。サムソンが敷地を指定して「ここに工場を建設してください」という提案をする。また，銀行保証を提供する。射出成形部品メーカーの選択は，金型のメンテナンス技術能力を保持している企業が前提である。

　カラーテレビの主要部品はブラウン管，FBT (Fly-Back Transformer：フライバックトランス＝高電圧変成器)，回路基盤，チュナー，アウターケース，リモコン，などとなる。ただし，ブラウン管は，メーカーによってチューブのデザインが異なるので，電管以外から供給を受けるときは，チューブの形状にあったアウターケースのデザインをしておかなければならない。ブラウン管の方式にも問題はない。今までも，部品は1部品複数会社からの納入を基本としている。しかし実際は，マレーシアのPCモニタ工場では，必要なブラウン管の90％がサムソン電管から供給されている[2]。また，サムソン電機はグループ内での部品供給組織（タイではFBTも生産），と位置づけられている。その他，一般的部品の購買は，シンガポールに国際購買担当のIPOを活動させている。PCモニタの原価構成は，材料費が約80％を占める。直接労働コストは，2.5％程度にすぎない（タイに進出している日本企業のカラーテレビ工場でも直接労働コストは，2.5％程度と回答していた。今日，労働集約的部門，とされる組立部門でも直接労働コストの占める比率は，

非常に低いのが現実である)。

　マレーシアのパソコンモニター工場は,当初は米国向けとして生産を開始したが,実際は東南アジア向けであった。しかしながら,97年7月以降は100%米国向けとなっている[3]。他方,タイのカラーテレビ工場は,タイ国内向けであったが,現在は50%以上が輸出されている。逆輸入はない。外貨危機で韓国ウォンレートが下落したために,97年12〜98年6月までは,韓国国内へ生産がシフト・回帰していた。しかし,7月以降,ウォン高に転じたので,再び海外へシフトし始めている。外貨危機への対応は,第3国への輸出拡大や資材現地化の拡大を考えている。しかしながら,撤退も選択肢の1つになるであろう。

　96年,97年の売り上げは,SDMA：2億ドル,3億ドル,SEMA：8,000万ドル,7,000万ドル,TSE：1億2,000万ドル,8,600万ドル,となっている。96年までかなり儲けさせてもらった。

労働関係について

(法政大学の相田利雄教授および同大学院生三木譲氏の調査メモに基づく)

　従業員構成は,マレー人60%,インド人15%,中国人10%となっている。他に,外国人労働者としてインドネシア人が15%を占める。事務職は中国人が中心となり,マレー人は生産職に多い。管理職（課長以上）は,韓国人が6名,マレーシア人が14名という状況だ。現地化政策の一環として,管理者向けの研修を実施している。賃金は,基本給が150〜200ドル,諸手当込みで250ドル程度になる。韓国の1/4くらいの水準と思う。勤務時間は,生産ラインは7時から4時まで,通常2時間程度の残業がある。事務部門は,8時30分より始業する。

　労働生産性は,韓国の労働者と比較すると70%程度と思われる。マレーシアの労働者は,監督者の指示どおり従うが,労働の速度は遅い。退職率は,昨年は5%だったが,今年（98年）は不況のためにほとんどない。不良品率は,韓国国内と遜色ない水準である。

2　サムソン電管[4]

　現在，当社は建設中も含めて，世界に6カ所の生産拠点を展開している。そのなかで最初にマレーシアへ進出した。80年代から90年代の韓国国内人件費の上昇は急激だった。進出目的は，① 人件費の節約，② 複合化団地構想，が主なる理由である。この「複合団地」は，サムソングループ会長の経営戦略で，サムソン電子・サムソン電管・サムソンコーニングの3社がグループ戦略として進出した。また，電力と工業用水の供給が十分整備されていたことも大きい。ブラウン管生産には豊富な水が欠かせない。

　SEDM（サムソン電管マレーシア）の設立は，90年で，生産開始は92年だった。生産設備への投資額は，2つのライン（当初，2本のラインで生産開始）で1億8,000万〜2億ドルかかる。ライン1本で1億ドル見当であろう（タイに進出した日本のブラウン管メーカーでも100億円程度としている）。ブラウン管生産は，その商品特性上，固定費の負担が大きい。この投資をできるだけ早く回収するために，2つのラインを一挙に立ち上げた。資本金1億5,400万リンギ（6,200万ドル），サムソングループの100％出資で，電管とサムソン物産が出資した。しかしながら，操業開始には資本金以上の金額が必要である（＝初期総投資額）。この資金を，電管だけで調達するのは難しい。つまり，本社（グループ全体）の保証で，資金を調達した。金融機関の与信は，グループ全体になされている。資金調達は，韓国産業銀行のシンジケートローンとFRN（Floating Rate Note）による。比率はそれぞれ50％。FRNの引き受けは，アメリカのシティバンク，と聞いている。マレーシアのラブアンに持ち株会社としてのペーパーカンパニーを設立し，ラブアンで起債を実施した。

　現在の生産ラインは，CPT（カラーテレビ用）が4本，CDT（パソコンディスプレイ用）2本の合計6本で，従業員数は約4,500人，生産能力は，CPTとCDTをあわせて年間約1,000万本となっている。アジアの他の生産拠点は中国のシンセンと大連（99年稼働予定）の2カ所，他にメキシコとドイツ，そしてブラジル（98年稼働予定）に各1カ所の合計6社を配している。他に香港とアメリカのL.

A. に販売会社が存在する。この2社は，中国とメキシコの持ち株会社でもある。中国シンセンの生産拠点は，現代電子から買収した。

　ブラウン管製造に必要な基幹部品は主として4点，すなわち，ガラスバルブ，シャドーマスク，DY，電子銃，がそれらである。シャドーマスクは細かい穴が多数あいた金属板で，スクリーンの前にセットする。カラーの場合，このスクリーン上に，3色の蛍光体を1組としたドットが，約100万個ほど配置されている。このそれぞれのドットに電子ビームが的確に当たるようにシャドーマスクが必要となる。同じブラウン管でも，CPTとCDTとでは，CDTの方が求められる性能水準がはるかに高い。つまり，高精細なのである。たとえば，シャドーマスクの穴の数はCDTの方がはるかに多い。マレーシアでも，当初は，CPTしか生産していなかった。

　部品調達は，原則として複数の会社から購買している。グループ内調達のみ，ということはない。ガラスバルブは3社から購入している。サムソンコーニングの韓国本国とマレーシアの他に，日本企業のマレーシア拠点と中国企業の中国本国からである。シャドーマスクは，グループ外の韓国企業の韓国本国，アメリカ企業のドイツ，日本企業の日本からである。DYは，サムソン電機のタイと日本企業のタイから調達している。電子銃は，電管の自社内生産で，韓国国内本社から，80％程度の供給を受けている。その他の部品，たとえばスプリングやフレームについては，韓国国内中小部品企業を引き連れていった（＝同伴進出）。同伴進出企業の工場は，サムソンの複合団地内にも存在している。これらの企業が進出に必要な資金及びその調達の一部を支援した（ニュアンスからは，ほとんど資金援助はしていない，と聞き取れた）。ブラウン管製造技術は，基本的には成熟している。よって，価格競争力・コスト競争が最も重要だ。部品は，必ず2社以上から供給を受けるようにしている。これは，サムソンコーニングも例外ではない。競わせて，取引相手企業にも価格競争力をつけてもらうことを狙っている。

　韓国国内と海外生産拠点では，製品のグレードの差はない（たとえば，同じ21インチでも韓国国内と海外生産拠点では，国内でより高級品，海外で廉価品を生産しているのか，という質問に対して）。生産サイズの棲み分けをしている，と考えていただいてよい。マレーシアでは，22インチ以下のCPTと14・15・17インチの

CDTを生産している。ただし，R＆Dは本社で行っており，海外の技術要員は，メンテナンス要員といえる。このR＆Dに対する韓国本社へのロイヤリティの負担は無視できない。余談だが，中華映管との間に価格差があるとすれば（一般的な市場評価では，中華映管のブラウン管が最も価格競争力があるとされる。しかしながら，品質評価では後塵を拝している），本社へのロイヤリティ部分の差だと思う。生産設備は，日本や米国製で，設置はグループ企業のサムソンエンジニアリングが行った。

ブラウン管は，世界的に供給過剰で，特にCDTは価格の下落が近年著しい（アジア通貨危機以前の94, 95年以降）。昨年（97年），ライバル企業である台湾の中華映管に生産量規制について話し合いを申し入れたほどだ。つまり，当社は確かにグループの戦略として進出したが，94, 95年以降には世界中の各社と取引をしている。その結果，96年の実績で，マレーシア現地法人のブラウン管販売先もマレーシア現地40％，第3国（主としてシンガポール，タイなどの東南アジアとメキシコ）53％，韓国国内7％となっている。顧客の国籍にこだわっていない。

マレーシア現地法人の96年度（2月末決算）の売り上げは3,800億ウォン，税引後純利益は280億ウォンだった。97年度の売り上げは4,000億ウォン程度。

3　サムソン電機

タイの現地生産法人は90年に設立したが，実際の操業は93年からである。資本金は1,480万ドル，100％の出資となっている。従業員数は約1,800人，生産品目はブラウン管用の部品やチュナーで，DY生産能力はCPT用が月産38万個，CDT用が30万個，年間で合計約1,000万個程度に達している。現地法人設立から操業までに時間を経ているのは，進出当時に日本やアメリカ企業が多数進出したために，人件費が高騰し，採算が危ぶまれたので様子をみた。用地は確保していたので，93年に操業を開始した。タイでのDY生産は，サムソン電管がマレーシアで生産を開始したので，それに対応している。つまり，生産されたDYは基本的にすべてサムソン電管のマレーシアへ供給していた。

タイでは，そもそもDY製造に必要な部品を調達することはできなかった。そ

こで，コイルに必要なワイヤ・メーカーなど5社を同伴進出した。ただし，DYコイル用のワイヤーケーブル（巻線）は，カラーテレビ用は韓国企業の品質で充分であるが，PCディスプレイ用は日本企業の方が高い。PCディスプレイ用ケーブルはより高い精度が求められる[5]。同伴進出において進出資金の援助はない。ただし，現地の従業員寮などで協力している。フェライトコア（酸化第二鉄でできているコイルの核になる部分）は，韓国から輸入している。ただし，このフェライトコアも日本の方が技術が上だ。タイの地場企業からの調達はない。一部の主要部品や17インチ以上に用いる場合は，タイに進出している日本企業からも供給を受けている。

　もともとタイの生産拠点は，サムソン電管のマレーシアへの供給のためであった。ところが，電管の操業率が落ちた。96年には稼働率が40％くらいまで落ちていたのではないかと思う。その影響をまともに受け，電機自体も苦境になってきた。このことが契機となり，電管以外に外販することにした。日本のNECや台湾の中華映管にもサンプリング出荷を実施し，市場開拓に努めた。このNECや中華映管への外販は，98年以降に本格化した。無論，サムソン電管からは，ライバル企業，特に中華映管への外販に対して，苦情を受けた。

　当社のDY事業は，14インチ用は赤字だ。15インチ用や17インチ用は黒字だが，15インチ用も来年（2000年）は赤字になるかもしれない。ディスプレイの価格下落を，組立メーカーは部品メーカーへの部品単価圧縮に転嫁してくる。これは，韓国も日本も同じだろう。とにかく，DYの値段は安すぎる。

　サムソン電機全体の売り上げは96年が1兆7,500万ウォン，純利益は382億ウォン，97年が2兆5,000万ウォン，純利益は600億ウォンとなっている。タイの現地法人は，サムソングループ全体でも最も優良工場で，毎年利益を出している。

4　サムソンコーニング

　マレーシア法人の設立は92年，操業開始は93年，資本金は5,680万ドルで，本社が70％出資している。他にサムソン電管が出資している。生産能力は，各

サイズミクスチャーで 1,200 万セット。マレーシア進出は，サムソン電管へのブラウン管用ガラス供給である。当初は，ファンネル部分（漏斗の形をした部分。細い口の方に電子銃が装着され，開口部分にフロント部分がシャドーマスクやスクリーンとともに装着される）のみの生産だったが，その後にフロント部分（技術的にはフロント部分の方が難しい。直接ブラウン管の性能に影響を及ぼす）も生産するようになった。投資額は，1 工場当たり，3 億～ 4 億ドル程度かかる。創業時以来，設備の稼働率はほぼ一定で，アジアの通貨危機の影響もほとんど無い。

当社の技術は，もともとアメリカのコーニングの技術を導入したが，コーニングがブラウン管用ガラス生産から撤退し，この技術特許権を継承したのが旭硝子（より精緻に述べれば，アメリカの旭硝子子会社）である。このために，マレーシア進出時に日本の旭硝子に同意を取り付けた。旭硝子がタイとシンガポールで生産拠点を稼働させている。したがって，市場の競合をさけるため，基本的に当社は，マレーシアでは韓国企業にしか供給していない（90％が韓国企業向け）。また，本社もマレーシア拠点も旭硝子に技術ロイヤリティを支払っている。ロイヤリティは，売り上げの何％という定率方式になっている。

世界のブラウン管用ガラス生産は，旭硝子と日本電気硝子の 2 社が技術をもつ。つまり，これら 2 社と協調的に生産を実施している。当社は旭硝子・コーニングのグループ企業だから，旭硝子との協調は当然である[6]。

第3節　まとめ——調査結果から——

以上，サムソングループ各社での調査概要をまとめてみた。以下では，これらの調査結果を基礎として，すなわちサムソングループ各社の具体的 ASEAN 投資状況から，韓国の対 ASEAN 投資における論点の析出と考察を試みることにする。

韓国は，本書の 65 ～ 66 ページで述べたように 90 年代に入って対外直接投資を増加させてきた。このように 90 年代に入って対外直接投資を増大させてきた背景を，外的要因と内的要因にわけて考えることにしたい。外的要因として，一

第7章　韓国の電子機器メーカーの対 ASEAN 進出

般的にも指摘されているが，円高を背景に日本企業が 80 年代後半，ASEAN への進出を加速化させたことは，大きかったと言えよう。つまり，それまでの韓国電機・電子製品の競争相手は，日本国内で製造された日本企業の製品であったのが，80 年代後半以降になると，ASEAN で生産された日本企業製品との競合ということになった。しかも，国際市場でのブランドが確立している日本製品は，たとえそれが ASEAN 製の日本企業製品であっても，市場競争力を保持しえた。これに対して，韓国製品が拠り所にする最大の市場競争力は，日本製品との比較で安価であることであった。この安価であることが日本企業の ASEAN 進出で瓦解し始めた，周知のこととはいえ，この点が外的要因として大きく作用したことは疑いないように思われる。

次に，内的要因として，87 年民主化宣言以降の賃金上昇率が著しくなり，労働コストの増大が韓国企業の国際競争力を低下させた，という指摘が一般的にされる。ここでは，この一般論ではない別の側面を考えてみたい。別の側面とは，企業の資金調達コストが韓国国内では非常に高かった，という事実である。韓国の研究機関によれば，韓国国内製造業の売上額に占める金融費用は，95 年には 5.6 ％に達していた。この負担率は，日本の 3.5 倍，台湾の 3.3 倍に相当する水準，という[7]。

この指摘は，既述したサムソン電子の海外事業担当者が示した海外進出動機の回答にも現れる。すなわち，「長期的に考えれば第三国輸出が容易なところが最も重要である。加えて重要なのは，投資資金調達コストが安くすむ地域という点になる。短期的な利益である人件費の安さだけで進出先を決めることは，当社ではない」と述べている。たとえ，電機・電子産業の労働集約的な部門であっても（たとえば，PC ディスプレイやカラーテレビ組立），今日の生産技術体系の下で原価コストに占める直接労働費の比重は，日本国内でも数パーセントしか占めていない。

インタビュー調査に基づくと，通常，生産拠点を立ち上げるのに必要な初期投資額は資本金の 2 〜 3 倍が必要とされる（運転資金等も含めて）。サムソン電管やサムソンコーニングの事例では 5 倍以上を必要としていた，と考えられる。さらに，たとえ資本金において 100 ％出資であるとしても，このことは，資本金

に必要な資金それ自体が自己資金(本社の内部留保金や,本社の増資)であることの証明にはならない。つまり,ここで述べたいことは,海外直接投資が,韓国国内での設備投資に比して金融費用の節約という優位性を保持していたのは,無論である。しかし,それでも,現地法人設立に必要な払い込み資本金額(それがたとえ自己資金であったとしても)を超える資金が投資には必要であり,これらの資金調達(場合によっては,払い込み資本金それ自体も)に必要な費用をいかに抑えるのか,この点の重要性を強調しておきたい。このように考えると,韓国企業のASEAN進出の動機は,外的要因とともこの資金調達コストを安く済ませる,という観点も大きく作用したと考えることができよう。

さらに,このような韓国の非金融機関である一般企業を取り巻く金融事情[8]が,企業という個別経営体の事情として,外国の資金に依存して投資を実施していった実態を理解する必要があるであろう。このことは,韓国の97年「外換危機」を理解する上でも,肝要であると考える。加えて,台湾企業の投資資金調達構造との比較も重要であろう。台湾企業については,本書の73～75ページで詳細に論述されているが,台湾企業の投資資金調達も少なからず外国金融機関からの借入に依存していたことが読みとれる。

この点を付言しておけば,確かに韓国国内と台湾国内での企業行動は異なる。その代表的事例の指標は,企業の負債比率であろう。200%,300%の負債比率が当然のような韓国と60～70%程度の台湾とは,企業の財務構造に大きな違いがある。借入金依存型の韓国企業と自己資金中心型の台湾企業である。しかしながら,この財務構造の著しい相違が,海外投資・海外法人設立という次元になると,無視しえない程度に相違の縮小がみられるのではないか,と考える。つまり,韓国企業,台湾企業,それぞれの本国での差異は,当該両国の産業金融構造や金融政策の下で,ある程度必然的な企業行動とみなせる。他方,この当該両国の金融構造や金融政策が及ばない海外では,両当該国企業の投資資金調達方式に類似性が逆に際立ってくるように思われる。この点は,単純かつ安直に,両当該国の企業経営気質の異質性,このような次元に還元すべきではない新たな論点の知見であり,取り組むべき課題として,より精緻な調査が必要であろう。

次に,サムソングループが,PCディスプレイ・カラーテレビを生産するサム

ソン電子から，ディスプレイ・カラーテレビ生産に必要な部品・部材を供給するサムソン電管・サムソン電機・サムソンコーニングまで，ある特定の最終消費財生産に必要な一連のグループ企業群をマレーシア・タイに進出させた状況を検討したい。この状況は，一見すればグループ内で完結した生産環境の創出を試み，さらに実践している，このように把握されてしまうであろう[9]。しかしながら，ここで結論を前もって述べておけば，そのような見方は実態とは異なる，ということである。つまり，たとえサムソングループとしての戦略が存在していたとしても，その戦略は戦略にすぎない。90年代半ば以降の，ブラウン管を基点とした川上部門も川下部門も国際競争が激化し，グループ戦略を許容できるような状況ではなくなった，個別企業自身の戦略を最優先せざるをえなくなった，ということである。

その第1に，サムソングループの一連の進出は，グループ中核企業であり，最終消費財を生産するサムソン電子を中心に構築されていない，と筆者には思われる[10]。逆に，主要部品であるブラウン管を生産しているサムソン電管を中心として考えていたのではないか，と考える。サムソン電子のマレーシアとタイの生産ロット数・生産能力は，PCディスプレイ・カラーテレビを合計しても年間210万台にすぎない。これに対して，サムソン電管のブラウン管生産能力は，年間1,000万本に達している。さらに，サムソン電機のDY生産能力も年間1,000万個，サムソンコーニングの年間ガラスバルブ生産能力は，各サイズミクスチャーで1,200万セットになっている。また，電管のマレーシアでの生産開始とほぼ時期を一にして，電機はDY生産をタイで開始し，コーニングはガラスバルブ生産をマレーシアで開始している。

さて，サムソン電管の部品調達状況をみると，確かにDYとガラスバルブは，グループ内企業から調達している。また，これらからの調達が大宗を成しているであろう。しかしながら，DYやガラスバルブでさえもグループ外の世界的専業メーカーからも調達している。さらにシャドーマスクは，完全にグループ外の大日本印刷系やLG系から調達している。つまり，「複数社からの購買」が名目的スローガンとしてではなく，実際に機能しているのである。少なくともサムソン電管ではこのように指摘できるであろう。この世界的専業メーカーとしての日本

企業の存在（現地進出しているDYの日本ビクターやガラスバルブの旭硝子や日本電気硝子）は，大きいと考えられる。

　第2点目として，電管では当初からグループ外への供給を前提にしていた，やや大胆に述べれば外部への販売が基本的戦略であった，と考える。事実，韓国国内でも，サムソン電管は，生産量の30％程度しかサムソン電子に納入していない。ブラウン管生産は，日本・韓国・台湾の企業が最も熾烈な競争を繰り広げている分野である。しかも，電管の担当者も指摘する最大のライバルである中華映管もほぼこの時期にマレーシアに進出し，一挙に大規模生産を開始している。前述の生産規模を考えると，サムソン電子への供給を目的とするよりも，電管としての独自の経営戦略が存在し，その独自の戦略はグループ戦略の下位に位置しているのではない，と思われる。既述のように，サムソン電子の生産規模は，タイとマレーシアで210万台であり，また，マレーシアの電管から韓国国内への逆輸出も7％にすぎない。

　さらに，95年以降のブラウン管価格下落に伴う競争激化が，この外販を基本とする戦略にいっそうの加速化を促したと考える。ここで確認しておきたいことは，このブラウン管価格下落はアジア通貨危機が契機となったのではない。直接の契機は，日本・韓国・台湾の各企業が中国市場等を見込んで生産増強へと一斉に向かい，供給過剰になったことにある。生産増強を具体的に述べれば，まさしく，サムソン電管や中華映管のマレーシアでの操業開始に代表される。加えて，サムソン電子がPCディスプレイをマレーシアで生産を開始したのは95年であり，しかも生産能力は年間180万台にすぎない。このことは，サムソン電管の操業悪化を，電子がマレーシアでPCディスプレイを生産することによって，電管を救済，電管の操業悪化を緩和させる，このようなことを逆に意味しているとも考えられる。

　第3点として，このグループ戦略よりも個別企業の戦略が優先される状況は，サムソン電機にも波及していく。電機は，タイで生産していたDYを全量マレーシアのサムソン電管に納入していた。しかし，この状況が96年以降に明らかに困難に陥る。サムソン電機の担当者によれば，電管の操業度が極度に悪化した，と述べている。その結果として，電機自身も自社の販路をグループ以外に開拓せ

ざるをえない状況に直面したのである。そして，帰結として，NECや中華映管といったサムソン電管のライバル企業への外販が開始された。つまり，サムソングループ内での部品・部材供給部門と位置づけられていた電機は，自身で販路拡大に乗り出さざるをえなくなり，グループ企業間の軋轢を惹起し始めた。

一方，サムソンコーニングの担当者は，「当社の操業度は一貫して安定している」と述べている。この点を，どのように理解すべきであろうか。考えられるのは，そもそもの生産能力よりもはるかに低い操業度であった，と考えることも可能である。ガラス製造は，炉で原材料のソーダ灰を溶かし，プレス金型に流し込むことによってガラスバルブを完成させる。マレーシアに，この炉が何基設置されているのか，調査において担当者は明らかにしてくれなかった。操業度は基本的には炉の稼働基数によって決定されるのであるから，複数の炉が設置されていても常時稼働しているのはその一部の炉，ということは充分に考えられる。ガラス生産のような装置産業の場合，操業度は連続的に変化するのではなく，炉の基数と炉の容量によって，階段状に変化せざるをえない。つまり，生産量をフレキシブルに調整できないとすれば，確実にサムソン電管に納入できる量のみを生産する，ということになる。また，旭硝子との関係から，サムソンコーニングは，サムソン電機と異なり，外販は事実上不可能，あるいは，かなり困難である。

そのように考えると，サムソンコーニングの実際の生産量は，電管が必要としていた量を常に下回るような操業を基本方針としていた（電管の側からすれば，常にサムソンコーニング以外からもガラスバルブを調達することが必然だった），そのことが電管の操業度が低下しても，電機と異なり「自社の操業度は下がらなかった」という回答になった，と理解できよう。ここには，別の次元でグループ戦略が貫徹していない事例をみることができる。技術導入先の日本企業の戦略を前提としなければならない，という点である。だからこそ，フル操業ができなかった，フル操業した場合の危険回避，グループ企業にすべてを納入できない事態に直面した際，外販という選択肢が閉ざされており，もともとの操業度を落としておくという危険回避手段しかサムソンコーニングには存在しなかったのである。あるいは，公表されている生産能力よりも実質的生産能力は低い，ということも考えられる。

以上のように，サムソングループ各社についての調査結果をまとめてみた。ここでは，最後に，日本企業との関係を述べておきたい。この PC ディスプレイ，カラーテレビ生産とそれに付帯する部品・部材部門に限定すると，この製品にかかわる川下から川上にいたる一連の生産の流れにおいて，それぞれの財を生産している各次元で日本企業との関わりがそれぞれに異なっている状況を呈しているように思われる。確かに，日本企業，特に部品や部材の供給における日本企業の存在は無視できない。逆にこの存在がなければ，後に述べる台湾ほどではないが，ASEAN における韓国企業の生産活動（＝部品調達）はより多難であった，ということは指摘できるかもしれない。特に，ブラウン管生産に必要な部品・部材について，このことが指摘できよう。その意味では，日本企業の ASEAN 展開を前提とした韓国企業の ASEAN 進出，とも言えるかもしれない。逆に，韓国や台湾企業の ASEAN 進出を契機とした，日本企業の ASEAN 展開のさらなる深化，ということにもなろう。

　つまり，この実態を日本企業の側から観察してみると，以下のようにもなるであろう。韓国企業や台湾企業の ASEAN 進出が日本の部品や部材生産企業の新たなる販路を提供することになったという正の側面，両国企業が進出することによるメリットを享受することができた，という場面で生産活動を遂行している日本企業（DY やガラスバルブ生産の場面）が存在する。しかし，一方で，ブラウン管生産という次元では，韓国や台湾企業の進出によって価格競争が激化してしまった，という負の影響を被る，そういう状況下に存在する日本企業も多い。PC ディスプレイ用ブラウン管生産という局面では，日本企業と韓国企業，台湾企業のそれぞれに，主として生産する（生産量の比率が高い）ブラウン管サイズが確かに存在し，そのサイズは異なっている。しかしながら，各国の企業はある特定のサイズに生産を特化しているわけではない。96 年頃までは，日本企業も ASEAN で 14 インチを少なからず生産していた。しかしながら，96, 97 年以降，今日の主要な競合関係は，14 インチでは韓国・台湾，15 インチで日本・韓国・台湾，17 インチでは日本・韓国，というような構図となり，相互の競争がさらに激化しているのである。

　つまり，このような競争激化の流れの結果として，日本企業は 17 インチ，そ

れ以上のサイズに生産の主力をシフトさせる方向で事業を見い出そうとしていたり，15インチサイズにフラット管や省エネタイプのミニ管という新技術を投入している，と理解すべきであろう。つまり，日本企業が最も早く 14 インチ生産に見切りをつけたのである。また，PC ディスプレイの標準サイズも，今日では 14 インチから 15 インチ，17 インチへと移行してきている。

　以上のような諸般の状況を勘案すると，調査対象としてきた分野では，ブラウン管に必要な部品，その部品が必要とする素材，というように川上にさかのぼればのぼるほど日本企業のプレゼンスが大きな影響力をもっている，といえよう。その典型事例は，たとえば DY に必要なフェライトコアやコイル，あるいはブラウン管用のガラスバルブというような素材産業と考えられる。つまり，やや極論すると，素材産業に接近すればするほど日本企業の独壇場が形成されている，ということになろう。ただし，この点については，たとえば，DY に必要なコイル用ワイヤやコイルの核を成すフェライトコア[5]などで検証する必要性は存在している。

補　論　系列部品メーカーの事例と韓国のプラスチック加工技術水準

　電気製品や携帯電話機などのプラスチックボデイを量産する場合，金型とプラスチック射出成形型が必須となる。金型とは金属でつくられた型である。これに，熱で熔かされて流動化したプラスチック樹脂を流し込み，取り出すことをプラスチック射出成形と呼ぶ。これに用いられるのがプラスチック射出成形機である。

　以下では，補論として，サムソングループの協力会社で，タイへ同伴進出した射出成形メーカーの事例を掲載する。また，射出成形に必要な射出成形機メーカーのソウル駐在員の方から見た韓国企業の射出成形技術水準評価もあわせて紹介したい。

1 株式会社世化（プラスチック射出成形部品メーカー）

　この会社は，1973年に操業を開始した。創業当時からサムソングループとの結びつきが強い。最初は，220〜1,300トン（射出する際の圧力。大きなプラスチック部品になれば，原則として圧力の高い機材が必要となる）まで，10台の射出機で仕事を始めた。85年がターニングポイントで，その後に大型の射出機を導入した。現在は，550〜4,500トン以上まで27台の射出機をそろえている（他に子会社に8台）。90年代初頭に4,500トンクラスを導入した。射出成形機はすべて外国からの輸入だった。当時は，このクラスの国産機がなかった。

　テレビ用ハウジング（外枠ケース）のサイズと射出機のサイズは，73年頃に14インチ：550トンで開始し，85年頃までこの状況が続いた。82〜83年ごろから16インチ：650トン，19インチ：850トン，が導入され，90年以降になると21インチ：850トン，25〜29インチ：1,300トン，30〜52インチ：1,800〜2,000トンという状況へと拡大してきている。

　射出成形部品の原価コストに占める原材料費（プラスチック樹脂ペレット）は，約6割程度になる。テレビとパソコン用ディスプレイは，類似しているが，パソコン用ディスプレイの方が難しい。テレビのキャビネットは，黒系でペインティングにより傷を隠せるが，パソコン用ディスプレイは，白系で傷が目立つ。製造コストは同じであるが，不良品率を，テレビでの1％以下に対してパソコン用ディスプレイでは3％以下に基準を下げてもらっている。この結果，不良品が多いい分だけ必要なロットに対する原材料費が膨らみ，単価としてはパソコン用ディスプレイの方が高くなる。

　金型は，子会社もあり，外部の専門業者からの供給は，6割程度である。96年までの金型取引は，組立メーカーと金型メーカー間で主に行われていたが，97年以降は，組立メーカーの指示書に基づき射出メーカーである当社と金型メーカーとの交渉になった。金型メーカーが持ち込む金型の完成度は90％程度で，射出メーカーでのトライアル等で完成度を高め，実際に使用する。テレビ用ハウジングができる射出メーカーは，どのメーカーでも金型のメンテナンス技術は保持

している（韓国プラスチック工業協同組合の話では，射出メーカーが金型発注にほとんど関与していない，というようなお話であった。この点を確認したら，既述の回答となった）。ただし，金型技術は，サイズよりも構造が複雑である方が難しい（この点については，日本の射出成形機メーカー・ソウル駐在員から見た韓国企業技術水準評価で後述する）。

　タイへの進出は，昨年（96年進出，97年操業開始）からサムソン電子との同伴進出という形で始まった（なお，他の市場ではサムソン以外に韓国のLGとも取引をしているとのこと）。それまで，サムソン電子はタイの現地資本メーカーや単独で進出していた大東（韓国のメーカー）に発注していた。さらに，価格や品質面から当社から輸出していたものもある。昨年，当社がタイに進出したのは，サムソンがラインを増設し，冷蔵庫や洗濯機の生産も開始したため，総ての射出成形部品に対応できる射出メーカーが必要となったためである。

　韓国では，96，97年が海外直接投資のブームだった。当社のタイ進出は，サムソンからのアドバイスと支援を受けた。当社のタイにおける合弁パートナーであるサファグループを紹介してくれたのは，サムソンだった。出資比率は，7：3となっている。資金は，当社の独自の資金は約4割，残りの約6割が韓国輸出入銀行の融資となっている（話のニュアンスでは，外国銀行からの融資を韓国輸出入銀行が保証しているというようにも受け取れた）。進出は，確かにサムソンの現地での増産が前提となり，そのことが契機になっているが，具体的にはロット保証の契約を結んでいるわけではない。その意味において，リスクを抱えている。しかし，今日のアジア通貨危機の状況下では，生産ロットの減少は問題ではない。調達した資金など外貨管理が最も問題である。

　サムソン電子は，タイでカラーテレビ（タイでは，他に洗濯機，冷蔵庫），マレーシアでパソコン用ディスプレイを生産している（他に，電子レンジ）。タイにおけるサムソン電子へのプラスッチク射出成形部品納入は，世化が50〜60％程度を担っている。世化の取引相手としては，生産量の90％がサムソン電子に納入されている。当初は，他社との取引も考えていたが，実際はサムソン電子との取引がその大宗となった。

　タイ現地のプラスチック射出成形メーカーは，日本との合弁企業の技術はまず

まずであるが，現地資本メーカーの技術は落ちる。つまり，仕様に基づき，実際に射出された製品の工作精度（工差）が日本企業は最も高く，バラツキもない。韓国企業は日本企業よりも工差にやや幅がある，つまりバラツキが存在し，タイの企業はそれがかなり広くなってしまっている。射出成形メーカーの技術は，金型管理と射出機への取り付けが主となる。特に金型管理は，面合わせと摩耗・クラックへの対処が重要となる。設備と金型で，射出成形の技術水準は決定されると考えてよいであろう。

2　日精樹脂工業（射出成形機メーカー）ソウル駐在員から見た韓国の射出成形技術

テレビおよびパソコン用ディスプレイ向けのアウターケースの射出成形は，成形技術レベル次元で考えると上のランクではない。日本・韓国・台湾のどこの国でも，あるいは東南アジアでも，大型射出成形機があれば，可能である。樹脂の価格は，どの地域でもかわらない。ガス・インジェクションという成形方法が日本で開発され，この技術によって大型の成形が容易になった。このガス・インジェクションの成形法は，三菱がパテントを持っていて，既存の成形機に装着するアタッチメント購入あるいは特許使用料を支払うことで，成形を行うことができる。大型成形部品は内部に気泡ができやすかったが，このガス・インジェクションでガスの圧力を利用して樹脂を金型内部に均一に射出できるようになった。

成形技術で高度な水準とは，薄い皮膜などを射出する技術といえよう。たとえば，以前は紙だったスピーカー・コーン（スピーカーの振動する部分。コーヒーのペーパー・フィルターのような形状をしている）は，厚さが90ミクロン。携帯電話のコネクタ部分は，その隙間が0.5 mmのピッチしかない。携帯電話を，なぜ軽量化，小型化するかといえば，一回の充電で，送受信可能な時間を長くするためである。韓国の携帯電話を見ていただくとわかるが，日本と比べると厚い。日本では，バッテリー・カバー（プラスチック樹脂でできている）の厚さは0.3 mmしかない。また，韓国製携帯電話は，1回の充電で，1日くらいしか稼働を持続できない。日本製は，3日間ぐらいは持続できる。この小型化は，省力化という点

からも重要な意味を持つ。いま，韓国だけではなく，台湾でも，このミリ単位，ミクロン単位での小型化技術導入に躍起になっている。

　単に，小さいというのではなく，ミクロン単位の精度や薄さを求められる成形部品が最も技術的に難しい。このためには，射出の速度制御（瞬時に圧力をかけ，瞬時に圧力を抜く。つまり，圧力を示すグラフが正確にコの字型を示す）が最も重要である。これに対して，韓国や台湾では対応できる射出成形機がない。韓国では，99年1月1日から射出成形機に課せられていた「輸入先多元化の規制」が解かれた。日精は，この分野の射出成形機を最も得意としているので，問い合わせが増大して忙しくさせてもらっている。

　しかも，韓国や台湾企業は，対応できる射出成形機を日本から輸入・導入するだけではない。射出成形機を導入しても，この機材を使いこなすオペレーティング技術が必要となる。我々は，機械とこのオペレーティング技術，および，いわゆるノウハウをセットにして販売している。ただし，ノウハウとこのオペレーティグ技術は，異なる。このオペレーティング技術はマニュアルや設備機械に具現化されている技術で，ノウハウと我々は言わない。マニュアル化したり説明できないからノウハウなのである。このノウハウの取得は，自分で経験し，失敗を繰り返していかないと身に付かないと思う（日本国内の自社訓練施設で顧客のトレーニングも引き受けている。つまり，ノウハウの一端を取得する機会を提供している）。日本の射出成形部品メーカーは，日精の一世代前の設備で最先端の射出成形部品を作り出している。そもそもの機械設備に具現化されているスペックで，マニュアルに基づいて通常の操作をしても作り出せない。経験に基づき，マニュアルにない特別な創意・工夫を凝らしている。これがノウハウなのである。これに対して，途上国は最新の機械を導入しても，最先端の部品を作り出せなかったり，作り出せたとしても，さらに新しい部品製造技術が求められると，そのノウハウを自ら作り出せなくて，また新たな機械設備とオペレーティング技術を外国から導入せざるを得ない，という状況にあると思う。ただし，量産する段階になると，人間をできるだけ介在させないことが望ましい。人間を介在させないことが，品質を上げる重要な要素になるのである。つまり，このノウハウは産業ロボットにデータを入力する際に必要なのであって，日常の生産にこのノウハウが必要なわ

けではない。

　結局，最先端の生産技術と一般にいわれているものは，最先端の設備・装置に過ぎない。この設備・装置と生産技能（ノウハウ）の両方がマッチして生産技術が成り立っている，と考えるべきではないか。その意味で，後発国は生産技能が育っていないために，機械設備や装置だけではなく「機械をどのように扱うか」，というソフトの部分も一体化して丸ごと導入しようとしているのが実状であろう。この部面で，韓国や台湾は依然として日本の後塵を拝している。タイやマレーシアは，この手の分野はまだまだであろう。

3　若干の論点の析出

　世化と日精における調査に基づいて，大きく2つの論点を指摘することができよう。その1は，同伴進出における部品メーカーの進出動機，進出支援の問題である。同伴進出を依頼された側にとって，依頼する側からの便益が，資金的援助に関しては，せいぜい金融機関への融資保証程度に留まっている。重要なのは，依頼する側が依頼された側である部品メーカーの製品納入を保証してくれるのか，否かということであろう。無論，ロット保証が正式に交わされているわけではないが，中小部品メーカーにとって，操業を開始後，直ちに納入先がある程度確保されていれば，進出のリスクはその分軽減される。この点は，タイに進出した日本企業（日本の部品メーカーに進出を依頼した側）の担当者も指摘していた。

　その2は，生産技術のあり方と品質確保のあり方である。先進国から後発国への生産技術移転が，設備・装置の移転に留まっているにすぎないのではないか，という点である。さらに，設備・装置の移転に留まっていることは，「できるだけ人間を介在させない」という指摘が本質を突いているように思われる。電機・電子分野に限られるのかもしれないが，多くの企業がASEANに進出していても，そこで豊富に存在する労働力の利用や活用を目的として必ずしも進出しているわけではない，ということになる。ヘクシャー＆オーリン流の輸出財生産の優位性を求めてASEAN進出しているわけではなく，またそのような実態にもなっていない。この点を強調しておきたい。しかも，最先端の設備・装置は，進出した当

該国に対して，生産技術を基礎から支える生産技能（ノウハウ）を移転することに，ほとんど寄与していないのが現実であろう。

この「人間を介在させない」という指摘は，同様にタイの日本企業でも異口同音に強調されていた。逆に，この最先端設備や装置をいかに速く減価償却するのか，初期投資した資金をいかに速く回収するのか，設備以外の投資額をいかに低く抑え，その金融コストをいかに圧縮するのか，が企業の関心事にならざるを得ない。設備投資の減価償却を速めるという意味において，投資受け入れ国での外資に適応される税制体系が重要であることは無論である。しかし，加えて，工場の設備や装置を 24 時間稼働させ，さらに，このオペレーティングに必要な若年女性の深夜労働（ただし，ノウハウは不必要。工作加工それ自体は，機械が実施する）に寛容な労働基準しか設けられていない後発国への進出が重要な意味を持つのかもしれない。この点を指摘しておきたい。

【注】
1) 資本金，企業設立，操業開始時期などの情報は，韓国電子産業振興会発行の『電子産業海外投資業體ダイレクトリー　97/98』（韓国語）ソウル，で一部を補っている。
2) この点を，現地法人韓国人幹部は，より詳細に回答して下さった。その回答によると，サムソン電管からの購入比率は約 7 割で，残り 3 割は東芝（タイにブラウン管生産拠点を設けている。ここの事例は，別章で詳述）から供給を受けている。東芝から供給を受けているのは 15 インチサイズで，15 インチサイズの 6 割は東芝から，とのことである。東芝がタイで生産しているのは，15 インチでもミニ管と呼ばれる省エネタイプのハイエンド・ブラウン管である。
3) 現地法人の韓国人幹部は，ほぼ 100 ％が輸出されており，50 ％が OEM 供給と述べておられる。また，仕向地は，アジア向け 30 ％，ヨーロッパ向け 40 ％，アメリカ向け 30 ％，と回答されている。
4) 權栗「6　東南亜　タ．投資事例研究」［王允鍾編『韓国の海外直接投資現況と成果—深層報告—』（韓国語）對外經濟政策研究院，1997 年，ソウル］において，サムソン電管に対する外資優遇策や雇用・労働条件などの一般的概況が詳しく述べられている。

5) 日本のワイヤーケーブル（巻線）メーカーの方は，この点を以下のように説明して下さった。「PCディスプレイ用DYは，カラーテレビ用と比較して，高精細が求められる。このために，DYを高周波化する必然性が生まれ，この高周波化を得るためには，巻線を束にするか撚る（リッツ線と呼ばれている）ことが必要となる。巻線の口径を太くすることは，電流が線の表面しか流れない表皮効果の観点から非効率である。このリッツ線の精度を保持することが難しい。つまり，単線時の精度を維持するだけではだめで，束にしたり撚ったリッツ線でも精度を維持することが重要となり，一段と高い技術が必要である。」と述べられ，この技術に日本企業は一日の長があると指摘されておられる。
6) サムソングループのシンクタンクであるサムソン経済研究所の研究員の方やサムソングループの他社の方々も，「コーニングは，グループの内でも異質の存在で，同じグループ企業という感じがあまりしない」と述べておられる。
7) 王允鍾編，前掲書，60ページ。また，この金融費用が高いことが，韓国企業の国際競争力を低下させる要因の1つ，という指摘もされている（曺正録『政策資料94―03 国際金融環境変化と企業の国際金融市場活用戦略』（韓国語）対外経済政策研究院，1994年，ソウル，95ページ）。ちなみに，『日経経営指標』によれば，96年3月期における上場製造業平均の金融費用（支払い利息・割引料）は14億8,100万円となっており，売上額（1,376億2,400万円）に占める比率は，1.1％を下回る。
8) 韓国内では，97年4月まで，金融機関ではない一般企業が外国から直接に資金を借入れることは原則的に禁止されていた。したがって，韓国の銀行などの金融機関を経由して，という形態をとらざるをえなかったのである。
9) サムソングループにおける電機・電子関連企業群のASEAN進出に関する先行研究は，高龍秀，前掲論文「韓国多国籍企業とイントラ・アジア貿易」，50〜54ページ。筆者が本論で述べている見解，視点とは異なるが，これらの相違は調査時期等に大きく左右される。
10) この点は，サムソン電管の現地法人韓国人幹部も「マレーシアへ進出したサムソングループの中核をなすのは，サムソン電管である」と自負しておられた。
11) コイル用ワイヤは単純なエナメル線ではなく，この銅線に融着財が被覆されている。この技術が高度，とされる。また，巻線の口径を常に高い精度で一定に保持することも重要である。そうでなければ，DYでつくりだされる磁界が安定しない。フェライトコアは，日本のTDKが世界的な供給メーカーであるようだ。

第8章　台湾の電子機器メーカーの対 ASEAN 進出

第1節　台湾の電子機器メーカーの ASEAN 諸国への進出
――明碁・中強・大同・中華映管の事例――

1　明碁（ディスプレイ組立メーカー）

　明碁（Acer Peripherals Inc.）は宏碁（Acer Inc.）グループのディスプレイメーカーである。明碁は桃園，マレーシア，中国，メキシコ，イギリスの世界各地に工場を持っている。マレーシアには傘下の製造専業会社の ATSB 社（Acer Technologies Sdn. Bhd.）を設立し生産を行い，R＆D・販売については台湾本国で統括している。ATSB 社はブラウン管ディスプレイ組立工場，ブラウン管と偏向ヨークを組み合わせる ITC（Integrated Tube Components）工場，更に光ディスクドライブ（CD－ROM，CD－R）の組立工場からなる。

　明碁のマレーシア工場は 1989 年，ペナンに設立され 43 エーカーの敷地を有する。敷地の 21％がディスプレイ組立工場関連，24％が光ディスクドライブ組立工場にあてられている。残りは空き地である。ディスプレイについては 14・15・17 インチを組み立てている。

　売り上げは年 600 万ドル（98 年現在），過去 5 年間で 80％の成長，96～98 年では 40％成長した。特に光ディスクドライブは 95 年の 70 万台から 98 年の 600 万台へと大きく成長している部門である。

　進出の動機は，本社が 80 年代末に海外生産拠点の調査を行い，タイ・フィリピン・マレーシア・インドネシアを比較検討したことである。最初の海外進出先としてマレーシア進出を決定した。重要な検討項目として，政治の安定性，言語，

産業インフラ，教育水準，州政府の減税等のインセンティブ，労働運動の状況（マレーシアは電子産業については政府が禁止している）等があったという。英語を工場内で共通言語として使用できることが，電子機器の組立に伴う細かな意志疎通にとって特に重要であったという。

またアメリカ・ヨーロッパへの輸出が，進出当時は GSP の対象であったこと，ペナンは華僑系人口が比較的多く子女の教育等のめども立ちやすかったことが，海外での事業所の経験のない当時歓迎されたという。

進出資金調達は資本金は台湾で調達し，運転資金についてはシティバンク，ドイツ銀行等の本社による信用保証で資金を調達した。資本金が 2,000 万ドル，運転資金が 1,000 万ドルであった。現在は増資により，資本金 6,000 万ドル，総資産 1 億 5,000 万ドル（98 年現在）となっている。98 年現在運転資金の調達等に特に困難はなく，負債比率は 55％であった。

当初はパソコンディスプレイは 14 インチ 45％，15 インチ 55％の比率で年産 3 万台で生産を開始し，またキーボードの組立を台湾から移管した（現在は中国へ移管）。98 年現在は 14 インチ 5％，15 インチ 50％，17 インチ（97 年 7 月より生産開始）45％という比率で生産している。17 インチ以上の大型製品は，組立ラインの大幅な変更を必要とするので，導入の予定はないということである。主要部品については，ブラウン管は三星電管を中心に，特に OEM 先の指定に従い調達する。中華映管の製品は質的な問題から採用していないという。

偏向ヨークは，すべてタイの JVC から調達し，自社内の ITC 工場でブラウン管と組み付け調整したものを，組立工場で使用する。自社での ITC 化は，ディスプレイの品質にとって最も重要であり，優良な OEM 先確保の為にも必要であるという。

プラスチック射出によるケーシングは，当初台湾から関連企業を連れてこようと，約 50 社に対して説明を行ったが，当初の年産 3 万台という規模では，帯同する台湾企業はなかった。そこで，ペナンの関連企業を調べ 3 社を選定し，技術指導，資金援助等を行い，共通のマネジメントシステムを導入し生産を行った。現在もその 3 社から調達している。現在も金型の調達は台湾から行っているが，調整についてはペナンの現地企業を教育し現在は現地化した。教育については，

金型の調整のたびに現地企業の技術者の台湾での研修の機会をもうけたという。

販売先はヨーロッパが40％（自社ブランドが30％，OEMが70％）アメリカが50％（OEMが50％）アジアが10％。販売ルートの確立とアフターサービス，ブランドによる価格支配力等の点で，現状ではOEM比率を高い水準で維持せざるをえない。

労働力の質は，工場をつくる前はシンガポールに次ぐ水準といわれたが工業化には不十分な水準であった。また教育改革により改善が期待されたが未だに十分とは言えない。そこでOJTとOFF—JTを行い，外部での研修も実施している。主に技術者については奨学金を出し大学・大学院に通わせている。この制度による修士号取得者が10名以上社内にいる。ホワイトカラーは166人（90％が華僑），技術者や組長・工長を含むブルーカラーは2,234名（マレー系50％，インド系30％，華僑10％…現場長が多い）。ラインの効率は，結局ラインフローの設計により決まり，台湾と同等で直接労働の効率は変わらない。特に単純作業については，質の高い労働力が確保できている。台湾から当初30人のスタッフを派遣したが，半年後から徐々に現地化し，95年には5名，98年には3名（技術系2名，財務担当1名）となっている。ちなみに98年の管理職は34名で工場長も現地化している。

賃金は基本給が550リンギ，残業代と合わせて月額750リンギ。台湾のおよそ25％。管理職の賃金については，台湾とほぼ同等。週5.5日勤務で午前7時から午後3時が基本。組立はさらに残業がある。プリント基板への電子部品実装（ほとんど自動化されている）のラインは3交替制で運営されている。スタッフは，8時から5時45分までの勤務体制である。

採用については，昨今の成長期には深刻な人材不足に見舞われ，96年が最悪の状況となった。そのため外国人労働者の導入を余儀なくされている。退職者のうち地域で人材を紹介する者とは良好な関係を維持しているという。退職率は96年で年間70％程度だが，中核部分のおよそ2,000名については定着している。5年以上勤続すると定着率は非常に高くなるという。200人収容の寮を自社で所有しているが，住居の提供は外国人労働者（インドネシア人）110人を対象に行っているだけである。

製品のコスト構成は労務費が 5 %, 材料費が 80 %（CDT ＝ ディスプレイ用ブラウン管のコストが比較的安い), 15 % が中間費である。材料費の構成をさらにみるとケーシング 10 %, CDT 55 %, その他電子部品 15 %。台湾と比較しそれぞれ 10 %, 15 %, 35 %ほど安い。ちなみに, 電子部品のうち片面ガラスエポキシ基板についてはマレーシアで調達しているが, 高密度 4 層ガラスエポキシ基板については全量台湾から輸入している。

2　中強電子（ディスプレイ組立メーカー）

中強電子は 1981 年に設立され, 本社は新店にある。業務内容はディスプレイの設計・販売である。従業員（97 年 9 月現在）は本社, 台湾工場, タイ工場合わせて約 1,500 人である。中強電子は他に 2 つのグループ内企業をもっている。中強光電（CTX OPTO-ELECT）は LCD バックライトパネル, LCD ディスプレイの設計・製造を行っており, 中強電子が 30 %出資している。英加電子工業（Veridata Electronics）はノート型パソコンの製造を行っており, 中強電子の 100 %出資の子会社である。

売上高・出荷量の実績は, 95 年には 5 億 8,700 万ドル, 205 万 2,000 台。96 年は 6 億 5,600 万ドル, 212 万台。97 年は 6 億 7,200 万ドル, 260 万台であった。世界の出荷量ランキング（96 年）において中強電子は 11 位で, 世界シェアは 3.2 %であった。

インチ別出荷量比率（96 年）は, 14 インチが 45 %, 全量をタイで生産。15 インチが 30 %, タイで 7 割, 台湾で 3 割。17 インチが 24 %, タイで 5 割, 台湾で 5 割。20 インチが 1 %, 全量を台湾で生産している。生産能力（97 年）は, 台湾工場が月産 7 万台, ライン数は 5 本（キャパシティは 6 本）。タイ工場が月産 18 万台, ライン数は 5 本。合計で月産 25 万台である。

出荷先（96 年）は, アメリカ 36 %, ヨーロッパ 34 %, 日本 12 %, その他（東南アジア等）が 18 %であった。海外販売拠点はアトランタ, ダラス, ロサンゼルス, ニューヨーク, シカゴ, アイントホーフェン, パリ, ジュッセルドルフ, ロンドン, 東京, バンコクにある。

98 年の出荷目標は 400 万台に設定している。生産量を増やすと部品調達のコストを削減できる。タイ工場は現在の 1 交代制を 2 交代制にし，生産台数を月産 18 万台から 25 万台に増やす予定である。ディスプレイはテレビ同様技術的に成熟期に入っているため，価格競争が非常に激しい。出荷量を増やすためにOEM ビジネスに力を注ごうとしている。現在の OEM 比率は 30 ％であるが，それを 50 ％に引き上げることを目指している。ちなみに，OEM 供給しているメーカーは，富士通，ロジテック，カシオ，ゼニス，ユニシス，ボビス，NEC 等である。

タイ進出の動機は，① 人件費（工場労働者）が安いこと。台湾は月 2 万元であるが，タイは月 3,000 ～ 5,000 元である。② マレーシアに多くの CRT（ブラウン管）メーカーがあり，調達が容易であること。この 2 点が主であるとしている。

タイ工場において，金型・成型について，キャビネットの金型は台湾から調達し，プラスチック成型やカラーリングは現地で行っている。ブラウン管の調達について，14 インチのブラウン管は中華映管，三星電管から調達している。14 インチ以外は，この 2 社のほかに松下，ソニー，日立，三菱，LG，フィリップスなど多くのメーカーから調達している。重要部品のトランスフォーマー，トランジスタ等は台湾から調達し，抵抗やコンデンサーは現地調達している。生産技術，財務，人事部門等の管理者は台湾から派遣している。中強電子タイ法人の社長は台湾人が就任している。

3 大同（ディスプレイ組立メーカー）

大同は 90 年にタイに進出した。テレビやディスプレイ及びその関連部品の生産が主な業務内容である。主に海外輸出を目的としている。当初はヨーロッパ向けであったが，その後アメリカ，台湾への輸出（台湾側からは逆輸入である）も開始した。一方，パーセンテージは少ないが，タイ国内市場へも製品を投入している。

タイへの進出理由は，① 台湾国内の労賃が上昇し，価格競争力を喪失したため（労賃が安い）。② 進出して 7 年間免税。③ サプライヤーを見つけやすい。④

仏教であり，回教のようにさまざまなコストがかからない等である。

部品調達関係において，テレビ・ディスプレイの重要部品であるブラウン管は100％中華映管マレーシアから調達している。射出成形・金型について，射出成形は内部で行っており，金型は外部委託している。大同が図面を外部業者に渡し，供給を受けている。技術的に高いものは台湾企業から，中程度のものは香港企業から，低いものは中国企業から供給を受けている。

資金調達について，出資は大同の自己資金，他には現地の銀行や日本の銀行からの融資である。割合は本社と現地ほぼ半々である。運転資金はバンコク銀行（タイ），住友銀行（日本），最近になってドイツ銀行（ドイツ）からも融資を受けている。日本からタイに設備を調達するときに，日本輸出入銀行に資金を借りる。本社は資本金を出しているほかに，資金調達が必要なときには，本社が部品供給したときの支払い期限を延ばすということも行っている。

4　中華映管（台湾のブラウン管メーカー，大同の子会社）

中華映管は台湾フィリップスと並ぶ台湾の2大ブラウン管メーカーの1つである。工場は台湾，マレーシア，中国，イギリスにある。従業員は全体で19,000人（97年現在）。それぞれ台湾が6,000人，マレーシアが8,000人，中国が3,000人，イギリスが2,000人である。現地への派遣社員はマレーシアが30名，中国は20名。イギリスは20名である。すべての海外工場の資本金は100％中華映管の出資である。

生産量（全工場）は95年が1,400万本であったが，以降横ばいの状態が続いている。収益においては96年以降，落ち込んでいる。収益の悪化は供給過剰が原因であり，生産調整については97年7月に業界内で合意した。しかし，一部のブラウン管メーカーが合意を破ったという。ディスプレイ価格の下落は，ディスプレイのコストの50～60％を占めるブラウン管の価格に大きな影響を及ぼした。97年1月から12月のブラウン管価格の変化は，14インチは80ドルから60ドル，15インチは130ドルから70ドル，17インチは280ドルから150ドルにそれぞれ下落した。

台湾には桃園と楊梅に工場がある。桃園工場では，CDT，LCD，偏向ヨーク，電子銃，各種製造設備を生産している。CDTラインは14インチが2ライン，15インチが2ラインある。また桃園にはR＆D，購買，販売管理部門がある。楊梅工場には17インチ2ライン，15インチ2ラインがある。マレーシアはクアラルンプールに工場がある。CDT, CPT, 偏向ヨーク，電子銃を生産している。最初はテレビのみの生産で，生産ラインは4本であった。ディスプレイ用の生産を開始したのは93年で，生産ラインはテレビ用4本とディスプレイ用4本の計8本になった。98年からテレビ用を3本，ディスプレイ用を5本に変更した。現在，テレビ用は14から21インチを，ディスプレイ用は14インチのみを生産している。中国ではCDT, MDT（モノクロ），電子銃を生産している。CDTは14インチが2ライン，これは98年2月から操業開始，MDTが14から17インチが3ラインある。イギリスにはスコットランドに工場がある。CDTとCPTを生産している。CDTは14と15インチが1ライン，CPTは14インチが1ラインある。

生産設備は桃園工場で調達，製造した新しいものを海外に送る。単機能機を日，米，韓，欧から購入し，自社でライン設計・設置を行っている。ブラウン管は基本的には資本集約型で，参入コストがかかる。台湾ではフルセットで製造する。海外工場（中国，マレーシア）では労働集約的な部品の一部を製造している。現在，台湾工場とマレーシア工場の地位は工場の規模ではほぼ同等の水準（それぞれ8ライン）である。

進出動機はコスト要因とマーケット要因に分かれる。マレーシアについては，台湾の戒厳令解除により労働コストが上昇し，またストが頻発した。台湾の労働者保護も進んだために進出した。中国は，ディスプレイ生産でコストとマーケットを考慮。イギリスはEC統合，関税面での優位だった。つけ加えて，親会社の大同がタイに進出したにもかかわらず，中華映管がマレーシアに進出した理由は，マレーシア政府の方がタイよりも優遇制度が充実していたからであった。特に，GSP制度が大きく，つまりこれは生産するにあたって，それに用いる部品の輸入関税がゼロになるというものである。マレーシアでは98年初頭までこの優遇制度があった。

中華映管はASEAN進出の際，関連企業とともに1セット進出している（企業により進出時期はやや異なるが）。その関連企業の業種は，ディスプレイ，偏向ヨーク，金属フレーム（チューブ用），蛍光パウダーなどであった。具体的には，テレビ，ディスプレイは大同（台湾・中華映管の親会社），偏向ヨークはDUGO（韓国），金属フレームはアームシェア（台湾），蛍光パウダーは日亜（日本）である。また，偏向ヨークを生産するにあたって，現地でDUGOと合弁会社を設立した。出資比率はDUGOが51％，中華映管が49％で経営権はDUGO側が握っている。1セット進出における関連企業のほかにも偏光ヨークはJVC（日本），三星電機（韓国），巨銘（台湾）から，シャドーマスクはデュポン（アメリカ），凸版印刷（日本）から，ガラスバルブは旭硝子（日本）から調達している。海外拠点の部品調達については，全体の金額は本社間で契約，各社の拠点から一番適切な場所を選定しそこから実際に調達している。ブラウン管の供給先は，親会社の大同を筆頭に台湾ディスプレイメーカーが大きな割合を占めている。台湾企業以外にもフィリップス，オリオン，シャープ，トムソン，KDSが顧客である。全般的に，台湾企業のみならず，台湾以外の企業との取引関係も活発である。

　技術開発について，台湾工場で14インチテレビ用ブラウン管を生産するにあたって，東芝との技術提携があった。15，17インチについては自主開発であった。ディスプレイ用ブラウン管について，以前東芝と提携があったかは不明であるが，現在は自主開発である。LCD（液晶表示装置）について，STN式は東芝とも提携していたが，現在は解消している。TFT式は現在三菱電機と提携を結んでいる。今後のディスプレイの開発戦略について，ディスプレイの需要がLCDに取って代わる可能性があり，ディスプレイ用ブラウン管の画面のフラット化や本体の奥行きをなくす等の技術開発をこれから積極的に行うかどうか判断しかねている状況にある。

　アジア経済危機の影響は，ディスプレイ用ブラウン管生産においてはあまり関係がなかったとしている。危機のかなり前から供給過剰の状態にあり，すでに調整段階に入っていた。中華映管はそれ以降，価格の下落に対し幾度も供給調整を行った。その結果，ほぼ需給のバランスがとれてきており，2000年には安定すると予測している。また，ディスプレイの需要は主に欧米であり，アジア経済危

機が起きても欧米諸国が好況であれば，ほとんど影響がないといってよい。

台湾のディスプレイメーカーのASEANから中国への生産移転について，生産コストの削減や将来の有望な市場であるという理由から移転を進めているメーカーが近年多くなってきた。明碁，誠州，源興科技，中強電子など台湾の主なメーカーは，中国で徐々に生産量を増やしてきている。

第2節　台湾パソコン産業の発展における台湾工業技術研究院・台湾ＮＳＴＬの役割

1　台湾工業技術研究院

台湾電子産業のパソコン関連製品を軸とする90年代の著しい発展は，台湾の輸出指向工業化の典型的事例として紹介されている。佐藤［1996］は台湾の半導体産業の特徴として「…台湾には韓国の財閥のような大型の企業及び企業グループが欠如していること」[1]「台湾では商業生産を行う主体が民間からなかなか現れなかったため，政府中心に出資することによって前工程を行うICメーカーを設立しなければならなかった」[2]ことを指摘した。朝元［1996］は台湾電子産業の発展を半導体を中心として詳しく紹介したうえで，パソコン産業の発展要因について「1つは台湾のパソコン産業の技術水準が世界の技術水準に達し…，第2に工業のインフラ整備があげられ…3,000社の協力企業があり部品が入りやすい，第3に，組立技術力の高さ」[3]を指摘した。

本節では，工業技術研究院が，パーソナルコンピュータという特定の商品生産を実現するために，半導体以外にも広範な分野において技術導入・開発を行っており，台湾のパーソナルコンピュータ関連産業に，これまで議論されていたよりも広範に関与していること，また半導体産業の育成に関して90年代に入ってもなお，工業技術研究院を母体とする技術導入・人材育成が重要な役割を果たしていることを明らかにする。

ついで，朝元が指摘した第1の要因が，台湾地場の企業によってのみ実現されているのではなく，90年代初頭に台湾に進出したアメリカのNSTL (National Software Testing Laboratories) 社の存在が，技術革新の続くパーソナルコンピュータ関連製品において，先進国市場を含めて，台湾企業の高いプレゼンスを可能にしていることを明らかにする。

最後に台湾電子産業の発展の考察により導出される，先進国市場に依存する輸出指向工業化に必須な要素を検討する。

（1） 工業技術研究院の概況[4]

工業技術研究院は新竹市に立地し，科学工業園区，交通大学，清華大学に隣接している。工業技術研究院の傘下に化学工業研究所・電子工業研究所・機械工業研究所・工業材料研究所・能源與資源研究所・光電工業研究所・電脳與通訊工業研究所 の7研究所を擁している。他に量測技術發展中心・工業安全衛生技術發展中心・航空與太空工業技術發展中心の3機関を抱えている。また関連会社として創新技術移転公司（新技術の紹介・技術移転契約等を実施）がある。

工業技術研究院の人員構成（96年6月30日現在）は，職員の学歴は博士687名・修士2141名・大卒1,248名で，5,808名の人員のうち大卒以上は70％，修士以上で48％を占めている。

分野別の人員配分は，化学分野11％，電子関連11％，コンピュータ・通信関連17％，機械乃至自動化17％，工業材料10％，人材開発・エネルギー関連10％，測定技術6％，光電技術7％，本部その他11％となっている。

研究者の経験年数は，2年未満731人（12％）2年以上5年未満が1,117人（19％）5年以上10年未満が1,673名（29％）10年以上が2,287人（39％）となっている。

人材の流動状況は新規採用が，全体の14.1％にのぼり，離職率も13.8％である（1996年度）。離職率は年次によって若干変動があるが，10～16％の水準である（1993～96年）。96年6月には，工業技術研究院の離職者は累計で1万人を超えた。離職者の74％は民間企業へ転出しており，これら工業技術研究院出身者の多くが，90年代に入っても台湾の半導体産業等の中核を担っている。

予算規模は総額 136 億台湾ドル（約 500 億円），政府出資が 79 億台湾ドル，民間企業からの委託研究費が 26 億台湾ドル，その他講習会等サービス料収入等 34 億台湾ドルとなっている。大体政府と民間で半額ずつ経費を負担している（1996 年）。

1973 年に工業技術研究院は設立された。当初出資は 100 ％政府。前身は金属工業・聯合工業・礦業の政府系公立研究所である。台湾の工業技術力向上を目的として設立され，特に台湾電子工業の確立を目標に掲げた。同年に電子工業發展中心（現在の電子工業研究所）を設立した。政府予算が約 1 億ドル支出され，RCA からの技術導入・生産設備購入と，人員の訓練のための派遣が行われた。新竹の工業技術研究院内に実験工場を建設した（これにより台湾における IC 前工程生産が始まった）。それ以降の歴史は以下のとおりである。

1977 年　金属工業研究所が新竹に精密加工センターを設立
　79 年　電子工業研究中心を電子工業研究所に改編
　81 年　能源（人材開發・訓練）研究所を設立
　82 年　金属工業研究所を機会工業研究所に改編。工業材料研究所設立
　83 年　聯合工業研究所を化学工業研究所に改編
　　　　 礦業研究所と能源研究所を統合し能源與礦業研究所に改編
　85 年　量測技術發展中心設立。光電與周邊技術發展中心設立
　89 年　能源與礦業研究所を能源與資源研究所に改編
　　　　 汚染防治技術發展中心設立
　90 年　光電與周邊技術研究所を光電工業研究所に改編
　　　　 工業安全衛生衛生技術發展研究中心設立
　　　　 電脳與通訊工業研究所設立
　91 年　航空與太空工業技術發展中心設立

（2）　パーソナルコンピュータ関連産業と工業技術研究院

まず，工業技術研究院によって行われた新技術導入の典型事例として，IC 産業導入について詳しく紹介する。工業技術研究院は政府の委託により 1976 年にアメリカ RCA 社に 7 ミクロン・ルールによる技術導入をはかり，3 インチウェ

ハー工場を77年に，4インチウェハー工場を翌77年に建設した。この事業は電卓の構成部品の国産化を当初の目的としていた。

このプロジェクトでアメリカでトレーニングを受けた人材80人がそのまま79年に設立された聯華電子 (UMC) の実働部隊となった。

政府委託の6インチウェハー技術の導入に伴い1988年に研究台湾積体電路製造 (TSMC) が設立された。政府は40％を出資した。TSMCは工業技術研究院のCMOS型半導体製造装置を現在も利用している。その際に事業化の見通しをめぐり対立したグループが，台湾光卓 (TMC) 社を設立した。工業技術研究院の設備利用等について若干制限を与えたものの，結局事業化を認可した。前述3社は94年で371億台湾ドルの売り上げがある。

1991年には0.5ミクロン8インチウェハー技術の導入が開始された。総資金は68億NT＄であった。94年には世界先進積体電路 (VISC) が設立された。334名の人材が，VISC社設立に伴い転出した。VISCは初年度に53億NT＄の売り上げを達成し，工業技術研究院は66億ドルでのノウハウ等の移転で資金を回収した。

1988年以降はファックス・スキャナー用のなども試作を行い，ハイブリッドIC等も試作した。表面実装用の小型電子部品の試作・技術導入も行っている。

このように工業技術研究院の強力な支援の元で国産化が図られた各種半導体はどのような用途を念頭においていたのだろうか[5]。

3.4インチウェハーによりつくられたメモリーは輸出用電話機の番号記録用に国産化が要請されたものである。6インチウェハーによる製品は主としてコピー機に使われるメモリーに使用された。8インチの製品はパソコン用DRAM, MPU等にであり，パソコンに用いられている。

旧来の設備は廃棄されるのではなく，汎用電子部品の生産に用いられ，台湾における電子部品の供給に大きく貢献している。さらにSTN・DSTN・TFT等の液晶表示機 (LCD) の製造技術についても工業技術研究院を通じて台湾に移転された。最近は最先端製品である低温ポリシリコンLCD（高輝度・高解像度）の技術導入を図っている。

加えてこれまであまり指摘されていなかったが，工業技術研究院は半導体以外

にも重要な技術導入を行ってきた。材料研究所においては，テレビ・パソコンディスプレイ用大型部品のプラスチック射出成形にとって，重要な技術であるガス・インジェクション法の紹介と技術導入を行った。これにより，パソコンディスプレイ用の型締め力 500 トンから 2,000 トンクラスの射出が大変容易になった。またさらに高度な金型や成形技術に関する技術サポートを行うことで，台湾地場成形メーカーのノートパソコンボディ用薄型射出成形品生産をも可能にした。

電子部品関連素材では，半導体を薄いプラスチックのテープ上に実装する携帯機器・小型機器向け TCP (Tape Career Package) 実装用テープの開発・TCP 実装技術の開発・研究，微小なはんだボールによる回路接続を実現する BGA (Ball Grid Alley) 形式の開発・研究，各種コネクター用プラスチック成形品向けの技術開発が行われた。最先端の薄物多層プリント配線板の製造技術であるビルドアップ成形方式の技術導入も現在行っている[6]。

光電技術研究所では，CD 用ピックアップ，PD・DVD 等の位相変化を利用した記録機器の技術導入を行った。また記録用ディスクの開発を行っている。

このように，工業技術院の関与は半導体に留まらない。ケース，電子部品実装用材料にいたるまで（自動車で例えれば，エンジンからシート布地に至るまで）技術導入・開発を継続的に行っている。半導体においても 90 年代に入ってからも継続的に，系統的に技術導入を図っている。

また半導体にみられるように直接人材を供給・育成したり，各種実装方式の紹介・技術者のトレーニングによる間接的な人材供給・育成することで，台湾電子産業の発展全般に重要な役割を果たしている。

以上のように工業技術研究院の果たしている役割はこれまで紹介されてきたものより広範であり，人材の直接養成や会社の設立に至らない範囲にまで，政府の関与が認められることが確認された。

2 台湾 NSTL

(1) パーソナルコンピュータにおける互換性の問題

台湾において現在生産を行っている IBM‒PC 互換機は，その原型からほぼ

15年，IBMのPC型の後継機であるATの発表から13年が経過した。「回路図から技術情報，システムソフトウェアの中核となるBIOSの中身にいたるまで，IBM自社のパソコンPC型の全ての仕様全面的に公開する方針を打ち出した」[7]ことがIBM-PC互換機の登場をもたらした。勿論，IBMは，その互換機に対してその互換性を検証するというサービスを行ったわけではない。肝心の互換性については曖昧なまま互換機市場がIBMを中心に大きく拡大していった。

　IBM互換機市場はその性能だけではなく，その互換機上で動作するいくつかのソフトウェア（表計算やワードプロセッサ等）が推進力となって拡大した。それまでは大企業・大型機を中心にして進められた定型業務中心の事務合理化（Data-Processing）から，パソコンの導入によって中小企業等の事務合理化（Document-Processing）が本格化した。パソコンの事務処理への導入は大型機によって行われていた業務の一部を代替するのみならず，その対象業務を次々に拡大した[8]。

　この流れは当時のアメリカの連邦政府や軍においても例外ではなく，パソコンの事務処理業務への導入が，積極的に行われた。しかしながら，先に述べたように互換性が確立されていない状況が続いたため，導入先ではハードウェア・ソフトウェアともに互換性が原因と思われるトラブルが頻発した。そこでアメリカ国防省において，互換性を検証する部局を発足させた。このような政府側の対応に対し，パソコンの有力メーカーであったヒューレットパッカード社，デジタル社，IBM社等が共同で，互換性検証業務が，政府管理下にあるのは好ましくないとの申し入れを行った。

　両者の協議に基づいて，1983年に両者から独立した会社として，アメリカでNSTLが発足した。当初はアメリカメーカーの製品の互換性を検証する業務が中心であったが，互換性の問題をNSTLが，検定することが，IBM互換機の普及の大きな推進力となった。同時にアメリカのパーソナルコンピュータ雑誌のバイト誌とPCマガジン誌の委託を受けNSTLは各種製品の互換性のテスト記事を連載し，一般消費者へも互換性情報を提供した。89年にはマグロウヒルグループの一員となりさらに互換性検証ツールの開発等を進めた。

（2）　台湾NSTLの発足

IBM 互換機の生産が台湾で行われるようになり，重要な供給拠点として機能するようになると，アメリカで 80 年代前半に頻発した互換性をめぐる問題が，今度は台湾製品を中心に再び頻発するようになった。台湾政府は台湾製品の競争力確保のため，資訊工業策進会を通じ 1993 年に NSTL との提携を追求した。技術革新に対応し，製品の互換性を確保することは台湾メーカーにとって焦眉の問題であった。NSTL は資訊工業策進会が，実質的に政府機関であることから，この申し出には応じなかった。これは特定企業・政府からの独立が，互換性検証業務を遂行するうえで必要であると NSTL は判断したためであった。

同時期，Acer（宏碁）社が NSTL の互換性検証ツールの提供を要請した。しかし NSTL は Acer 1 社に対する互換性検証ツールの提供を資訊工業策進会に対するものと同じ理由から拒否した。しかし台湾がパソコンのハードウェアの重要な供給元であり，アメリカ企業が，台湾製の部品を広範に利用しており，アメリカサイドからも NSTL の台湾進出が要請された。

このような経緯から台湾進出が決定された。NSTL は台湾での提携先としてパソコン関連雑誌を発行しているランビット社を選び，1993 年に台湾 NSTL を設立し，同時に互換性検証センターを台湾に開設した。以降台湾はアメリカ以外で，NSTL が唯一パソコン製品の互換性認証業務を行う国・地域となった。

【1】 NSTL の業務

NSTL が現在行っている業務は以下のとおりである。

① 対政府互換性保証業務

アメリカ・カナダ政府に納入するパソコンは，全て NSTL の互換性の認証を受けていなければならない。これには納入業者の依頼と，メーカーによる依頼とがある。NSTL の互換性認証テストを受け，NSTL の発行したリポートがない製品は，政府に納入することができない。この業務は主としてアメリカ NSTL の業務であるが，台湾製部品については台湾で互換性の認証テスト・リポート作成が行われている。

② 対企業購買部互換性保証業務

近年の大企業は社内・社外を結ぶ大規模なネットワーク構築を行っている。コンピュータ本体のみならず周辺機器も一括して購入し，ネットワークを構築する。

その規模は1社当り年間200万～300万米ドルにのぼるものも珍しくない。NSTLと契約している企業は，企業情報ネットワーク構築向けの互換性認証試験を受けた製品のみを購入することで，情報ネットワーク構築リスクの回避が図れる。このような契約を結んでいる企業として，GM，マンハッタン銀行，マクドナルド，テキサコ等がある。

③ 雑誌向け互換性検証記事

これは基本的にマグロウヒルグループの出版物，例えば日本では日経バイトにおいて一般購買者向けの新製品紹介・互換性テスト記事を掲載する事業である。一般購買者の啓蒙と新製品への移行（これはハードウェア・ソフトウェア共に）をスムーズに行ううえで，重要な役割である。政府・大手顧客向けの互換性を認証する機関が，新技術・新製品の紹介を行うことで，その案内記事をもとに一般購買者は，新製品を購入することができる。

④ 製品互換性認証テスト

現在アメリカでは，IBM・HP・DEC向けのテストが中心であり，その他の大部分のテストが，台湾で行われている。多くの製品が台湾で生産されており，台湾NSTLによって互換性テストが行われている。現在では，メーカーの開発スケジュールのなかにあらかじめ互換性テスト期間が盛り込まれるようになっている。

さらにOEM向けの互換性テストも現在行われている。NSTLとOEM互換性テストの契約を，アメリカ有力メーカーのみならず日本メーカーも行っている。契約メーカーが，台湾においてOEM調達を行う場合に，本体や周辺機器の互換性テストをNSTLに依頼するもので，製品の互換性レポートの報告に基づいて調達するか否かを決定する。これにより調達企業は市場出荷後のトラブルのリスクを回避することが可能になる。

その他にOS（基本ソフト）認証プログラムがあり，マイクロソフト，IBM等のOSが正常に作動するというテストで，現在事実上の標準のマイクロソフト社のOSについての認証テストを実施するのは，マイクロソフト社と台湾NSTLのみである。

【2】 台湾NSTLの重要性

NSTLは，テスト専業メーカーである。台湾の各メーカーが互換性チェックのための部門を設けても，製品開発スケジュールからみれば，ごく一時期しかそのセクションを実働させることができない。例えば1社では半年間に4件しかない試験も，NSTLでは各顧客分の検査を並行して行うことが可能である。これは施設の面からのみ有利なのではない。聞取りによれば，現在台湾で2～3年の互換性試験の経験を有する人材を1社で雇うと全部で約2億NT＄ほどのコストがかかるが，委託すればこれが，200万～300万NT＄で済むという。これは，台湾パソコンメーカーにとって，大幅なコスト削減が可能になることを意味する。

NSTLに顧客が集中することで，互換性についてのさまざまな情報が集積する点も重要である。パソコン製品のライフサイクルは大変短いために，市場投入のタイミングがずれると利益率が急激に低下する。「速くつくって，速く売り尽くす」ことが，何よりも重要であり，NSTLがなければ，新技術に関する詳細な調査・互換性の広範な検査を行い尽くすことは事実上不可能である。すべての各メーカーが，互換性について検討するのではなく，NSTLのアドバイスに従い，一定の互換性のガイドラインに基づいて製品を設計・試作し，互換性の問題が発生した時には，自社製品に問題があるのか，それとも問題が無いのかを，NSTLが判断するという体制が成立している。NSTLが多くの顧客を抱えているために，さまざまな製品に関する情報を有し，より正確に問題を発見し対策をアドバイスすることができる。

また，一般消費者がパソコン関連部品を購入する場合，それまで実績がないメーカーの場合にも，メーカーが，NSTLの互換性認証テスト報告書を取得していれば，それを確認することで，購入が可能になる。OEM・ODM以外にも，海外の小売り業者・商社が，直接部品・製品を買い付ける場合にも（こういった取引も無視できない割合を占めるという）その取引をスムーズにする。

【3】 海外買付業者とNSTL

ここでは，海外小売り業者との商談とNSTLの果たす役割について具体的に紹介する。海外小売り流通業者が直接台湾メーカーと商談を進めるやり方は，台湾国内や海外での展示会での商談と，それ以外の機会に訪台し買い付けを行う場合とに大まかに分かれる。いずれも，メーカーへのOEM・ODMとは異なり，

買付側が，必ずしも十分な技術情報をもっているとはかぎらない。それ故まず展示会において買付の商談を進める場合に，NSTL の報告書をメーカー側が小売り業者側に提示することが，商談をまとめる必須条件の 1 つであるという。

次に，それ以外の訪台の場合は，台湾サイドは，これまで台湾との取引のない海外小売り業者が容易に企業を探せるように，各種製品別にまとめられた「イエローページ」といわれる冊子を整備している[9]。買い付けを行おうとする業者はその冊子を利用したり，各業界団体に紹介を依頼する。また NSTL が各種雑誌に掲載している，テスト記事等を手掛かりにメーカーと接触を図る場合もある。こうして製造業者と海外小売り業者がこのような形で商談を進めるときに，NSTL の互換性認証リポートが大変役に立つ。台湾の現地情報が十分でなくても，NSTL の報告書がガイドラインの役割を果たすことになる。

【4】 ま と め

NSTL は，政府機関や，メーカーから独立しパソコンの互換性に関するコンサルタント業務，互換性認証レポートの作成を行う機関である。互換性問題は明確な標準がなく，技術革新を重ねて発展してきたパソコンにとって大変重要な問題である。NSTL は政府やメーカー大口ユーザーから独立を保ちながら，パソコンの互換性問題についての研究と経験を重ねてきた。現在 NSTL のレポートはパソコンの互換性問題についての重要な判断基準として機能している[10]。

互換性認証が機能していれば，認証を受けている一連の部品でパソコンを構成すれば，問題の発生をある程度抑制できる。台湾に NSTL が設立されるまでは，大手メーカーの一部はアメリカに製品を送り，互換性の認証を受けていた。しかし大部分の台湾製品はアメリカでの互換性テストのコスト上の理由から認証を受けることはなかった。そのため台湾のパソコン製品の生産が拡大したが，同時にパソコンの高性能化が進むにつれ互換性・品質をめぐる問題が頻発した。

しかし 1993 年より台湾 NSTL がアメリカの料金を大幅に下回る金額で台湾において互換性認証サービスを提供し，その結果台湾製品の互換性問題の問題は大幅に低減した。互換性問題の解決は，安定的な OEM・ODM 先の確保・拡大を可能にし，さらに一般買付を行う海外小口流通業者との取引を維持・拡大することにつながったのである。また台湾メーカーの互換性検証のための技術的コスト

を大幅に低減することを可能にした。台湾 NSTL の設立と互換性問題の解決は台湾パソコン関連メーカーの，重要な競争力の源泉となった[11]。

(3) 輸出指向工業化に関する検討

台湾における輸出指向工業化は，90 年代に入り ASEAN 諸国・中国等の工業化の進展による追い上げにもかかわらず，電子製品それもパーソナルコンピュータ関連製品に特化することで，推進力を失うことなく進展した。

先進国市場に依存した輸出製品の競争力を確保するためには，半導体にみられる先端製品はもちろんのこと，プラスチック射出部品のような成熟製品についても絶えずその技術を高度化する努力が必要である。これは私企業のみならず工業技術院に代表される政府の積極的な長期にわたる関与が要請される。

また，先進国市場で，特に技術革新が続いている製品において市場に接続し続けるために，台湾 NSTL 等に積極的に評価を委ねることで，市場においてエンドユーザーの確保と OEM・ODM 先を確保することができる。後発資本主義国の輸出指向工業化においては，どのようにして先進国を中心とする第 3 国市場に食い込み，輸出を拡大するかが重要である。

この点について各輸出品ごとに解明することが今後必要であろう。

【注】

1) 佐藤幸人「電子産業－韓国の総合電子メーカーと台湾のベンチャービジネス」服部民夫・佐藤幸人編『韓国・台湾の発展メカニズム』1996 年，210 ページ。
2) 佐藤幸人編，同上書，209 ページ。
3) 朝元照男『現代台湾経済分析』1996 年，123 ページ。
4) 台湾工業技術研究院資料による。
5) 半導体メモリーと組み込み機器の関係については 直野典彦『転換期の半導体・半導体産業』1996 年，103 ページを参考にされたい。
6) 現在では縦横のサイズが 10mm＊6mm，6mm＊4mm 等の小型実装部品が，携帯機器等に使われており，小型実装部品の製造はもとより小型化・省電力化・高機能化の上で重要な技術である。部品製造はもとより，部品実装に伴うノウハウの蓄積についても工業技術院は貢献しているという。開発といっても，実際に

は，日本・アメリカ等から製造技術を導入し，これらの具体的な製品への適用等での具体的な問題点等を解決し，パッケージとして台湾企業に提供し，必要があれば，人員の育成・トレーニングを行っている。台湾企業への技術移転はDVDやCD－R等の事例では日系企業→工業技術院→台湾各企業（場合によっては企業自体が作られる）という形で行われ，商品生産等が結果として先行する形で，台湾個別企業と日系企業の間での特許等の問題を解決するのが最近のパターンとなっている。

7) 富田倫生『パソコン創世紀』1997年，132ページ。
8) 以下筆者の台湾NSTL張碩友氏へのインタビュー（1997年8月28日，台北）およびNSTL, *NSTL Keyboard Interoperability Test Proposal*, NSTL, Taipei, 1986.による。
9) 台湾文筆黄頁出版社, *Trade Yellow Pages 1997*, 1997, Taipei.（既に刊行されてから22年の歴史がある）。
10) 認証を受けた後の新製品ともガイドラインが大きく変らなければ一定の互換性が確保できる。
11) それでもノートブック製品での発熱処理をめぐる問題等が発生しているという。ダイセルキスコ（日本のダイセル化学と代理店の岸本産業が出資し，台湾に設立した企業。ノートブックのケース等の特殊エンジニアリングプラスティック原料を扱う。台湾に，製造工場を持つ）大橋社長への筆者インタビュー，1997年9月4日，台北。

第9章　三星電管，中華映管の財務資料による分析
―三星電管，中華映管及び日本の電器メーカー42社平均との財務比較―

第1節　はじめに

1　三星電管の概要

　三星電管は韓国第2位の財閥グループである三星グループ（1996年度決算で総資産984億ドル，総売上927億ドル）に属する企業である。

　三星グループのアニュアル・レポートによると，三星電管はテレビ用，パソコンディスプレイ用のブラウン管メーカーであり，1970年の創業以来，1億5,000千万ユニット，96年には4,400万ユニットのブラウン管の生産設備を所有し，世界シェア17％で世界最大大手である。

　主な出荷製品は5インチから32インチのカラーテレビ用ブラウン管，10インチから24インチのカラーディスプレー用ブラウン管（CDT）の生産の他に，液晶表示装置（LCD）ならびに蛍光表示管（VFD）などで，今世紀最大のヒット商品とも呼ばれるテレビとパソコンの主要部品である表示装置全般の生産を行っている。また，パソコン用のインプットディバイスや電池などの生産も手がけている。

　96年現在，韓国，ヨーロッパ（ドイツ），東南アジア（マレーシア），中南米（メキシコ，ブラジル），中国を結ぶ6カ国生産体制をひいており，2000年には95億ドル，05年には178億ドルの売上目標を掲げている。

2 中華映管

中華映管の会社創立は 1971 年で，各種モニターとブラウン管の製造メーカーである。主要産品であるカラーブラウン管の生産台数は 11,419,975 台（1999 年度）である。99 年度期の営業収入は 360 億 8,900 万新台元幣元（以後単に「元」と省略する）で，これは為替換算（1 ドル= 31.432 元）すると 11 億 4,800 万米ドルである。このうち 78 ％がブラウン管製造，15.2 ％が STN，TFT 等の液晶表示器の製造によるものである。

中華映管は台湾の大手企業集団である大同グループに属する。筆頭株主は 36.55 ％を所有する大同公司で，続いて 32.36 ％を大同グループ企業の中華電子公司が所有する。国内の主要生産拠点は桃園で海外にはマレーシア，中国（福州），英国に進出している。生産技術は東芝や三菱電機から技術供与のほか，シャープからも液晶表示器の技術供与を受けている。

3 分析資料と手法

ここでは，『世界の企業の経営分析国際経営比較 1998 年度版』（通商産業省産業政策局）ならびに同 1996 年度版を用いて，三星電管の財務分析を試みた。同資料の対象は主要 18 カ国 17 業種 1,011 社に及び，このうち日本の主要企業 315 社，韓国では 20 社が掲載されている。また同資料の財務データは連結ベースでのものであり，国際企業比較をするうえでの最低必要条件を満たしている。

中華映管については『中華映管股份有限公司財務報告 民國八十八年度』および同『八十七年度』を用いた。同資料は 1998 年度 12 月決算，および 1999 年度 12 月決算の財務資料と過去 5 年間の簡略化された貸借対照表，損益計算書が記載されている。これらのデータは韓国三星電管や日本の電機メーカー 42 社のデータと時期が食い違っているが，限られた情報のなかであえて比較分析を試みた。また，分析にあたっては，拙著『企業分析』（山口孝・山口不二夫・山口由二共著，白桃書房，1996 年）の手法により分析を行った。

第2節　趨勢分析

1　経営基本指標

経営分析をする際に最も基礎となる4つ経営数値，すなわち売上高，営業利益，総資本，従業員数の過去7期間（1990から96年度）についてまず，その動向を分析することとする。

三星電管（表9-1a参照）

三星電管は1990年から96年の7期間で売上高，営業利益，総資本共に，大躍進を遂げた。90年度の三星電管の利益の源泉である売上高は7,103億ウォン（日本円に換算して1,421億円）であったものが，翌91年度には20.6％増の8,568億ウォン，さらに92年度には23.9％増の1兆616億ウォンとなる。93年度，94年度はそれぞれ伸び率14.8％，12.9％と伸び率は鈍化するが，ウィンドウズ

表9-1a　経営基本指標

(単位：ウォン（億円），人)

決算期		1990	1991	1992	1993	1994	1995	1996	96/90
売上高	三星電管	7,103	8,568	10,616	12,185	13,750	19,324	29,762	4.19
	日本42社平均	11,316	11,837	11,170	10,781	11,286	12,161	13,456	1.19
営業利益	三星電管	566	562	907	1,250	921	1,452	2,145	3.79
	日本42社平均	772	551	295	278	389	588	605	0.78
総資本	三星電管	6,309	8,444	10,027	10,376	14,143	21,042	34,183	5.42
	日本42社平均	12,953	13,510	12,799	12,538	12,779	13,743	14,543	1.12
期末従業員	三星電管	10,366	10,183	10,043	10,301	11,000	12,342	12,657	1.22
	日本42社平均	39,181	41,931	43,596	44,384	46,464	47,412	48,165	1.23

出所：通商産業省産業政策局『世界企業の経営分析国際経営比較』1998年度版，1996年度版．
注：日本平均とは日本の家電メーカー42社平均の略（以後同様）．

95の発売にともなう世界的なパソコン需要の拡大により，95年度には40.5％の伸び率を示し，直近の96年度には54.0％の伸び率と，かつてない伸びとなり，これは金額にして2兆9,762億ウォン（4,167億円）となる。この金額は6年前の4.19倍に相当する。

　このような，売上の急速な伸びに支えられて，営業利益も順調に延ばしてきた。90年度に566億ウォンであった営業利益が，直近の96年度には3.79倍の2,145億ウォンとなっている。

　企業の総資金量を表す総資本（資産合計）も売上高と呼応して拡大している。90年度に総資本は6,309億ウォンであったものが，91年度には33.9％増の8,444億ウォンとなり，翌92年度には18.8％増の1兆27億ウォンとはじめて1兆ウォンの大台にのる。93年度は3.5％増の1兆376億円と一時伸びが鈍化するが，翌94年度には36.3％増の1兆4,143億ウォン，95年度には48.8％増の2兆1,042億ウォンとそれまで以上に急増する。そして直近の96年度には前年度比62.5％増の3兆4,183億ウォンとなり，これは6年前の5.42倍である。このように加速度的な規模の拡張を押し進めて，生産ユニット数世界1位の現在の三星電管となったことがわかる。

　このような，総資本，売上高にみられる，急速の規模の拡大に較べて，従業員数の増加は驚くほど少ない。90年度末，従業員数は10,366人であったのに対して，91年は1.8％減の10,183人，92年度末には10,043人と2期連続して減少している。以後従業員数は増加に転ずるが，その増加量は，売上や総資本の増加に対してわずかであり93年2.6％増，94年6.79％増，95年12.2％増，96年15.1％増でこれは，6年前の1.22倍である。このように，売上高が4倍以上になっているなかで，従業員数の増加が極めて低く抑えられたのは生産ライン等の無人化が図られた結果であることは想像に難くない。

中華映管（表9-1b参照）
　次に中華映管の最近5年間経営基本指標（売上高〈営業収益〉，営業利益，総資本）の推移をみることとする。売上高は1995年度の売上高は231億8,016万元で，翌96年度には5.96％増の245億6,257万元となる。しかし，97年度には

表9-1b　経営基本指標

中華映管　　　　　　　　　　　　　　　　　　　（単位：新台幣100万元）

決算期	1995	1996	1997	1998	1999	99/95
売上高	23,180	24,563	22,830	24,742	36,089	1.56
営業利益	4,828	4,294	-385	-193	4,029	0.83
総資本	36,054	47,690	52,931	62,845	77,815	2.16

出所：『中華映管股份有限公司財務報告』民國88年度，87年度．

7.06％減少して228億2,957万元と初めて減少を示す。これは，アジア通貨危機の影響による販売不振のためと考えられる。98年度は247億4,183万元と1昨年の水準を回復し，さらに直近の99年度には360億8,914万円で対前年度伸び率45.86％という急激な増収を果たした。

このような，売上の変動に対して営業利益はどのような変化を示したであろうか。1995年度の営業利益は48億2,804万元でこれは売上高の20％以上に当たり，極めて高い利益率であった。翌96年度は売上高が5.96％増加したにもかかわらず，営業利益は11.07％減少し，すでに，業績が悪化していることがわかる。売上高が初めて減少する97年度には，3億8,518万元の営業損失となり，業績の悪化は深刻化する。翌98年度には売上高は減収前（96年度）の水準を回復しているが，依然として1億9,328万元の営業損失を示している。このことは，業績が悪化しているにもかかわらず，積極的な投資が続行されたために固定費が増加し，損益分岐点売上高が上昇していたためと考えられる。業績が回復するのは売上高の急増する翌99年度で，営業利益は40億2,941万元となる。しかし，売上高がこの4期間で1.56倍になったにもかかわらず，営業利益は同期間中0.83倍と減少しており，収益構造は改善されているわけではない。

また，同期間中の総資本の推移をみる。総資本は1995年度360億5,424万元と売上高の約1.5倍にあたり，回転率自体は極めて低いことがうかがわれる。翌96年度には32.27％増の476億9,035万元とさらに肥大化し，売上高が減少する97年度にも総資本は10.99％の増加を示している。その後も資本の増強は収まらず98年度は18.73増の628億4,483万元，99年度は23.82％増の778億1,537万元となる。このように過去5期間に総資本は毎年最低10％以上の増加

を示しており，そのため過去 4 期間に 2.16 倍となっている。つまり，常に売上の増加以上の先行投資が行われてきたといえる。

これは，一見無謀とも思える投資であるが，製品の陳腐化の極めて速い電子機器業界においては，生産設備の更新は常に進めていかなければならない状況にあることをしめしている。つまり，この 5 年間に，従来のブラウン管に特化した生産から，液晶の最先端技術を導入して，液晶表示器（STN-LCD，TFT-LCD）の生産を進めたことや，既存の量産製品に関しては生産拠点を大陸等への移転を進めたことが総資本の増加の原因であると考えられる。

2 売上損益の推移

三星電管（表 9-2a・2b 参照）

次に過去 7 期の損益計算書の数値を並べて，三星電管の収益構造を分析することとする。

前節で経営基本指標として，売上高の推移を分析したが，売上高から最初に差し引かれる費用である売上原価（製造業では製造原価）をみると，過去 6 年間で売上高と同倍の 4.19 倍となっており，そのため，売上総利益（アラ利）も 4.18 倍と製造段階までの費用構成は 6 年前とほぼ変わらないことがわかる。しかし，販管費（販売及び一般管理費）については過去 6 年間で 4.52 倍と売上高に比較して，若干伸び率が大きいことがわかる。販売原価（製造原価）は直接費的要素が強いのに対して，販管費は固定費的要素が強いので，売上高以上の販管費の伸びは，一般に懸念材料となる。しかし，過去 6 年間の三星電管のように急速に生産規模を拡張し，それにともなう出荷量，製品数の増加，販路の拡大を果たしてきた企業にとって，この程度の費用のアンバランスな伸びは仕方のないことかも知れない。

このようななかで，営業外費用の最も大きな部分を占める金利負担（支払利息）は過去 6 年間で 3.71 倍と急増しているが，売上高の伸びに較べて低く抑えられている。そのため，当期純利益は 5.36 倍と売上高以上の伸びを示しており，金利負担が低く抑えられたことが大きな要因となっていると考えられる。

第9章　三星電管，中華映管の財務資料による分析

表9-2a　売上・損益の推移

三星電管　(単位：億ウォン)

	1990	1991	1992	1993	1994	1995	1996	96/90
売上高	7,103	8,568	10,616	12,185	13,750	19,324	29,762	4.19
売上原価	5,879	6,954	8,672	9,818	11,336	15,935	24,649	4.19
売上総利益	1,224	1,613	1,944	2,367	2,414	3,389	5,114	4.18
販売費・一般管理費	658	851	1,037	1,117	1,493	1,937	2,969	4.52
営業利益	566	762	907	1,250	921	1,452	2,145	3.79
営業外利益(収支)	19	32	-39	-179	114	-15	-20	-1.04
金利負担(支払利息)	287	378	459	381	462	606	1,066	3.71
税引前当期利益	315	292	411	811	833	1,191	1,845	5.86
法人税等	12	33	89	143	133	170	218	18.90
当期利益	303	259	322	669	700	1,020	1,626	5.36
減価償却費	393	—	—	721	714	1,132	2,409	6.12
平均月商	592	714	885	1,015	1,146	1,610	2,480	4.19
期中平均従業員数	104	103	101	102	107	117	125	1.21

出所：表9-1aに同じ．

表9-2b　売上・損益の推移

日本の電気機械メーカー42社平均　(単位：億円)

	1990	1991	1992	1993	1994	1995	1996	96/90
売上高	11,316	11,837	11,170	10,781	11,286	12,161	13,456	1.19
売上原価	8,094	8,703	8,004	7,761	8,082	8,666	9,714	1.20
売上総利益	3,222	3,134	3,166	3,020	3,203	3,494	3,742	1.16
販売費・一般管理費	2,765	2,981	2,871	2,742	2,814	2,906	3,137	1.13
営業利益	457	153	295	278	389	588	605	1.32
営業外利益(収支)	205	165	149	144	78	24	64	0.31
金利負担(支払利息)	256	268	224	179	166	146	133	0.52
税引前当期利益	715	454	226	228	310	477	543	0.76
法人税等	388	263	184	173	227	292	304	0.78
当期利益	327	191	41	56	82	186	239	0.73
減価償却費	1,288	1,630	1,842	1,770	1,803	768	784	0.61
平均月商	943	986	931	898	940	1,013	1,121	1.19
期中平均従業員数	392	406	428	440	454	469	478	1.22

出所：表9-1aに同じ．

　カネに対する費用（金利負担）が比較的低く抑えられたのに対して，モノに対する費用である減価償却費が，過去6年間で6.12倍になっていることは目をひく．特に，95年度には前年度の58.5％増，さらに，96年度には，112.8％増とこの2年間だけで3倍以上に増加している．これは新規の生産施設の拡大に伴う増加であり，今後，需要の動向いかんでは，この投資に対する費用が重くのしかかる可能性がある．

表 9-2c　売上・損益の推移

中華映管　　　　　　　　　　　　　　　　　　　　（単位：新台幣 100 万元）

	1995	1996	1997	1998	1999	99/95
売上高	23,180	24,563	22,830	24,742	36,089	1.56
売上原価				23,188	28,757	―
売上総利益				1,554	7,332	―
販売費・一般管理費				1,747	3,302	―
営業利益	4,828	4,294	-385	-193	4,029	0.83
営業外利益（収支）				-103	3,235	―
金利負担（支払利息）	213	360	579	496	1,131	5.31
税引前当期利益	9,446	9,593	-316	-276	7,265	0.77
法人税等	2,270	278	-772	-337	392	0.17
当期利益	7,176	9,315	457	61	6,873	0.96
減価償却費				1,548	2,781	―
平均月商	1,932	2,047	1,902	2,062	3,007	1.56

出所：表 9-1b に同じ．

中華映管（表 9-2c 参照）

　1999 年に売上高が 45.86 % の急速な伸びに対して，売上原価は 24.02 % の上昇に抑えられており，このため売上総利益は前年度に比べて 4.71 倍の 73 億 3,181 万元となっている．その一方で，販管費も 15 億 5,412 万元から 1.9 倍の 33 億 240 万元に増加しているため営業段階の増益は売上総利益の総益に比べて小幅なものとなっている．この販管費の急増は，販管費内に含まれる研究開発費（98 年度 9 億 7,584 万元が 99 年度 23 億 1,347 億元に）の増加が最も寄与している．

　また，過去 5 期間内で最も大きく変化したものとして金利負担があげられる．金利負担は 95 年度 2 億 1,295 万元であったものが 99 年度には 4 年前の 5.31 倍の 11 億 3,059 億元に増加しており，設備投資を借入金に依存してきていることが伺われる．

3　資産の推移

三星電管（表 9-3a・3b 参照）

　総資本（資本合計）が 5.4 倍となるなかで，これらの資金がどのように投資されてきたかを過去 7 期間の資産の推移からみることとする．

　1990 年度の流動資産は 1,652 億ウォンで総資本 6,308 億ウォンの約 1/4 で極めて少ない．しかし，翌 91 年度には，流動資産は 60.0 % 増の 2,643 億ウォンと

なる。92年度には28.1％増の3,386億ウォンに，93年度には14.2％増と流動資産の増加は少し鈍るが，94年の伸び率は36.0％増，95年度は66.3％とふたたび急増し，直近の96年度は39.3％増の1兆2,184億ウォンとなる。これは，6年前の7.38倍である。流動資産の内訳を見ると，現金・預金が6年前の12.82倍と，余裕資金である現金預金の増加が最も流動資産の増加に貢献していることがわかる。その一方で売上債権は5.72倍，棚卸資産は4.86倍と売上高以上の増加を示し，正規営業循環中の在庫・債権回収等の回転率の悪化が若干であるがみられるが，問題になるほどのものではない。

　流動資産のこのような増加に対して，固定資産の増加幅は過去6年間に4.72倍と相対的に小幅である。しかし，生産設備等の有形固定資産が過去6年間で4.77倍となっているのは，一般的に考えて常識を超えた増加である。また，長期売上債権が7.91倍と増加が著しいのが注意を要する。

　このように，固定資産特に生産設備等の有形固定資産の驚異的な増加には目を見張るものがあるが，それ以上に流動資産が増加しており，企業としての財務安定性は高まっていると考えられる。

表9-3a　資産の推移

三星電管　　　　　　　　　　　　　　　　　　　　　　　　　　　　　　（単位：億ウォン）

	1990	1991	1992	1993	1994	1995	1996	96/90
［流動資産］	1,652	2,643	3,386	3,868	5,258	8,746	12,184	7.38
現金・預金	412	781	1,040	1,222	1,579	3,900	5,286	12.82
売上債権	590	1,021	1,204	1,664	1,904	1,685	3,373	5.72
棚卸資産	599	747	947	846	1,141	1,664	2,910	4.86
その他	51	95	195	136	635	1,497	613	12.14
［固定資産］	4,657	5,801	6,642	6,508	8,885	12,296	22,000	4.72
有形固定資産	3,548	4,041	4,866	4,215	5,459	7,443	16,910	4.77
（減価償却累計額）	1,649	1,957	2,439	2,935	3,503	4,417	7,197	4.37
長期売上債権	71	85	86	84	99	705	565	7.91
投資その他	529	959	745	1,378	2,361	2,978	2,956	5.59
【総資本＝総資産】	6,309	8,444	10,027	10,376	14,143	21,042	34,183	5.42
投資有価証券	224	373	594	739	1,711	1,970	475	2.12

出所：表9-1aに同じ．
注：売上債権＝受取手形＋売掛金

表 9-3b　資産の推移

日本の電気機械メーカー 42 社平均　　　　　　　　　　　　　　　　　　（単位：億円）

	1990	1991	1992	1993	1994	1995	1996	96/90
［流動資産］	7,904	8,076	7,521	7,407	7,668	8,373	8,703	1.10
現金・預金	2,581	2,445	2,399	2,476	2,608	2,651	2,645	1.02
売上債権	2,542	2,673	2,480	2,428	2,498	2,832	3,076	1.16
棚卸資産	2,100	2,347	2,075	1,963	2,026	2,299	2,342	1.12
その他	581	612	566	540	536	592	641	1.10
［固定資産］	5,049	5,434	5,279	5,131	5,112	5,370	5,839	1.16
有形固定資産	2,742	3,108	3,012	2,945	2,962	3,166	3,432	1.25
(減価償却累計額)	6,725	7,600	4,258	4,575	4,829	5,167	5,594	0.83
長期売上債権	104	108	72	67	70	64	78	0.75
投資その他	848	1,159	929	912	1,010	1,076	1,187	1.40
【総資本＝総資産】	12,953	13,510	12,799	12,538	12,779	13,743	14,543	1.12
投資有価証券	544	843	681	670	764	808	884	1.63

出所：表 9-1a に同じ．

表 9-3c　資産の推移

中華映管　　　　　　　　　　　　　　　　　　　　　　（単位：新台幣 100 万元）

	1995	1996	1997	1998	1999	99/95
［流動資産］	9,135	10,349	16,572	23,315	25,366	2.78
現金・預金				13,323	12,429	—
売上債権				6,371	7,437	—
棚卸資産				1,568	3,033	—
その他				2,053	2,467	—
［固定資産］	26,920	37,341	36,359	39,530	52,449	1.95
有形固定資産	11,475	15,090	15,325	17,937	26,371	2.30
(減価償却累計額)				7,271	8,029	—
長期売上債権				0	0	—
投資その他	13,902	20,103	18,577	18,579	23,650	1.70
【総資本＝総資産】	36,054	47,690	52,931	62,845	77,815	2.16
投資有価証券				18,579	23,650	—

出所：表 9-1b に同じ．
注：売上債権＝受取手形＋売掛金，期中平均＝（前年度＋今年度）/ 2

中華映管（表 9-3c 参照）

　総資産（＝総資本）が 4 年前（360 億 5,425 万元）に比べて直近では 2.16 倍（778 億 1,537 万元）に増加しているなかで，流動資産は 91 億 3,462 万元から 253 億 6,594 万元に約 2.78 倍に増加しており，総資本以上の伸びを示している。しかし，全体の割合でみた場合 99 年度の固定資産は 524 億 4,943 万元で，これは流動資産の 2 倍以上の金額であり，当然，総資産に占める固定資産の割合は 67 ％である。これは三星電管の 63 ％（96 年度）と共通性があり，成長期の企業が積極的な投資活動を行っているためと考えられる。

4 負債・資本の推移

三星電管（表9-4a・4b参照）

つぎに，資金調達の状況を負債・資本の推移からみることとする。

過去6年間で負債合計は5.33倍，資本合計も5.34倍とほぼ自己資本と他人資本とが同じ割合で推移してきている。負債中，流動負債つまり1年以内返済の

表 9-4a　負債・資本の推移

三星電管　　　　　　　　　　　　　　　　　　　　　　　　　　　　（単位：億ウォン）

	1990	1991	1992	1993	1994	1995	1996	96/90
［流動負債］	2,137	3,212	3,139	3,261	5,052	5,093	9,535	4.46
短期借入金	1,269	2,128	1,610	1,708	2,235	2,228	5,560	4.38
その他	869	1,084	1,529	1,553	2,817	2,865	3,975	4.58
［固定負債］	1,701	1,806	2,758	2,601	3,027	5,903	10,908	6.41
長期借入金	1,222	1,231	2,046	1,816	2,098	4,731	9,402	7.69
その他	479	575	712	786	929	1,172	1,506	3.15
【負債合計】	3,838	5,017	5,897	5,862	8,079	10,996	20,443	5.33
資本金	459	571	631	631	721	1,187	1,435	3.13
資本準備金	976	1,127	1,364	1,350	2,212	4,972	6,496	6.66
利益準備金・剰余金	1,036	1,730	2,007	2,533	3,132	3,888	5,274	5.09
【資本合計】	2,470	3,427	4,001	4,514	6,065	10,047	13,205	5.34
純借入高	2,078	2,577	2,616	2,301	2,754	3,059	9,675	4.66

出所：表9-1aに同じ．
注：純借入高＝長短借入金－現金・預金．

表 9-4b　負債・資本の推移

日本の電気機械メーカー42社平均　　　　　　　　　　　　　　　　　（単位：億円）

	1990	1991	1992	1993	1994	1995	1996	96/90
［流動負債］	5,701	5,776	5,321	5,000	5,217	5,832	6,183	1.08
短期借入金	1,491	1,872	1,956	1,656	1,650	1,857	2,083	1.40
その他	4,210	3,904	3,365	3,344	3,568	3,975	4,099	0.97
［固定負債］	2,533	2,842	2,779	2,920	2,930	2,994	3,109	1.23
長期借入金	1,884	2,147	2,052	2,105	2,054	2,035	2,025	1.07
その他	648	695	727	815	876	959	1,083	1.67
【負債合計】	8,234	8,617	8,100	7,920	8,147	8,825	9,291	1.13
資本金	682	691	682	696	711	721	741	1.09
資本準備金	1,064	1,081	1,064	1,080	1,096	1,115	1,135	1.07
利益準備金・剰余金	2,555	2,650	2,496	2,415	2,397	2,640	2,894	1.13
【資本合計】	4,300	4,422	4,242	4,191	4,205	4,475	4,770	1.11
純借入高	794	1,574	1,609	1,285	1,096	1,241	1,464	1.84

出所：表9-1aに同じ．
注：純借入高＝長・高借入金＋社債＋割引譲渡手形－現金・預金－有価証券

ものあるいは正規営業循環中の債権等は1990年度2,137億ウォンであったが，翌91年度には50.26％増の3,212億ウォンとなる。この増加のほとんどは短期借入金の増加額859億ウォンである。92年度と93年度の前年度伸び率は2.3％，3.9％と停滞傾向を示すが，94年度には55.0％増の5,052億ウォンとふたたび急増する。これは「その他」の流動資産の増加が主な原因である。95年度はふたたび0.8％増と停滞するが直近の1996年度には前年度比87.2％と2倍近い増加を示す。この増加も短期借入金による部分が大きい。

固定負債は過去6年間で6.41倍と流動負債以上の伸びを示し，特に長期借入金は6年間で7.7倍と増加著しい。全体として，借金依存体質が強まっている印象をもつが，純借入高（長・短借入金から現金預金を差し引いた額）は過去6年間で3.31倍と総資本や売上高の増加率（5.42倍，4.19倍）より低い。ただし，93年から95年までは純借入高がマイナス，つまり，長短借入金の額よりも現金預金の額の方が多い状態にあり，95年度から96年度の長短借入金の急増が借入金の依存を強めたという解釈も成り立つ。

自己資本は91年度には前年度比38.7％の伸びを示し，以後92年度16.75％，93年度12.81％，94年度34.36％，95年度65.66％，96年度31.43％と着実に増加して，過去6年間で5.34倍となっている。そのうち資本金は6.66倍で，利益蓄積と共に，増資も盛んに行われてきたことがわかる。

このように，資金の調達は自己資本と他人資本（負債）の両方をバランスよく増加させてきたといえ，一般に韓国企業の借入金依存度が高いと言われているが，三星電管に関しては，その傾向はあまりみられない。

中華映管（表9-4c参照）

負債・資本の推移から中華映管の資本調達状況をみることとする。総資本が過去4年間に2.18倍に増加するなかで，負債合計は1996年度に143億958万元から直近の99年度には299億200万元と2.09倍に増加している。特に長期借入金は30億7,110万元であったものが，直近には134億5,797万元，約4.38倍と総資本に以上の増加を示しており，借入金の依存性が強まっていることがわかる。しかし純借入高は現金・預金資産が多いため意外と少なく，99年度では20

表 9-4c　負債・資本の推移

中華映管　　　　　　　　　　　　　　　　　　（単位：新台幣 100 万元）

	1995	1996	1997	1998	1999	99/95
［流動負債］	9,048	9,208	7,334	9,502	13,046	1.44
短期借入金				566	974	―
その他				0	0	―
［固定負債］	5,262	7,705	8,743	11,963	16,864	3.20
長期借入金	3,071	4,702	5,681	8,823	13,458	4.38
その他	2,191	3,004	3,062	3,140	3,406	1.55
【負債合計】	14,310	16,913	16,077	21,465	29,909	2.09
資本金	9,199	13,888	22,500	30,100	33,902	3.69
資本準備金				5,917	3,813	―
利益準備金・剰余金				5,363	10,191	―
【資本合計】	21,745	30,777	36,854	41,380	47,906	2.20
純借入高				-3,934	2,004	―

出所：表 9-1b に同じ．

億 366 万元にすぎず，このことは三星電管や日本企業と違うところである．

また，99 年度の自己資本（資本合計）は 479 億 591 万元で資産合計の 61％に当たり，三星電管 38.6％（96 年度），日本の電機メーカー平均 32.8％に比べて高く財務安定性の面で中華映管が優れていることを示している．しかし，利益準備金・剰余金等の割合は資本合計 101 億 9,081 万元で，これは資本合計の約 3 割にすぎず，利益蓄積はそれほどされていないことがわかる．

第3節　比 率 分 析

ここでは，三星電管と中華映管の経営状態を，経営・財務諸比率を求め，この推移を分析する．特に，主要な日本の電気機械メーカー 42 社平均と比較して，急成長してきた両社の長所と問題点を指摘する．

1　収益力の分析

収益力は，一般に 3 つの指標，すなわち，① 総資本（営業）利益率，② 売上

高（営業）利益率，および ③ 自己資本利益率によって分析される。総資本利益率は収益力指標としては最重要な指標で，資金の効率性を示す総合的な指標である。また売上高利益率は利益の源泉である売上高中の（営業）利益の比率，つまり製品の平均利幅を示す指標であり，前指標とともに最重要な指標である。自己資本利益率は株主に帰属する自己資本に対する税引後純利益の割合を示し，一般に ROE と呼ばれ，株主にとっての収益力指標であり，株価決定要因としては最重要である反面，他の 2 つの指標に較べて，変化率が大きい特徴をもっている。また，総資本回転率は総投資額（総資本）に対しどれだけの売上があるかを示す指標であり，資本の効率運用がなされているかを示す指標として他の収益力指標と併記した。なお，一般に自己資本利益率以外の収益力指標には経常利益を使用するが，データの関係上，金融費用・利益等を含む営業利益を利益として用いた。

三星電管（表 9-5a 参照）

1996 年度の総資本営業利益率は 8.88 ％で，日本の電気機械メーカー 42 社平均の 4.43 ％に較べて 2 倍近い高い値を示している。総資本営業利益率は 93 年 12.25 ％と過去 7 期中最も高い値を示したが，翌 94 年度には 7.52 ％と低下する。これは営業利益額の低下ではなく前年度比 34 ％にものぼる総資本の急増のためである。しかし 95 年度には 8.25 ％と総資本営業利益率は上昇し，さらに現在の値に至るのである。この間，総資本は 95 年度には総資本は 65.7 ％と常識を超えた上昇を示しているが，それにもかかわらず，総資本経常利益率が上昇したのは，営業利益も 1.5 倍以上の極めて高い増益を果たしたためである。一般に総資本の

表 9-5a　収益力の分析

		1990	1991	1992	1993	1994	1995	1996
総資本営業利益率	三星電管	8.98	7.62	9.82	12.25	7.52	8.25	8.88
	日本平均	5.96	4.16	2.24	2.19	3.07	4.44	4.43
売上高営業利益率	三星電管	7.97	6.56	8.54	10.26	6.70	7.51	7.21
	日本平均	6.82	4.65	2.64	2.58	3.45	4.84	4.49
総資本回転率	三星電管	1.13	1.16	1.15	1.19	1.12	1.10	1.23
	日本平均	0.87	0.89	0.85	0.85	0.89	0.92	0.99
自己資本利益率	三星電管	12.27	8.79	8.66	15.70	13.24	12.66	16.88
	日本平均	7.60	4.39	0.96	1.32	1.96	4.28	5.33

出所：表 9-1a に同じ．

増加と共に，増収，増益となることはあっても，投資効率は低下し，総資本利益率は低下するものであるが，過去7年間に強気の投資により総資本が5倍以上になった三星電管の利益率が90年度とほぼ同じ水準を維持してきたことは，この期間に主要製品であるCDTの市場規模の拡大基調が継続したためと考えられる。

　三星電管の過去7年度期間の売上高営業利益率は93年度に10.26％最高値を示すが，以後低下し，96年度の三星電管の売上高営業利益率は7.21％となる。しかし，この値でも日本の企業平均である4.49％を大きく上回っており，製品の平均利益率は依然高い値であるといえる。このように，利益率の低下をある程度を止めることができたのは，出荷主要製品であるパソコン関連部品の製品陳腐化・高度化が極めてはやいにもかかわらず，この流れに常に対応してきたことによる。つまりCDT市場の主体が，14インチや15インチから17インチ21インチにさらにCDTからLCD（液晶表示装置）へ移行する流れをいち早く見越して，先行投資してきたことが功を奏したと考えられる。

　利ざやの高い高付加価値製品を生産する利益率重視の生産を行う一方で，三星電管は総資本回転率も比較的高い値を維持している。一般に総資本回転率の高低は1.00回転を基準とする。日本メーカーがバブル崩壊後の消費低迷のなかで，また売上高利益率が低迷するなかで回転率を次第に上昇させ96年度0.99回転となっているが，これに較べて，96年度の三星電管の総資本回転率1.23回転という数値は極めて高いといえる。一般に，メーカーは薄利多売の回転率重視型の商法と，高付加価値製品の少量生産による利益率重視型の商法があるが，三星電管はこれまでCPT，CDTといったブラウン管の単品生産に近い，生産形態を採っいえるが，高利益，高回転率という，正に「二兎を得た」商法を成功させている。96年度自己資本利益率は16.88％と極めて高く日本の電気機械メーカー42社平均の値は5.33％で3倍以上の値である。投資家にとっても三星電管は魅力的な企業といえる。

　以上のように三星電管は，利益率，回転率ともに高く，そのため収益力も極めて高く，97年発生する金融危機を前にして，96年度までは経営的に何の曇りもない状態であったといえる。

中華映管（図表 9-5b 参照）

1995 年度の総資本営業利益率は 13.39 % で極めて高率である。この値は同時期の三星電管の同比率が 8.25 % に比べても高率である。しかしその後減少傾向となり，96 年度には 10.25 %，翌 97 年度には － 0.77 % 初めてマイナスとなり 98 年度も 0.33 % と赤字幅は縮小する。その後 99 年度には 5.73 % と黒字に転換するが，95 年度の水準には及ばない。

売上高営業利益率も 95 年度に 20.83 % の高率となる。これは，同時期の三星電管の同比率が 7.97 % であるのに比べても，極めて高い値である。

その一方で回転率では三星電管の方が優れている。96 年度の中華映管の回転率（総資本回転率）は 0.59 回転で三星電管が 1.13 倍であるのに対しても約 $1/2$ の水準であり極めて低いといえる。

しかしその反面，中華映管の自己資本利益率は 95 年度に 33.0 % で，三星電管の同比率が 95 年度 12.66 % であるのに比べても極めて高率である。このように中華映管は全体として利益率は高いが，回転率が低く，利益率自体も売上高の増減によって左右されやすいといえる。

2　売上高諸利益率・費用率の分析

三星電管（表 9-6a 参照）

三星電管の収益力の強さを売上高諸利益・費用率から分析する。

三星電管の営業利益率の高さの主因は，販管費率の低さにある。1996 年度では売上高原価率は 82.8 % と日本の企業の 72.2 % に較べて高く，アラ利段階では

表 9-5b　収益力の分析

中華映管　　　　　　　　　　　　　　　　　　　　　　　（単位：%）

	1995	1996	1997	1998	1999
総資本営業利益率	13.39	10.25	-0.77	-0.33	5.73
売上高営業利益率	20.83	17.48	-1.69	-0.78	11.17
総資本回転率	0.64	0.59	0.45	0.43	0.51
自己資本利益率	33.00	35.47	1.35	0.16	15.40

出所：表 9-1b に同じ．

表 9-6a　売上高諸利益率・費用率の分析

		1990	1991	1992	1993	1994	1995	1996
売上高原価率	三星電管	82.77	81.17	81.69	80.58	82.44	82.46	82.82
	日本平均	71.53	73.52	71.65	71.99	71.62	71.27	72.19
売上高総利益率	三星電管	17.23	18.83	18.31	19.42	17.56	17.54	17.18
	日本平均	28.47	26.48	28.35	28.01	28.38	28.73	27.81
売上高販売管理費率	三星電管	9.26	9.93	9.77	9.17	10.86	10.02	9.97
	日本平均	24.43	25.18	25.71	25.43	24.94	23.90	23.31
売上高営業利益率	三星電管	7.97	8.90	8.54	10.26	6.70	7.51	7.21
	日本平均	4.04	1.29	2.64	2.58	3.45	4.84	4.49
営業外収支差損率	三星電管	0.27	0.37	-0.37	-1.47	0.83	-0.08	-0.07
	日本平均	1.81	1.39	1.33	1.33	0.69	0.19	0.47
売上高純利益率	三星電管	4.27	3.03	3.03	5.49	5.09	5.28	5.46
	日本平均	2.89	1.62	0.37	0.52	0.73	1.53	1.78
売上高金利負担率	三星電管	4.05	4.42	4.33	3.13	3.36	3.13	3.58
	日本平均	2.26	2.27	2.00	1.66	1.47	1.20	0.99
売上高減価償却率	三星電管	5.54	—	—	5.91	5.20	5.86	8.09
	日本平均	11.38	13.77	16.49	16.42	15.97	6.31	5.82

出所：表 9-1a に同じ。

日本企業平均の方がはるかに高い。しかし，売上高販管費率は三星電管が9.97％と10％に満たないのに対して，日本企業では23.3％と2倍以上の格差が付いている。そのため，営業段階では，日本企業が4.49％であるのに対して，三星電管は7.21％と高くなっている。これは，三星電管が消費者向けの最終製品ではなく，CDTやCPT等のコンピュータ・ディスプレイやカラーテレビの部品生産を主力としており，そのため，宣伝費・営業費用等の販管費が比較的少なくてすむためと考えられる。また，最大の取引先はグループ企業である総合家電メーカーの三星電子であり，これも販管費がかからない理由となっている。

次に，生産・販売の三要素である，モノ・ヒト・カネに要した費用，つまり，減価償却費，人件費，金利負担のうち，減価償却費と金利負担の売上高に占める割合を分析してみよう。

1996年度の三星電管の売上高金利負担率は3.58％で日本の0.99％に較べるとかなり高率となっている。しかしながら，日本がかつて経験したことがないほどの低金利時代となっているのに対して，市中金利が10％以上である韓国では，金利負担率が3.58％は韓国主要20社平均の金利負担率が5.25％より低い値で

ある。

また，96年度の三星電管の売上高減価償却費率は8.09％で，前年度の同社同比率が5.86％から2.23ポイントも急上昇している。これは生産設備に対する大規模な新規投資が行われたためで，バブル経済崩壊後，新規設備投資を控えている日本の電気機械メーカー42社平均の同比率が5.82％を2.27ポイントも上回っている。

中華映管（表9-6b参照）

ここではおもに1998年度及び99年度について売上高諸利益比率・費用率の分析を行う。売上原価率は98年度93.72％と極めて高率で，そのため売上高総利益率は6.28％で販売管理費（7.06％）の額を下回り，営業損失を計上する結果となっている。しかし，99年度には売上高が前年度比1.46倍になったのを受けて，急速に収益は改善し売上高原価率は78.68％，売上高総利益率は20.32まで回復した。ただし，販管費率も2ポイント上昇して9.15％となったために売上高営業利益率は11.17％となっている。

次に，税引後純利益の売上高に対する割合（売上高純利益率）をみると95年度は30.96％と極めて高い利益率を示している。同期での営業利益が20.83％であることを考え合わせると，多額の営業外収益があることがわかる。翌96年度には営業利益率が低下しているにもかかわらず，売上高純利益率は37.92％とさら

表9-6b　売上高諸利益率・費用率の分析

中華映管 (単位：%)

	1995	1996	1997	1998	1999
売上高原価率				93.72	79.68
売上高総利益率				6.28	20.32
売上高販売管理費率				7.06	9.15
売上高営業利益率	20.83	17.48	-1.69	-0.78	11.17
営業外収支差損益				-0.42	8.95
売上高純利益率	30.96	37.92	2.00	0.25	19.05
売上高金利負担率	0.92	1.47	2.54	2.01	3.13
売上高減価償却率				6.26	7.71

出所：表9-1bに同じ．

に上昇しており,営業外で利益がさらに増加していることがわかる。97年度,98年度は営業赤字に転落するのにあわせて,当期純利益率も2.00％,0.25％と急速に低下するが,直近の99年度期には多額の営業外収支差益を計上し,当期純利益率は19.05％と再び高率となっている。附属明細表によれば,この営業外収支の内容は多くの(投資)有価証券評価益が含まれていることがわかる。つまり,厳格な時価主義会計を行っているため,短期保有の有価証券ならびに投資有価証券に関して,各期ごとに評価益(損)を算出している。これが営業外収支差益を大きく左右している。また,日本で昨期より行われている税効果会計もすでに行われているため,税引き前損失となった97,98年度期は法人税等の調整があったことにも注意したい。

3　回転率の分析

ここでは,回転率として,総資本回転率(回/年),有形固定資産回転率(回/年),売上債権回転期日(日),棚卸資産回転期日(日)を取り上げた。

三星電管(表9-7a参照)

1996年度の三星電管の有形固定資産(簿価)回転率は2.66回転で日本の企業の同比率が4.21であるのに対してかなり低い値である。有形固定資産を原価として回転率を比較しても三星電管の同比率が1.52回であるのに対して日本の企業が2.68回転と,三星電管の同比率が劣っている。これは,ブラウン管生産設備には多額の資金が必要であることと,パソコン関連製品として製品の陳腐化が速く,そのため施設の更新が比較的早く必要になることなどが理由として考えられる。また,バブル経済崩壊後の日本企業が生産設備投資に消極的なのに対して,三星電管では新規投資が盛んなことも要因として考えられる。

三星電管の96年度の売上債権回転期日が38.8日は日本企業と比較して極めて早いと言える。日本企業もバブル経済崩壊後の不況のなかで,危険回避と資金効率性を高めるために債権の回収を速めてきているが,三星電管にははるかに及ばない。これはこの時点の韓国の金利が極めて高いために債権回収の重要性が高い

ことが考えられる。また，棚卸回転期日も日本企業が 59.24 日と約 2 ヵ月であるのに対して三星電管は 24.84 日と 1 ヵ月間以下で極めて在庫が少ないといえる。これは韓国企業の特質というよりも，三星電管がパソコンの部品メーカーとして，クイック・レスポンス性を追求した結果と考えられる。

中華映管（表 9-7b 参照）

中華映管の 1996 年度の総資本回転率は 0.59 回転で同時期の三星電管（1.23 回転）や日本の電機メーカー平均（0.99 回転）に比べて極めて低い。さらに同期の有形固定資産（簿価）回転率は 1.85 倍で三星電管（2.66 回転），日本電機メーカ

表 9-7a　回転率の分析

		1990	1991	1992	1993	1994	1995	1996
総資本回転率（回）	三星電管	1.13	1.16	1.15	1.19	1.12	1.10	1.23
売上高/総資産額	日本平均	0.87	0.89	0.85	0.85	0.89	0.92	0.99
有形固定資産回転率（簿価）（回）	三星電管	2.00	2.26	2.38	2.68	2.84	3.00	2.66
売上高/有形固定資産	日本平均	4.13	4.05	3.65	3.62	3.82	3.97	4.21
有形固定資産回転率（原価）（回）	三星電管	1.46	1.48	1.49	1.59	1.67	1.61	1.52
売上高/有形固定資産	日本平均	3.45	3.45	2.94	2.48	2.59	2.63	2.68
売上債権回転期日（日）	三星電管	33.99	37.65	41.18	45.50	49.78	41.48	38.81
	日本平均	88.57	85.21	87.13	85.43	81.88	82.01	82.06
棚卸資産回転期日（日）	三星電管	30.77	28.66	29.12	26.85	26.37	26.49	24.84
	日本平均	67.74	68.57	72.25	68.36	64.50	64.89	59.24
借入金月商倍率（倍）	三星電管	3.51	3.61	2.96	2.27	2.40	1.90	3.90
	日本平均	0.84	1.60	1.73	1.43	1.17	1.23	1.31

出所：表 9-1a に同じ．

表 9-7b　回転率の分析

中華映管

	1995	1996	1997	1998	1999
総資本回転率（回）	0.64	0.59	0.45	0.43	0.51
有形固定資産回転率（簿価）（回）	2.02	1.85	1.50	1.49	1.63
有形固定資産回転率（原価）（回）				1.22	1.35
売上債権回転期日（日）				46.99	69.83
棚卸資産回転期日（日）				11.56	23.27
借入金月商倍率（倍）	1.59	2.30	2.99	-1.91	0.67

出所：表 9-1b に同じ．

一平均（4.21回転）に比べても低い。

売上債権回転期日は99年度69.83日で、これも三星電管が38.81日（1996年度）であるのに対して劣る。棚卸資産回転期日は23.27日で、これは三星電管（24.84日）とほぼ同水準である。

純借入額は極めて少額であるため、その月商倍率は0.67倍（99年度期）であり、借入金は極めて少額といえる。

4 貸借対照表の静態比率

三星電管（表9-8a参照）

三星電管の財政状態と財務安定性を見るために固定比率、流動比率、負債比率等の貸借対照表の静態比率を分析する。

当座比率は、流動負債に対する当座資産での支払い能力示す指標で財務安定性の見地から100％以上が望ましいとされているが、実際には日本の優良企業で

表9-8a　貸借対照表の静態比率

（単位：％）

		1990	1991	1992	1993	1994	1995	1996
当座比率	三星電管	46.90	56.11	71.49	88.50	69.93	109.7	90.82
当座資産/流動負債額	日本平均	91.61	88.61	91.69	98.07	97.86	94.02	92.53
流動比率	三星電管	77.3	82.3	107.9	118.6	104.1	171.7	127.8
流動資産/流動負債額	日本平均	138.6	139.8	141.3	148.1	147.0	143.6	140.8
固定比率	三星電管	188.5	169.3	166.0	144.2	146.5	122.4	166.6
固定資産/自己資本額	日本平均	117.4	122.9	124.4	122.4	121.5	120.0	122.4
固定長期適合率	三星電管	111.6	110.9	98.3	91.5	97.7	77.1	91.2
固定資産/自己資本＋固負債	日本平均	73.9	74.8	75.2	72.2	71.6	71.9	74.1
負債比率	三星電管	155.4	146.4	147.4	129.9	133.2	109.4	154.8
負債/自己資本	日本平均	191.5	194.9	190.9	189.0	193.7	197.2	194.8
借入金依存度	三星電管	39.48	39.77	36.46	33.96	30.63	33.07	43.77
	日本平均	26.06	29.75	31.32	30.00	28.98	28.32	28.25
自己資本比率	三星電管	39.16	40.58	39.90	43.50	42.88	47.75	38.63
自己資本/総資本	日本平均	33.20	32.73	33.14	33.43	32.91	32.57	32.80
留保利益率	三星電管	16.42	20.48	20.01	24.41	22.14	18.48	15.43
（利益準備金＋剰余金）/総資本	日本平均	19.72	19.61	19.50	19.26	18.76	19.21	19.90
余剰金比率	三星電管	10.08	13.67	16.30	18.90	23.26	27.90	16.85
	日本平均	24.12	24.33	24.06	25.09	26.39	25.16	24.26
有形固定資産償却率	三星電管	31.72	32.63	33.39	41.05	39.09	37.24	29.86
	日本平均	71.03	70.98	58.57	60.84	61.98	62.01	61.98

出所：表9-1aに同じ．

も80％前後の企業が多くみられる。三星電管の1996年度の当座比率は90.83％で100％には至っていないが，それに近い水準にある。日本の企業平均では92.53％と三星電管との差はわずかである。三星電管がこれまで成長性重視で借入金が比較的多いにも関わらず，当座比率が意外にも高いのは，売上債権が少ない一方で，現金・預金等の余裕資金が多いためである。

　流動比率は，流動負債に対する流動資産の比率で，流動負債に対する流動資産による支払い能力を示す指標で，100％以上が財務安定性の必要条件である。三星電管の96年度の流動比率は，127.8％で100％以上というこの必要条件を満たしている。96年度の日本企業の流動比率は140.78％と三星電管との差は13％と当座比率以上に格差があるが，これは，流動資産に含まれる棚卸資産が日本企業に較べて，非常に少ないことが原因となっており，かえって好ましいこととも考えられる。

　当座比率と流動比率がともに流動負債に対する支払い能力を示す財務安定性の指標であるのに対して，固定比率と固定長期適合率は固定資産を自己資金（資本），あるいは自己資本と長期資金で購っているかを示す，財政健全性の指標であり，固定比率では100％以内が望ましいとされ，固定長期適合率では100％以内が必要条件となっている。

　三星電管の96年度の固定比率は166.61％と日本の電気機械メーカー42社平均の同比率122.42％に比較して44.2ポイントも高くなってきている。ここに，三星電管の最大の問題点があり，これまで，投資を自己資本ではなく他人資本（借入金）に依存してきたためである。三星電管の同比率は90年度では188.51と極めた高かったが，以後，減少していき，95年度には122.39％とかなり健全性を回復してきたが，96年度で急増していたことがわかる。これは，96年度の2兆4,107億ウォンもの有形固定資産取得額，つまり新規投資の大半が，他人資本で賄われたことが原因である。

　96年度の固定長期適合率は91.24％で100以内という必要条件は満たしており，投資が一応長期資金（長期借入金）で賄われていることがわかる。

　三星電管の96年度の借入金依存度（〈長・短期借入金－現金預金〉÷総資本）は43.77％と非常に高く，ここに三星電管の借入金依存体質が示されている一方，

自己資本比率は 38.63％と意外に高率を示している。ただし，前年度である 95 年度にの自己資本比率は 47.75％で，これから較べると 10.9 ポイントの低下となっている。

このように，三星電管は現金・預金等の余裕資金を多くもっている反面，借入金も多いという特徴をもつ。そのため，財務安定性はあるが，設備投資の多くを借入金に依存しており，そのため，財政健全性の面で不安が残る。特に，近年（特に 1996 年度），自己資本から借入金への依存度を深めており，日本のバブル期の状況を思わせる。

中華映管（表 9-8b 参照）

次に中華映管の貸借対照表静態比率を見る。1999 年度の当座比率は 152.28 で一般必要とされている 100％をはるかに超え，流動負債の約 1.5 倍の流動資産を有している。また流動比率も 194.44％と理想とされる 200％に迫る水準である。固定費率は，自己資本に対する固定資産の割合で，中華映管の 96 年度の同比率は 121.33％で三星電管の 166.61％よりも優れており，日本企業（122.42％）とほぼ同水準である。さらに 99 年度には 109.48％とさらに改善されている。

借入金依存度は 95 年度期 8.52％であったが年々上昇し 99 年度期には

表 9-8b 貸借対照表の静態比率

中華映管 (単位：％)

	1995	1996	1997	1998	1999
当座比率				207.3	152.3
流動比率	101.0	112.4	226.0	245.4	194.4
固定比率	123.8	121.3	98.7	95.5	109.5
固定長期適合率	99.7	97.0	79.7	74.1	81.0
負債比率	65.8	55.0	43.6	51.9	62.4
借入金依存度	8.52	9.86	10.7	14.94	18.55
自己資本比率	60.31	64.5	69.6	65.84	61.56
留保利益率				8.53	13.10
余剰金比率				50.76	46.36
有形固定資産償却率				28.84	23.34

出所：表 9-1b に同じ．

18.55％に至っているが，これも三星電管（43.77％），日本電機メーカー平均（28.25％）に比べて低い水準を維持している。

　自己資本比率は 61.56％と，三星電管（38.63％），日本電機メーカー平均（32.80％）に比べて極めて高い。しかし留保利益率は 13.10％と三星電管（15.43％），日本電機メーカー平均（19.90％）に比べて低いことから，自己資本といっても，株主出資部分が多く過去の利益の蓄積（留保）部分は意外に少ないことがわかる。

　このように三星電管，日本の電機メーカー平均に比べて中華映管の貸借対照表静態比率のいずれもがすぐれており，財務安定性が高いことを示している。

5　労働指標

　ここでは，労働指標として，従業員1人当り売上高，従業員1人当り営業利益，労働装備率，資本装備率を，円換算して日本の電気機械メーカー42社平均と比較した。なお，用いた為替レートは 90 年は 0.20（円/ウォン），96 年度は 0.14（円/ウォン）である。

　90 年度の三星電管の従業員1人当り売上高は 1,370 万円であるのに対して，日本企業は約2倍の 2,888 万円であった。しかし，96 年度の三星の同値は 3,333 万円と6年前の約 2.5 倍で日本の 2,815 万円を上回るまでになっている。90 年度の三星電管の従業員1人当り営業利益は 109 万円で，6 年後の 96 年度の同値は 240 万円と約 2.2 倍になっており，日本企業の 126 万円を大きく上回っている。また，労働装備率（取得原価）は 90 年度に三星電管は 1,003 万円，日本の電気機械メーカー平均が 1,825 万円と 1.8 倍の格差があったものが，96 年度には三星電管の同指標は 1,903 万円，日本企業は 1,795 万円と上回るようになっている。資本装備率も過去6年間で日本企業と同水準に至っている。ここでは，人件費，付加価値がわからないのでこれ以上詳しい分析はできないが，この6年間の急速な設備投資により，日本との労働生産性の格差もほとんどなくなってきていることは容易に想像できる。その一方で，日本と韓国では2倍から3倍の賃金格差が依然存在しており，これが，日韓の営業利益や純利益の差となっているので

第9章 三星電管,中華映管の財務資料による分析　　303

表9-9　労働指標

(単位:万円)

		1990	1991	1992	1993	1994	1995	1996
従業員1人当り売上高	三星電管	1,370	1,501	1,680	1,677	1,678	1,987	3,334
	日本平均	2,888	2,919	2,612	2,451	2,484	2,591	2,816
従業員1人当り営業利益	三星電管	109	99	144	172	112	149	240
	日本平均	197	136	69	63	86	125	126
労働装備率(原価)	三星電管	1,003	981	1,052	995	983	1,071	1,903
有形固定資産/従業員数	日本平均	2,416	2,487	2,102	1,681	1,685	1,718	1,795
労働装備率(簿価)	三星電管	685	665	705	625	590	663	1,253
	日本平均	700	721	716	677	650	653	669
資本装備率(簿価)	三星電管	1,217	1,292	1,461	1,404	1,496	1,809	2,706
	日本平均	3,306	3,262	3,076	2,880	2,787	2,825	2,859
日韓為替レート円/ウォン		0.20	0.18	0.16	0.14	0.13	0.12	0.14

出所:表9-1aに同じ.

はないかと考えられる。

6　百分比貸借対照表

三星電管 (表9-10a参照)

　三星電管の過去7期間の百分比貸借対照表の推移を日本の電気機械メーカー42社平均 (**表9-10b参照**) と比較する。
　まず,現金預金は1990年度には6.54%であったが,翌91年度には9.25%と総資本に対する現金預金の割合が次第に高まり,95年度には18.53%となる。96年度は前年度から3ポイント減少して15.47%となるが,6年前のと比較すればかなりの現金預金を蓄積していったことがわかる。売上債権は90年度9.35%であったが93年度にはいったん16.04%まで上昇するが以後ふたたび低下し,96年度には9.87%となっており,これは6年前とほぼ等しい水準である。棚卸資産は90年度に9.49%であったものが,96年度には8.51%と6年前の約1ポイント減少している。このため流動資産合計の総資本に対する比率は26.18%から,35.64%と約9ポイント上昇している。逆に固定資産は流動資産が増加した分総資本に対する割合は減少したわけであるが。これは,主に有形固定資産の減少によるものであることがわかる。

表 9-10a　百分比貸借対照表

三星電管

	1990	1991	1992	1993	1994	1995	1996		1990
現金・預金	6.5	9.3	10.4	11.8	11.2	18.5	15.5	短期借入金	20.1
売上債券	9.4	12.1	12.0	16.0	13.5	8.0	9.9	その他	13.8
棚卸資産	9.5	8.8	9.4	8.2	8.1	7.9	8.5	(流動負債合計)	33.9
その他	0.8	1.1	1.9	1.3	4.5	7.1	1.8	長期借入金	19.4
(流動資産合計)	26.2	31.3	33.8	37.3	37.2	41.6	35.6	その他	7.6
有形固定資産	56.2	47.9	48.5	40.6	38.6	35.4	49.5	(固定負債合計)	27.0
長期売上債権	1.1	1.0	0.9	0.8	0.7	3.3	1.7	負債合計	60.8
投資その他	8.4	11.4	7.4	13.3	16.7	14.2	8.6	資本金	7.3
(固定資産合計)	73.8	68.7	66.2	62.7	62.8	58.4	64.4	資本準備金	15.5
								利益準備金・剰余金	16.4
								資本合計	39.2
資産合計	100	100	100	100	100	100	100	負債・資本合計	100

出所：表 9-1a に同じ．

90 年度の負債比率は 60.84 % であるが，6 年後の 96 年度は 59.80 とその減少は 1 ポイントとわずかである．しかし，負債の中身は流動負債が 33.88 % から 27.89 % に減少しており，逆に固定負債は 26.96 % から 31.91 % に高まっており，短期借入金から，長期借入金へ，シフトしていることがわかる．借入金を短期のものから長期のものにシフトしたことは，借入金の内容が良くなったという意味からは評価できるが，全体として長短借入金総資本に対する割合が過去 6 年間に 39.48 % から 43.77 % に約 4.3 ポイント高まっていることは不安材料となる．

中華映管（表 9-10c 参照）

中華映管も三星電管と同様に積極的な設備投資が進められており，そのため 1998 年度から 99 年度の百分比貸借対照表を見ると有形固定資産の割合が 28.54 % から 5.35 ポイント上昇して 33.89 % となっている．そしてこれらの投資の資金源は借入金によるものである．そのため，短期借入金が 0.35 ポイント，長期借入金は 3.25 ポイント上昇しており全体として借入金の依存度が高まっている．これまで中華映管は自己資本を，主な投資資金としてきたが先行投資を進めるなかで，投資資金の源泉を自己資本から他人資本への切り替えつつあるのではないかと考えられる．

	1991	1992	1993	1994	1995	1996
	25.2	16.1	16.5	15.8	10.6	16.3
	12.8	15.2	15.0	19.9	13.6	11.6
	38.0	31.3	31.4	35.7	24.2	27.9
	14.6	20.4	17.5	14.8	22.5	27.5
	6.8	7.1	7.6	6.6	5.6	4.4
	21.4	27.5	25.1	21.4	28.1	31.9
	59.4	58.8	56.5	57.1	52.3	59.8
	6.8	6.3	6.1	5.1	5.6	4.2
	13.3	13.6	13.0	15.6	23.6	19.0
	20.5	20.0	24.4	22.1	18.5	15.4
	40.6	39.9	43.5	42.9	47.7	38.6
	100	100	100	100	100	100

第4節 ま と め

　この分析は三星電管に関しては韓国のバブルの絶頂期である1996年度の数値を用いて主に分析を行っている。一方，中華映管に関しては，98年度，ならびに99年度の財務報告書（一部95年度から99年度の資料を併用）により分析した。そのため三星電管との比較に関しては，時期のずれが生じており，十分な比較データとはいえない。しかし，両企業の財務上の特徴を把握することはできた。

　特に三星電管に用いた96年以降，韓国経済は起亜グループや大宇グループの経営破綻に見られるような，極めて深刻な不況に陥るのである。そのため，この分析が韓国企業の強さを分析するものとなりがちであることは否めない。しかし，三星電管の収益力の強さや財務安定性を検証した反面，急成長のなかで財政健全性に若干問題があること示すことができた。ただし，これらの特徴が韓国企業一般にあてはまるかどうかはより多くの韓国企業を分析するべきであろう。

　98年2月，IMF支援を受け入れるまでの深刻な経済状況の最中，我々の研究グループは三星電管や三星電子にインタビューに訪れた。そのとき接していただいた方々には深刻さは全くなく，むしろ自信のようなものを感じた。今回の分析はこの彼らの自信が虚栄ではないことを証明したのかも知れない。

　中華映管の分析では台湾経済がアジアの金融危機に無縁ではなかったことを示すこととなったが，業績が低迷するなかでも先行投資を進めたことと，その後の急速な業績の回復は，まさに高度成長期の日本経済を思わせる。

　最後にこれをとりまとめるにあたって，インタビューや資料の提供に応じていただいた韓国，台湾の方々に厚く御礼を申し上げたい。

表 9-10b　百分比貸借対照表

日本の電気機械メーカー 42 社平均

	1990	1991	1992	1993	1994	1995	1996		1990
現金・預金	19.9	18.1	18.7	19.7	20.4	19.3	18.2	短期借入金	11.5
売上債券	20.4	19.8	19.4	19.4	19.5	20.6	21.2	その他	32.5
棚卸資産	16.2	17.4	16.2	15.7	15.9	16.7	16.1	(流動負債合計)	44.0
その他	4.5	4.5	4.4	4.3	4.2	4.3	4.4	長期借入金	14.5
(流動資産合計)	61.0	59.8	58.8	59.1	60.0	60.9	59.8	その他	5.0
有形固定資産	21.2	23.0	23.5	23.5	23.2	23.0	23.6	(固定負債合計)	19.6
長期売上債権	0.8	0.8	0.6	0.5	0.6	0.5	0.5	負債合計	63.6
投資その他	6.5	8.6	7.3	7.3	7.9	7.8	8.2	資本金	5.3
(固定資産合計)	39.0	40.2	41.2	40.9	40.0	39.1	40.2	資本準備金	8.2
								利益準備金・剰余金	19.7
								資本合計	33.2
資産合計	100	100	100	100	100	102	100	負債・資本合計	100

出所：表 9-1a に同じ．

表 9-10c　百分比貸借対照表

中華映管

	1998	1999		1998	1999
現金・預金	21.2	16.0	短期借入金	0.9	1.3
売上債券	10.1	9.6	その他	0.0	0.0
棚卸資産	2.5	3.9	(流動負債合計)	15.1	16.8
その他	3.3	3.2	長期借入金	14.0	17.3
(流動資産合計)	37.1	32.6	その他	5.0	4.4
有形固定資産	28.5	33.9	(固定負債合計)	19.0	21.7
長期売上債権	0.0	0.0	**負債合計**	34.2	38.4
投資その他	29.6	30.4	資本金	47.9	43.6
(固定資産合計)	62.9	67.4	資本準備金	9.4	4.9
			利益準備金・剰余金	8.5	13.1
			資本合計	65.8	61.6
資産合計	100	100	負債・資本合計	100	100

出所：表 9-1b に同じ．

【参考文献】

1. 三星グループ『1996 年度アニュアル・レポート THE SPIRIT of COMPETITION 戦いの精神 SAMSUNG』1997 年。
2. 三星電管『1996 年度年鑑　三星電管』1997 年。
3. 通産省産業政策局編『世界企業の経営分析　1998 年度版』1998 年。
4. 通産省産業政策局編『世界企業の経営分析　1996 年度版』1996 年。
5. 「中華映管股　有限公司財務報告　民國八十八年度及八十七年度」2000 年。
6. 山口孝・山口不二夫・山口由二『企業分析』白桃書房，1996 年。

第9章 三星電管，中華映管の財務資料による分析

1991	1992	1993	1994	1995	1996
13.9	15.3	13.2	12.9	13.5	14.3
28.9	26.3	26.7	27.9	28.9	28.2
42.8	41.6	39.9	40.8	42.4	42.5
15.9	16.0	16.8	16.1	14.8	13.9
5.1	5.7	6.5	6.9	7.0	7.4
21.0	21.7	23.3	22.9	21.8	21.4
63.8	63.3	63.2	63.8	64.2	63.9
5.1	5.3	5.5	5.6	5.2	5.1
8.0	8.3	8.6	8.6	8.1	7.8
19.6	19.5	19.3	18.8	19.2	19.9
32.7	33.1	33.4	32.9	32.6	32.8
100	100	100	100	100	100

終　章　総括と展望

第1節　日韓台進出企業の特徴

　日韓台電子産業の発展は目まぐるしく，電子メーカーの企業間競争もまた熾烈である。特に，海外進出の電子関連メーカーの企業経営はきわめてダイナミックである。以下，資金調達，系列進出，技術移転，労働・インフラ要因の4つの側面から日韓台ディスプレイメーカーとブラウン管メーカーのASEAN諸国における経営動態をまとめてみたい。

1　自己資金中心型と他人資金中心型の金融

　まず日韓台進出企業の資本構成について，特に電子産業のディスプレイメーカーとブラウン管メーカーでは，ほとんどが100％外資の現地法人であり，現地資本との合弁企業や100％の地場企業がみられないのが特徴である。これはこの部門のメーカーが主として輸出産業で，国内市場指向ではないことによる。つぎに資金調達については2つの側面からみる。1つは資本出資の資金給源であり，もう1つは運転資金の金融方式である。前者については，基本的には，投資国の親企業からの出資が資金源となっているが，その場合でも2つのタイプがある。1つのタイプは日本と台湾企業の事例であり，主として親企業の自己資金による出資である。これに対してもう1つのタイプが韓国企業の事例であり，親企業の出資であっても，その資金源泉はほとんど外国借款に依存している。
　つぎに，各企業の運転資金の金融についてみると，日韓台進出企業のいずれもが，現地金融機関からの融資を利用する資金調達方法をとるのが一般的である。

なお，タイやマレーシアには，オフショア金融市場が開設され，かなり自由な国際金融市場が整備されている。そのうえで日韓台企業の間にそれぞれ異なる調達方式がみられる。まず日本企業の海外邦銀メインバンク方式である。日本の海外邦銀機関は，アジア諸国地域で十分に整備されており，日系進出企業は，ほとんどがこれらの海外邦銀の強力なバックアップを基盤にして，優位な金融支援体制と格段に強い資金力をもっている。これに対して韓国企業は徹底して本国政府系銀行にバックアップされた国際商業借款方式をとる。韓国企業はこの方式を活用して，それなりに強力な資金調達力をもち備えている。そして，台湾企業には，一般的な現地金融機関からの資金調達のほかに，独特の華人系金融ルートがある。台湾企業は中小規模が特徴であるが，東南アジア現地の華人系金融ネットやホンコン，シンガポールなどの華人金融機関からの融資を得て，それなりに潤沢な資金力をもっているとみてよい。

　以上のように，日韓台企業3者の資金調達方式には，きわだった差別化がみられる。ここで注目されるのは，日本，台湾企業の資金運営が基本的に自己資金中心型であるのに対して，韓国企業は徹底した外国資金依存型である点にある。このために韓国企業の財務構造が概して健全性に欠ける事実は，本調査研究においても検出された。

2　同伴型と単独型の企業進出

　企業がグループを組んで進出するのか，それとも単独で進出するのか，この視点から日韓台企業についてみると，まず日本，韓国の企業進出は，同伴型進出の方式が一般的である。同伴型進出とは系列進出ともいえる方式で，本国の系列企業ないしは財閥の傘下企業が大企業に同伴して進出するケースをいう。したがって，同伴型進出企業は概して本国の中小企業である。これら中小企業は海外で当初ほとんど市場開発能力をもたず，親企業との同伴により，進出の契機をもつことになる。これに対して台湾企業は単独型進出である。もともと台湾企業は概して中小企業が中心となっており，本国において企業間の系列的関係がないか，または弱い。結局，日韓台企業の進出方式には，本国における企業組織の特徴がそ

のまま反映されている。

　ただし，さらに掘り下げてみると，同伴型の場合でも，当初は進出中小企業の市場シェアが確保されるとしても，親企業からの資金協力は，必ずしも十分に得ていないのが実情のようである。また，進出後の経営戦略において次第に変化が起る。海外進出企業は当初，概して本国の企業システムや経営方式を現地に持ち込むが，海外の経営環境の違いにより，国際競争に打ち勝つために国際的に通用する経営戦略を取入れざるをえない。したがって，むしろ積極的に経営改革を展開することになる。

　例えば，日本企業は，一般的には大手と中小系列子会社がグループで進出するパタンを取る。その場合，部品調達ルートは系列子会社を基本とするが，しかし，本国の事情と比較して系列関係の拘束がかなり緩やかになっている。この点は，日本の企業系列システムが，海外進出で変革を迫られ，日本的経営は，海外の多国籍的経営の展開において，それなりの適応性と弾力性をもっていることを示唆している。

　つぎに韓国企業の場合，単独の財閥企業と少数の系列企業のグループを組んで進出しているが，部品調達では同伴の系列会社だけでは不十分で，系列外の日本メーカーないしは台湾メーカーからの供給に頼らざるをえない。そして系列関係をもたない中小型の台湾企業は，はじめから製品の市場競争に忠実な経営戦略を展開している。この辺に中小型の台湾企業のダイナミズムの根源があるようである。

3　日本主導の標準化技術移転と相互補完関係

　ASEAN 諸国に進出した日韓台のディスプレイ，ブラウン管メーカーは，全体的に標準化技術を現地工場に移転し，R&D の技術開発部門は本国の親企業においている。これらの標準化技術は，移転時期や場所は前後してさまざまであるが，基本的には日本からの技術移転である。そのうえで，生産体制の国際分業において，日韓台企業間の生産技術の相互補完および相互依存関係が，タイやマレーシアに進出した企業の事例にみられる。

もともとディスプレイ，ブラウン管生産技術は，それほど高度のものではなく，かなりの部分が標準化技術となっている。それでも製品サイズによりかなりの技術段差が存在する。したがって，日本企業と韓国，台湾企業との間に技術の難易度による製品別特化の棲み分けがみられる。例えば，ブラウン管の場合，17インチ以上のサイズと 14・15 インチ以下のサイズに技術の段差があり，これまでそれなりの製品別特化が存在してきた。しかしながら，この棲み分けは必ずしも固定的で不変ではない。かつて 14・15 インチ以下のサイズが，日本から韓国，台湾に譲られたと同様に，17 インチ以上の製品においても，やがて韓台企業が技術的キャチアップをとげて，日本企業との市場競争に参入してくるであろうとみている。

4 低賃金労働と土地・税制特典の誘因

　ASEAN 諸国への企業進出の動機について，一般に低賃金の労働力市場が重要な誘因と考えられてきた。ところが本調査研究で得た知見では，低賃金労働は最重要の誘因にはなっていないという結果が出ている。その主な理由は，ディスプレイ，ブラウン管の製品コストに占める賃金のウェイトが僅か 5 ％以下にとどまるからである。そして，土地取得，税制特典等の誘致要因がむしろ支配的になっている。例えば，タイへの日系進出企業がその代表的事例であり，税制特典の利点を獲得するために，数年ごとに既存法人を新法人に衣がえる，いわゆる分社化発展をとげている。その背景には，日本のみでなく，韓国，台湾における新工場設置のための土地取得が，地価の騰貴や厳しい環境規制でいっそう困難になっていることから，ASEAN 諸国での土地取得の優位性が企業進出の重要な誘因となっている。この点では，日韓台企業間の特段の差別化はみられない。
　しかしながら，それにもかかわらず労働力のメリットはいぜんとして無視できない要因である。すなわち，労働力の供給条件や労務管理のメリットである。ASEAN 諸国は日本，韓国，台湾よりも労働力の確保が容易で，労働条件の法的規制が緩く，労務管理上のコストが安く，負担が軽い利点がある。またディスプレイ，ブラウン管生産の付加価値は概して低く，利潤の幅は狭い。市場競争の激

化で企業の利潤率がさらに低下した場合，数パーセントの賃金コストといえども，低賃金の比較優位は，企業経営にとって無視できない重要な条件となる。

なお，台湾企業はマレーシア，タイで質の高い現地華人スタッフや技術者を雇用し，経営戦略に独自性を持たせている点を付言しておく。

5 進出企業の3類型

総じて，ASEAN 諸国に進出した日本，韓国，台湾のディスプレイとブラウン管メーカーは，各自の経営戦略から資金調達，企業組織，生産技術等においてそれぞれに特徴や差別化がみられる。それらの特徴をいっそう明確に表現するために，あえて類型化してみると，つぎの通りとなる。日本企業はいわば「自己資金中心・自社ブランド能動型」経営であるのに対して，韓国企業は対照的に「他人資金依存・自社ブランド追上げ型」経営であると規定できる。そして台湾企業はどちらかといえば，「自己資金中心・他社ブランド受動型」経営ということになろう。

これらの類型の意味について若干の説明を加えてみると，日本企業の「自社ブランド能動型」とは，自前のブランドで先端製品を指向し，高度の技術力と十分な資金力に支えられた経営戦略の特徴を指す。これに対して，韓国企業の「自社ブランド追上げ型」とは，同じく自前のブランド製品を指向するが，後発のハンディを負いながら，日本の先進企業を追いあげるため，技術力や資金力においてかなりの背伸びを強いられている経営戦略の特徴を意味する。そして台湾企業の「他社ブランド受動型」とは，日韓企業とは対照的に，文字どおり他社ブランドの OEM 生産が中心で，いわば自社ブランドに挑まない，受け身の「第二次主義」的経営戦略を特徴としている。このような日韓台進出企業の経営戦略の特徴を示す類型論は，本書の研究事例だけで性格規定するには，まだきわめて不十分であり，いっそうの事例研究を積み重ねていく余地が残されている。

第2節　日韓台進出企業間の水平的競争と垂直的協調関係

　以上の考察を踏まえて，本書の中心課題であるパソコン用ディスプレイとブラウン管部門における日韓台企業の ASEAN 諸国進出における競争と協調の関係をまとめてみたい。特に，この関係を企業間のマーケティング戦略の視点からみると，つぎの**概念図**に示すような関係モデルが成立する。

　概念図で見るように，まず，日韓台進出企業を製品メーカーと部品メーカーの二グループに区分する。製品はパソコン用ディスプレイとブラウン管であり，部品はガラスバルブ，偏向ヨーク，電子銃，シャドーマスク等が主要である。企業規模を資金，技術，生産等の側面から勘案すると，日本メーカーは製品，部品のいずれの部門においても規模が格段と大きい。そして，台湾メーカーは概して中小規模で，韓国メーカーは大型ではあるが，日台の中間に位置している。

　そこで，日韓台進出企業間の市場取引関係についてみると，部品調達分野では，あくまで品質，価格，納期等の条件に基づく市場競争原理が企業間取引関係を規定し，系列会社や非系列会社の関係は必ずしも重要ではなくなっている。例えば，ディスプレイ製品メーカーは，その部品調達に際して，自国系列の部品メーカーを優先することもさることながら，価格や品質で条件のよりよい供給先と取引する。これに対して，部品メーカーもまた同様に自国系列の親企業を優先するが，このほかに条件のよい納入先にも選択肢を広げる。したがって，日韓台進出企業間におけるこのようなマーケティング関係を，ここで垂直的協調関係と概念することができる。

　これに対して，製品，部品を問わず，同一種類産品のマーケティングの場合，日韓台3カ国企業はしのぎを削って競争する。例えば，同じ15インチ以下のサイズのディスプレイ製品の場合，韓台企業間の競争は熾烈である。ともかく，同グレード産品の企業間競争を水平的競争関係のコンセプトで規定することができる。

終　章　総括と展望

概念図　日韓台の対 ASEAN 進出企業の競争と協調
──ディスプレイ用ブラウン管関連メーカーを中心に──

パソコン用ディスプレイ・ブラウン管製品メーカー

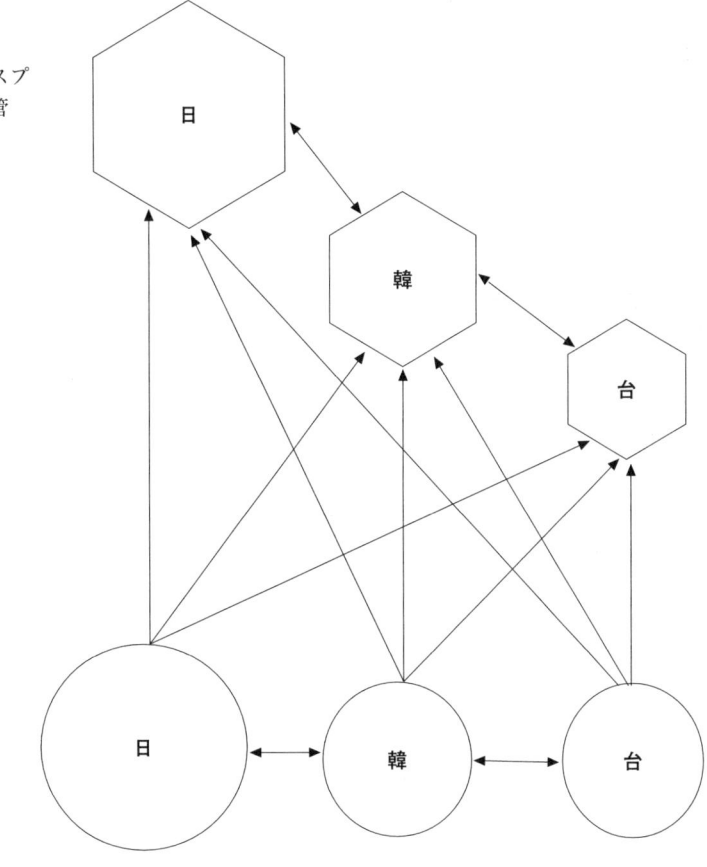

［日］　［韓］　［台］

ガラスバルブ，偏向ヨーク，電子銃，シャドーマスク等部品メーカー

［日］　［韓］　［台］

注：⟷ は競争関係
　　→ は協調関係

しかしながら，水平的競争と垂直的協調の関係は必ずしも固定的ではない。繰り返しになるが，例えば，17インチ・サイズのディスプレイ製品については，日本と韓国，台湾企業との間にこれまで垂直的協力関係が存在してきた。だが，これからは日本企業と後からキャッチアップしてくる韓国，台湾企業との間に，水平的競争関係がますます強まる傾向が現実のものとなっている。

かくて，ASEAN諸国に進出した日韓台企業間の水平的競争と垂直的協調の関係が織り成すマーケティング戦略の構図が，ここで浮き彫りにされたといえよう。

第3節　アジア金融市場のダイナミックスとその「落し穴」

　アジアが全体的に持続的高度成長をとげえた要因について，これまでの研究で定説的な見方が整えられつつあるが，そのなかでアジアの金融市場が世界の他の発展途上地域に比べてきわだって発達している要因が，以外と気づかれていない。アジアは中南米，中東，アフリカ，さらにロシア・東欧地域に比して，企業投資活動の資本や資金調達を支える金融市場が，格段に発達している。この点に注目して本調査研究で特にこの問題にスポットをあてた。

　まず，アジアにはシンガポール，ホンコンというアジアダラーの国際金融センターがある。それに世界的な国際金融センターの東京市場がある。そしてマレーシアでは，1980年代からいち早くラブアン・オフショア金融市場が開設され，タイでは90年代前半にバンコック・オフショア金融市場が開設されている。アジア諸国における金融・資本市場の整備は，経済発展と同時平行的に推し進められている。このような状況はアジア経済に特有のものである。このような金融市場の発達が背景にあってはじめてアジアの政府主導の外資導入政策および輸出指向工業化の開発戦略もまた有効に進展し，経済の持続的成長を結果したというべきである。

　これまでみてきたASEAN諸国の日韓台進出企業は，まぎれもなくこれらの発達した現地の金融・資本市場から豊富な資金を調達し，これに支えられて活発な

投資活動を展開してきた。同時に，本国の親企業が金融面で果たしている役割も無視できない。これらの進出企業は，本国の親会社から直接に資本供給や融資を受けるだけでなく，間接的に親会社の信用保証をテコに，国際金融市場から必要とする資金の調達を行ってきた。この辺に日韓台企業の海外投資活動を支えるアジア金融市場のダイナミックスをみることができる。

しかしながら，1997年のアジア通貨危機で，この優れた金融市場にも大きな落し穴があることが露呈した。通貨危機を招いた原因について，大まかに3つある。1つは，企業の不健全な財務構造である。企業が短期資金の融資でもって株券や土地の長期投資に向け，経済のバブル化と財務構造の歪みを招いた。2つめは，為替金融政策のミスと金融制度の不備である。為替レートの過大評価の放置と脆弱な金融管理体制が通貨投機につけ込まれた。3つめは，ヘッジファンドの投機である。ポスト冷戦，国際金融環境が大きく変化し，なかんずく国際証券投資の規模と流量が肥大化し，ときとしてその投機的活動がアジア金融市場をアタックした。これらの要因が織りなしてアジアの通貨危機を招来し，中国や台湾を除くアジア諸国の成長に突如としてブレーキがかかり，タイ，マレーシアをはじめ，アジア経済に破壊的な影響をもたらしたのは，衆目のみるところである。

深い傷を負ったアジア経済は，その後回復して再び成長軌道に戻ったが，今後も類似の通貨危機が再来しない保障はどこにもない。もとよりアジア諸国経済の構造改革が必要であるが，同時に，これと平行して「アジア通貨基金」(AMF: Asian Monetary Fund) のような国際組織を立ち上げることが，焦眉の課題であることはまちがいない。その場合，巨額の金融資産をもつ日本の果たす役割は，きわめて大きいというべきである。

第4節　課題と展望

以上の考察からわかるように，日本，韓国，台湾企業のASEAN諸国への進出は，この地域諸国に電子産業の発展をもたらしている。まず，ASEAN諸国に進

出した日本，韓国，台湾企業は，パソコン用ディスプレイおよびブラウン管部門の分野において，繰り返しになるが，ASEAN諸国において水平的競争と垂直的協調の関係が織りなすマーケティング戦略およびダイナミックな分業協力業体制を構築している事実が検出された。この体制は，アジアにおける電子産業のロジスチックな国際分業の仕組の一局面である。

　つぎに，ASEAN諸国の電子産業開発，なかんずくパソコン用ディスプレイおよびブラウン管部門の開発の側面からみると，日本，韓国および台湾の企業進出により，輸入→輸入代替の発展段階をぬきにして，いきなり外資導入→輸出指向的発展をとげている。この局面は雁行形態論の理論仮設では，すでに説明しきれなくなっている。つまり輸入→輸入代替→外資導入→輸出指向の発展形態にはなっていない。さらにいえば，それらの発展段階や過程が，同時的，平行的に生起し，発展する状態となっている。あたかも頭尾や前後の序列がないままに群れをなして飛び舞う「鳩行形態」である。この動向は国際経済のグローバル化によりいっそう広がり，深まるものと予見される。そしてこの動態について，その法則性を導き出して，新たな理論仮設を立てるまでには，もとよりさらなる事例研究の蓄積を必要とする。だが，本書の事例研究に限定して，強いて1つの概念用語を用いて表現するとすれば，アジアにおける電子産業発展の国際的展開は，「雁行形態」というよりも上述のように，「鳩行形態」的発展というべきであろう。この概念仮設をめぐるさらなる実証研究が，今後に残された課題である。

　つぎに，雁行形態論にかかわるもう1つの問題，つまり，ASEAN諸国の内発的発展の問題である。はたしてASEAN諸国の電子産業の動向は，やがて第2の韓国，台湾のような内発的発展をとげていくのであろうか。少なくとも本調査研究で考察したかぎりでは，ASEAN諸国において電子産業の周辺部品加工の地場産業，いわばサポーティン・インダストリーの生成発展の展望が，まだ明確に把握されえない。じじつ，外資系企業をぬきにしてマレーシアやタイ，インドネシアの電子産業の発展は語れないのである。いわば，内発的発展の展望が開けない状態にあるといえよう。したがって，このままではASEAN諸国が第2のNIESに成長するということにはならない。それでは，ある程度の時間的余裕を織り込んだ場合はどうであろうか。現段階のこの調査研究だけではまだ予見が困難であ

終　章　総括と展望

る。

　ともかく，最初に提起した雁行形態論仮説は，後発国における内発的発展の条件を与件としてこそ成立するものと考える。この点からも雁行形態論の発展モデルを ASEAN 諸国に適用する理論の一般化に限界がある。この点が今後のもう 1 つの検討課題である。

　この問題について，電子産業の事例についていうならば，ASEAN 諸国における電子産業のサポーティン・インダストリーに関するいちだんと掘り下げた調査研究が必要である。このために商品グレードのいちだんと低い分野，例えば，射出成形や電源コード部門の生産動向に焦点を当ててみる必要があろう。また，アジア通貨・経済危機で一部の電子部品産業が，ASEAN 諸国に隣接する中国の華南地域に移転している動きが観察された。確かに，アジア通貨危機の影響が軽微であった華南地域の電子産業の躍進は目覚ましい。今後は ASEAN 地域の動向を理解するうえでも，華南地域を含めた比較研究が必要である。このほか，日本，韓国，台湾企業の ASEAN 諸国進出に関する研究について，電子産業の事例のみでは不十分である。例えば，移動通信機器（携帯電話等）産業，自動車部品産業等の事例をも視野に入れて考察していくことが，今後の課題として残されている。

　いずれにしても，ASEAN 諸国を含めたアジア経済は，通貨危機から 2 年とういう予想を超えた速い足どりで回復に向い，構造改革の問題を残しながら再び成長軌道に戻っている。アジア経済の成長ダイナミズムはなおも面目躍如である。日本，中国および ASEAN 諸国を含めた東アジア全体が，すでに世界の一大輸出加工区を形成している。日ならずして再び世界の成長センターの役割を果たすことはまちがいない。

　このなかで日本はいったいどうなるのか。当面，不良債権問題を解決し，構造改革を断行して長期不況から抜け出し，やがて経済が立ち直ったときの日本は，今後，アジア経済に対してどのような役割を果たしていくのか。日本の新しい対アジア経済戦略をどのように構想し，構築していくのか。21 世紀の日本の針路が，ここで大きく問い直されているのである。

索　引

【あ行】

アームシェア　266
旭硝子　202, 226, 244, 248, 249, 266
アジアダラー　316
アジア通貨基金（Asian Monetary Fund：AMF）　317
域内ネットワーク　190, 192, 193
急がず，忍耐強く（戒急用忍）　72
インテル　37
売上債権回転期日　297, 298, 299
売上損益の推移　284
売上高営業利益率　291, 292, 293, 294, 296
売上高金利負担率　295, 296
売上高減価償却費率　296
売上高純利益率　296
売上高諸利益・費用率　294, 296
売上高販管費率　295
液晶表示装置　→　LCD
エクイティ・ファイナンス　82
エマージング・マーケット（新興市場）　155
エリクソン　45
オフショア市場　93, 106, 109, 110, 112, 114, 115, 154
オペレーティング技術　255
オリオン電気　35, 187, 191, 227, 266
親子ローン　91, 95, 106, 109, 111, 116, 117, 124, 128

【か行】

外換（外貨）危機　64, 69, 239, 246
外国為替相場　144, 145, 146, 148
外国為替相場の変動幅　148
回転率重視型の商法　293
回転率の分析　297
カスタム IC　37, 38
金型　251
ガラスバルブ　190, 191, 226, 241, 247, 248, 266, 314
為替リスクヘッジ（管理）　61, 103, 117, 152, 165, 204
為替心理説　147
為替投機　149, 155
為替平価　150
為替予約　103, 112
雁行形態論　6, 7, 9, 12, 13, 318, 319
韓国銀行　66, 67, 69
韓国産業銀行　126, 240
韓国電気硝子　202
韓国電子産業振興会　64, 66
関税率　217, 219
カントリー・リスク　159
管理フロート　150
ギアリング・レシオ　107, 111, 200
企業金融　82, 83, 104, 107, 114, 118, 127
期待　156, 158
基本ソフト（OS）　29, 199, 274
鳩行形態的発展　318
巨銘　266
金現送点　148
銀行引受手形（BA）　61, 108, 111, 112, 215
金星エレクトロン　37
金属フレーム　266
金ドル交換停止　150
金平価　148
金融監督院　164
金利負担　284, 285, 286, 295
クアラルンプール　112, 113, 209
クレジット・クランチ　160
クローニー・キャピタリズム　157
グローバル・ロジスティクス　79
経営基本指標　281
蛍光パウダー　266
経常収支　145, 150, 153, 154
携帯電話　21, 26, 30, 42, 44, 45, 251, 254, 319
減価償却費　86, 205, 285, 295

源興科技　44, 182, 183, 188, 191, 267
堅実経営　48
現代グループ　34, 35
現代電子　37, 38, 39, 40, 241
現地再投資　85, 86, 87, 98
現地法人　81, 91, 105, 110, 114, 116, 122, 130, 221, 235, 246, 309
工業技術研究院　→　目次
宏碁　46, 259, 273
購買力平価説　147
後発性利益　49, 58
国際収支　145, 146, 150, 154, 171
国際収支説　145
国際通貨　149
国際的支払い差額　145, 147, 148
国際的信認　156, 157
国際的信用度　90
固定為替相場制　150
固定長期適合率　300
固定比率　119, 120, 299, 300
コマーシャル・ペーパー（CP）　61, 82
コンデショナリティ　152

【さ行】

サイアムセメント　192
財政健全性　300, 301, 305
サイト調整　91, 94, 116, 128
財務安定性　299, 300, 301, 302, 305
サファグループ　253
サポーティング・インダストリー　3, 196, 199, 318, 319
サムットプラカーン（タイ）　217
サムライ債　96
産業金融　4, 82, 83, 98, 104, 114
産業用機器　19, 25, 26, 31, 32, 60, 62
三星グループ　→　目次
三星コーニング　→　目次
三星電管　→　目次
三星電機　→　目次
三星電子　→　目次
三低現象　33
シーメンス　43

自己資金中心・自社ブランド能動型経営　313
自己資金中心・他社ブランド受動型経営　313
自己資本　85, 94, 107, 111, 119, 125, 127, 130, 160, 289, 292, 300
自己資本比率　119, 120, 126, 160, 301
自己資本利益率（ROE）　292, 293, 294
資産の推移　286
自社ブランド　4, 43, 46, 53, 54, 185, 261, 313
資訊工業策進会　273
システムLSI　197
シティバンク　107, 126, 132, 240, 260
自発・挑戦型発展　48, 53
資本・技術集約的（型）　10, 11, 231
資本収支　145
資本装備率　302
シャープ　44, 211, 212, 266, 280
借入金依存度　300, 301, 304
社債　82, 91, 94, 99, 110, 114, 120, 121, 122, 127
射出成形　238, 251, 252, 254, 271
シャドーマスク　21, 24, 190, 191, 226, 241, 244, 247, 266, 314
ジャパン・プレミアム　86, 103
収益力指標　292
集積回路（IC）　5, 20, 26, 62, 199, 214, 267, 269
受動・依存型発展　41, 48, 49, 53, 54, 55
純借入高　290
ジョブホッピング　216
ジョホール州　209
シンジケート・ローン　89, 96, 126, 128, 240
新芝　227
信認（信頼）　143, 156, 157, 158, 159
信用秩序　144
趨勢分析　281
スタンドバイ・クレジット　92, 93, 130
ステレオ　10, 26, 223
スハルト　153, 157
スピンアウト　43, 48
住友銀行　133, 264

スリランカ　221
スワップ　93, 103, 110, 112
政策金融　120, 121, 127
生産委託　41, 43, 45, 46, 47, 48, 49, 50, 53, 54, 58
誠州　44, 182, 183, 188, 191, 267
世界銀行　160
世界先進積体電路（VISC）　270
世化（プラスチック射出成形部品メーカー）　→　目次
セランゴール州　209, 236
専業メーカー　46, 182, 186, 247
先進国企業の働きかけ　48, 58
創始産業資格（パイオニア・ステータス）　105, 106
総資本営業利益率　291, 292, 293, 294
総資本回転率　292, 293, 294, 297, 298
ソニー　182, 183, 187, 191, 201, 202, 263
ソロス　155

【た行】

大宇グループ　34, 35, 40, 305
大宇電子　40, 182, 183, 191
大韓貿易投資振興公社（KOTRA）　169
タイ CRT　192, 193
貸借対照表静態比率　299, 301, 302
大同　→　目次
第二次主義的経営戦略　313
台湾積体電路製造（TSMC）　43, 46, 47, 48, 270
脱日本指向　41, 45, 54
棚卸回転期日　297, 298, 299
他人資金依存・自社ブランド追上げ型経営　313
地域統括法人　61, 62, 204
チャワリット　159
中華映管　→　目次
中強電子　→　目次
調達センター（IPO）　204, 214, 238
通貨バスケット方式　150, 152, 161
低価格競争（低価格化）　48, 49, 53, 55, 179, 181, 185, 188, 191, 227

テキサス・インスツルメンツ　37
デュアルバンド　→　GSM
デュポン　266
デリバティブ　89, 96, 155
電子銃　23, 191, 192, 236, 265, 314
ドイツ銀行　132, 133, 260, 264
当座比率　299, 300, 301
投資委員会（BOI）　114, 171, 197, 221, 225
投資収支　146
投資審議委員会　70
東芝　43, 44, 187, 191, 201, 215, 266, 280
東芝 CRT タイ　→　目次
同伴進出　34, 241, 243, 251, 253, 256, 310
特恵関税　34, 60, 199
凸版印刷　266
トランスフォーマー　263
取引費用　49
ドル・ペッグ　103, 153, 154, 155
ドル危機　150

【な行】

内発的発展要因　9
ナコンラッチャマー　228
ナショナル・タイ（NTC）　→　目次
南進政策　72
日亜　266
日精樹脂工業（射出成形機メーカー）　254
日本電気硝子　202, 226, 244, 248
日本ビクター（JVC）　→　目次
日本輸出入銀行　2, 61, 67, 83, 85, 91, 93, 133, 167, 168, 264
ノウハウ　34, 255, 256, 257
ノキア　45

【は行】

ハードディスク装置　→　HDD
バブル　155, 156, 159, 160, 161
バンコク銀行　133, 264
バンコク・オフショア金融市場（BIBF）　114, 115, 116, 117, 156, 161, 316
反ダンピング関税（提訴）　33, 34, 60, 79, 185

半導体　10, 31, 37, 38, 41, 43, 63, 197, 212, 267, 279
美格科技　182, 183, 189, 191
比較優位　8, 9, 13, 49, 58, 313
日立製作所　37, 187, 191, 201, 202, 215, 263
ビックディール　31, 41
百分比貸借対照表　303, 304
ヒューレットパッカード（HP）　272, 274
比率分析　291
ファイナンス・カンパニー　103, 161, 162, 163
ファウンドリー　43, 46
ファブレス企業　41, 49
フィリップス　181, 182, 183, 263, 264, 266
フェアチャイルド　37
複合団地　236, 237, 240, 241
負債・資本の推移　289, 290
負債比率　48, 164, 246, 260, 299, 304
富士通　43, 263
ブミプトラ　107, 110, 113, 210
フライバックトランス（FBT）　210, 211, 212, 217, 228, 238
プラザ合意　6, 25, 33, 105, 151, 195
不良債権　126, 143, 144, 156, 159, 160, 161, 162, 163, 164
不良債権処理機構　164
プリント基板　219
フル・バンキング　115
ブレトンウッズ協定　150
プロジェクト・ファイナンス　96
プロダクト・サイクル論　8, 9, 12, 231
分業ネットワーク　46
分社化　217, 221, 223, 225
ヘッジファンド　155, 317
偏向ヨーク　23, 190, 210, 215, 217, 226, 228, 236, 241, 242, 247, 259, 265, 314
変動為替相場制　150
変動利付債　126
ホールディング・カンパニー（持ち株会社）　35, 116, 217, 223

【ま行】

マイクロソフト　274

マザーボード　76, 78
松下電器産業　43, 44, 116, 182, 183, 187, 191, 201, 212, 215, 263
マニュアル化　255
マハティール　155, 157
マレーシア三菱電機　→　目次
マレーシア松下精器　→　目次
未組織（インフォーマル）金融　120, 127
三菱電機　43, 44, 112, 165, 183, 187, 191, 201, 263, 266, 280
民生用機器　5, 19, 21, 25, 26, 31, 32, 62, 195, 199, 200
明碁　→　目次
メモリー　38, 270
モーニングコール　158
モトローラ　45
モラル・ハザード　160

【や・ら行】

有価証券評価益　297
有形固定資産回転率　297, 298
融資結合度　95, 96
輸出指向　5, 7, 8, 12, 167, 217, 219, 267, 277, 316, 318
輸入代替　5, 7, 8, 12, 318
ライフサイクル　8, 275
ラブアン・オフショア金融市場　92, 109, 112, 210, 316
利益率重視型の商法　293
流動比率　119, 120, 299, 300, 301
聯華電子（UMC）　43, 44, 43, 47, 48, 270
ロールオーバー　114, 117, 121
労働指標　302
労働集約的（型）　6, 11, 69, 153, 227, 238, 245, 265
労働装備率　302
6・4規制　107, 111
ロジスティク国際分業　12, 13, 318
ロジック　38

索 引

【アルファベット順】

AFTA　216, 219
AICO スキーム　213
AMF　→　アジア通貨基金
ASEAN4　81, 82, 98
AT&T　36
ATSB 社　257

BA　→　銀行引受手形
BIBF　→　バンコク・オフショア金融市場
BOI　→　投資委員会

CDMA　45
CDT　20, 21, 200, 240, 241, 242, 262, 265, 279, 293, 295
CP　→　コマーシャル・ペーパー
CPT　20, 21, 200, 240, 241, 242, 265, 293, 295
CPU　10, 79
CRT　20, 200, 220, 263

DEC　274
DRAM　10, 37, 38, 43, 48, 49, 79, 270
DUGO　266
DVD　27, 30, 228, 271

FBT　→　フライバックトランス
FDD　10

G5　151
GSM（デュアルバンド）　45
GSP　260, 265

HDD（ハードディスク装置）　10, 29, 79, 204
HP　→　ヒューレットパッカード

IBM　43, 272, 274
IBM 互換機　271, 272
IC　→　集積回路
IMF　31, 41, 67, 97, 145, 149, 150, 152, 157, 160, 169
IMF 平価　150

IPO　→　調達センター
ITC　23, 215, 226, 259, 260

JVC（日本ビクター）　→　目次

KAMCO　164
KOTORA　→　大韓貿易投資振興公社

LCD（液晶表示装置）　21, 40, 41, 48, 180, 200, 262, 265, 270, 279, 280, 293
LG グループ　34
LG 電子　35, 181, 182, 183, 187, 191, 227, 263
LIBOR　138

MDT　265
MLR　138
MNN ブラウン管　227
MPU　37, 270

NEC　45, 165, 182, 183, 187, 191, 202, 243, 249, 263
NIEs　5, 6, 7, 9, 13, 31, 60, 68, 105, 165, 168
NSTL　→　目次
NTC（ナショナル・タイ）　→　目次

OBU　128
ODM　45, 185, 275, 276, 277
OECD　36, 40
OEM　4, 10, 37, 41, 44, 46, 53, 54, 78, 181, 193, 199, 215, 260, 263, 274, 313
OFF-JT　261
OJT　261
OS　→　基本ソフト

PDP（プラズマ・ディスプレイ・パネル）　21

RCA　269
ROE　→　自己資本利益率

SDMA（三星・ディスプレイ組立マレーシア現地法人）　125, 126, 237, 239

SEDM（三星電管マレーシア）　240
SEMA（三星・電子レンジ組立マレーシア現
　地法人）　237, 239
SIBOR　138
Siew & Co.　216, 217, 221, 223
STN 型 LCD　44, 266, 270, 280, 284

TFT 型 LCD　44, 207, 266, 270, 280, 284

TSE（三星・家電製品組立タイ現地法人）
　237, 239
TSMC　→　台湾積体電路製造

UMC　→　聯華電子

VISC　→　世界先進積体電路

荒巻健二著
アジア通貨危機とIMF
1096-7 C3033　　　　　　A5判　250頁　2800円

アジア危機の原因は各国の構造問題にあったのか，それともグローバル化した金融市場の不安定性の現われだったのか。IMF，米国と日本の対応の違いを検証する。　　　（1999年）

エコノミスト編集部編
高度成長期への証言（上・下）
A5判　総886頁　各3700円

高度成長期とはどのような時代であったか。当時各界を代表していた証言者がいわゆる現場でいかなる行動をとったかを赤裸々に語る。1984年刊行本の復刊。　　　　　　（1999年）

L.マンデル著　　根本忠明・荒川隆訳
アメリカクレジット産業の歴史
四六判　330頁　2800円

クレジットカードはいつ，どこで，どのような理由で生まれたか？ダイナース・クラブなどの創業から今日に至るまでの技術革新と発展の歴史を詳細にたどる。　　　　（1999年）

ニコラエヴィチ・ルーディック著　岡田進訳
現代の産業民主主義
―理論・実践・ロシアの諸問題―
四六判　280頁　2500円

いま，所有権や労働権に基づく労働者の管理参加が改めて注目されている。産業民主主義の源流から現代の多様な理論と実践を解説し，その可能性を探る。　　　　　　（2000年）

王　保林著
中国における市場分断
A5判　228頁　4200円

中国が改革・開放路線によって市場化を進めてきた時期に，中国独特の経済現象として現れた「市場分断」を，自動車産業の実証的分析を通じて体系的に解明，その是正方策を示す。　（2001年）

宋　立水著
アジアNIEsの工業化過程
―資本と技術の形成―
A5判　286頁　3800円

これまでアジアNIEsの検証から抜け落ちていた資本・技術形成の実態を，台湾を事例に詳細に検討する。歴史的要素，国の強力な介入も加わり台湾経済はどう展開したのか。（1999年）

鈴木啓介著
財界対ソ攻防史
―1965～93年―
四六判　390頁　2900円

経団連に永らく勤めた著者が，戦後の対ソ経済交流の欠落部分を埋めるべく，類書なきこの世界を明るみにだす。「シベリア開発協力」の経緯は著者の万感の思いがこもる。（1998年）

山岡茂樹著
開放中国のクルマたち
―その技術と技術体制―
A5判　384頁　3600円

急激な需要の増大により今や世界の注目の的になった中国の自動車。中国における自動車技術のあり様をトラック，オートバイ，乗用車等について具体的に物語る。　　（1996年）

四宮正親著
日本の自動車産業
―起業者活動と競争力：1918～70―
A5判　304頁　6000円

日本の自動車産業が，戦前戦後を通して政府の産業育成政策と密接な関わりを持ちながら産業として独り立ちし，国際競争力の強化に突き進んでいった過程を描く。　　（1998年）

松田裕之著
電話時代を拓いた女たち
―交換手（オペレーター）のアメリカ史―
四六判　290頁　2500円

電話の急速な普及とともに，交換手は交換機の操作によってさまざまな人々の会話をつないできた。自動交換機の登場によって彼女たちの運命は大きく変えられていった。（1998年）

忽那憲治・山田幸三・明石芳彦編
日本のベンチャー企業
―アーリーステージの課題と支援―
A5判　248頁　3300円

経営，技術革新，雇用，金融，地域経済などの側面から，成長初期段階のベンチャー企業の実態を実証的に分析し，その独自性，役割と限界を明らかにする。　　　　　（1999年）

表示価格に消費税は含まれておりません

日韓台の対ASEAN企業進出と金融
——パソコン用ディスプレイを中心とする競争と協調——

2002年6月15日　第1刷発行　　定価(本体3300円+税)

編著者	齊	藤	壽	彦
	劉		進	慶
発行者	栗	原	哲	也

発行所　株式会社　日本経済評論社
〒101-0051　東京都千代田区神田神保町3-2
電話　03-3230-1661　FAX03-3265-2993
http://www.nikkeihyo.co.jp
URL:http://www.nikkeihyo.co.jp

装幀・渡辺美知子　　　　シナノ印刷　協栄製本

© H. SAITO, S. Liu, et.al., 2002　　　　Printed in Japan
乱丁本落丁本はお取替えいたします．　　ISBN 4-8188-1420-2

本書の全部または一部を無断で複写複製（コピー）することは，著作権法上での例外を除き，禁じられています．本書からの複写を希望される場合は，小社にご連絡ください．

執筆者一覧

齊藤壽彦（さいとう・ひさひこ）
　1945 年生まれ。千葉商科大学商経学部教授
　主要著作：『成長するアジアと日本産業』（共著）大月書店，1991 年，「海外直接投資の助成」・「経済協力の推進」『通商産業政策史』第 12 巻，通商産業調査会，1993 年。

劉　進慶（りゅう・しんけい）
　1931 年生まれ。東京経済大学経済学部名誉教授，経済学博士
　主要著作：『戦後台湾経済分析』東京大学出版会，1975 年，『台湾の経済』（共著）東京大学出版会，1975 年，『台湾——転換期の政治と経済』（共著）田畑書店，1987 年。

宮脇孝久（みやわき・たかひさ）
　1948 年生まれ。岐阜経済大学経済学部助教授
　主要著作：『成長するアジアと日本産業』（共著），「産業の情報化とその国際的展開」『コンピュータ革命と現代社会』第 2 巻，大月書店，1986 年。

山口由二（やまぐち・ゆうじ）
　1961 年生まれ。大東文化大学環境創造学部助教授，水産学博士
　主要著作：『日本のビッグビジネス　18　オンワード樫山・レナウン，青山商事・アオキ』（共著）大月書店，1997 年，『企業分析——事例による資料の見方から評価・解釈まで——』（共著）白桃書房，1996 年。

小宮昌平（こみや・しょうへい）
　1929 年生まれ。財団法人政治経済研究所常務理事（研究担当）
　主要著作：『成長するアジアと日本産業』（共著），『東京問題』（共編著）大月書店，1979 年，『労働価値論の挑戦』（共著）大月書店，1999 年。

祖父江利衛（そふえ・りえ）
　1958 年生まれ。千葉商科大学商経学部講師
　主要著作：「シンガポールにおける貿易構造の転換——国際貿易理論との関わりで——」『アジア経済』第 36 巻第 12 号，1995 年，「需要サイドからみた韓国造船業の国際船舶市場への参入要因——現代重工業の 1975〜80 年の竣工状況を中心に——」『アジア経済』第 39 巻第 2 号，1998 年。

高岡宏道（たかおか・ひろみち）
　1966 年生まれ。財団法人政治経済研究所研究員，神奈川大学経営学部講師
　主要著作：『現代アジアの産業発展と国際分業』（共著）ミネルヴァ書房，1997 年，「ASEAN 域内ネットワークにおける台湾企業の役割」『政経研究』第 74 号，2000 年。

三木　譲（みき・ゆずる）
　1966 年生まれ。東京大学大学院経済研究科修士課程在学中
　主要著作：「台湾パソコン産業の発展要因」（法政大学大学院社会学修士論文）。